设计结合自然

Design
with
Nature
Now

—— 刻不容缓

[美]

弗雷德里克·斯坦纳
(Frederick Steiner)

理查德·韦勒
(Richard Weller)

卡伦·麦克洛斯基
(Karen M'Closkey)

比利·弗莱明
(Billy Fleming)

编著

北京大学－林肯研究院城市
发展与土地政策研究中心

译

吴悠然

校

中国建筑工业出版社

Design
with
Nature
Now

EDITED BY

FREDERICK STEINER

RICHARD WELLER

KAREN M'CLOSKEY

BILLY FLEMING

Published in association with the
University of Pennsylvania Stuart Weitzman
School of Design and The McHarg Center

Library of Congress Cataloging-in-Publication Data
Names: Steiner, Frederick R., editor. | McHarg, Ian L., 1920-2001. Design with nature.
Title: Design with nature now / edited by Frederick Steiner, Richard Weller, Karen
    M'Closkey, and Billy Fleming.
Description: Cambridge, Mass. : Lincoln Institute of Land Policy in association with
    the University of Pennsylvania Stuart Weitzman School of Design and The McHarg
    Center, [2019] | Includes bibliographical references and index.
Identifiers: LCCN 2019015302 (print) | LCCN 2019019208 (ebook) |
    ISBN 9781558443969 (epub) | ISBN 9781558443938 (hardcover)
Subjects: LCSH: Landscape architecture. | Sustainable architecture. |
    Land use, Urban.
Classification: LCC SB470.5 (ebook) | LCC SB470.5 .D47 2019 (print) | DDC 712—dc23
LC record available at https://lccn.loc.gov/2019015302

Designed by Studio Rainwater
Composed in Graphik by Westchester Publishing Services in Danbury, Connecticut.
Printed and bound by Friesens in Canada. The paper is Rolland Opaque, a recycled
PCW sheet.

PRINTED IN CANADA

（P4、5 为英文版原书信息）

序

"北大—林肯中心丛书"序

北京大学—林肯研究院城市发展与土地政策研究中心（简称北大—林肯中心）成立于2007年，是由北京大学与美国林肯土地政策研究院共同创建的一个非营利性质的教育与学术研究机构，致力于推动中国城市和土地领域的政策研究和人才培养。当前，北大—林肯中心聚焦如下领域的研究、培训和交流：（一）城市财税可持续性与房地产税；（二）城市发展与城市更新；（三）土地政策与土地利用；（四）住房政策；（五）生态保护与环境政策。此外，中心将支持改革政策实施过程效果评估研究。

作为一个国际学术研究、培训和交流的平台，北大—林肯中心自成立以来一直与国内外相关领域的专家学者、政府部门开展卓有成效的合作，系列研究成果以"北大—林肯丛书"的形式出版，包括专著、译著、编著、论文集等多种类型，跨越经济、地理、政治、法律、社会规划等学科。丛书以严谨的实证研究成果为核心，推介相关领域的最新理论、实践和国际经验。我们衷心希望借助丛书的出版，加强与各领域专家学者的交流学习，加强国际学术与经验交流，为中国城镇化进程与生态文明建设的体制改革和实践提供学术支撑与相关国际经验。我们将努力让中心发挥跨国家、跨机构、跨学科的桥梁纽带作用，为广大读者提供有独立见解的、高品质的政策研究成果。

北京大学—林肯研究院城市发展与土地政策研究中心

主任　刘志

译 序

本书根据林肯土地政策研究院与宾夕法尼亚大学斯图尔特·威兹曼设计学院（Stuart Weitzman School of Design）和麦克哈格中心（The Mcharg Center）联合出版的 2019 年精装本译出。本书中文版得到林肯土地政策研究院授权，北京大学—林肯研究院城市发展与土地政策研究中心（简称北大—林肯中心）承担具体翻译出版工作。翻译工作在北大—林肯中心主任刘志指导下完成。吴悠然承担全书文稿校对及部分图片翻译工作；徐常锌承担部分文稿补译工作；赵敏承担统稿复核补止工作。限于译者水平阅历，译稿不足之处在所难免，欢迎业界同仁批评指正。

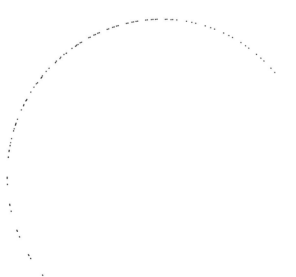

北大—林肯中心

2024 年 3 月

设计是一种追求，
不是一项任务

安德鲁·列夫金
Andrew Revkin

2001年3月上旬，正当我为《纽约时报》（ *New York Times* ）密集报道环境新闻忙得不可开交的时候，传来了伊恩·伦诺克斯·麦克哈格（Ian L. McHarg）去世的消息。我接到通知，说是暂时不用打磨新闻，转而写他的讣告，这对我来说是种荣誉。当时，我刚刚完成了一篇题为"冰雪融化传递的信号"的头版文章，报道了乞力马扎罗山著名的白色雪顶受气候变化影响不断缩小的情况。[1] 同一时间，游说者和支持环保主义者正在互相角力，为该推翻还是该落实乔治·W. 布什（George Walker Bush）总统竞选时作出过的规范电厂温室气体排放的承诺而争执不休，而我就在追踪华盛顿释放的相互矛盾的信号（当月晚些时候，工业在斗争中获胜[2]）。

在那些灰暗的日子里，有什么比探索这样一个充满开拓意义和成就的人生更能让人振奋呢？此前，我对麦克哈格的肤浅认识还停留在大学课程中。我知道《设计结合自然》（ *Design with Nature Now* ）呼吁顺应生态而不是与生态一争高下，相当有革命性。然而，随着我不断深挖报社的素材档案和数据库中的信息，并开始给他的同行和学生打电话了解情况，我很快就发现，麦克哈格留下的遗产如此之多，这本里程碑式的专著只是其中之一。

我最终写出的讣告主要讲的还是麦克哈格的成就和创新，比如他提出了著名的"千层饼"式叠加地图，可帮助客户或社区根据地下土壤、水流和其他环境条件的功能权衡任何人为开发活动的价值。但让我欣慰的是其中至少有这么一句话体现了麦克哈格馈赠世人的另一个恒久礼物："他最大的遗产不是他提出的方法，甚至不是他具有开创意义的著作，而是他对人类居住地的尊重和热情，以及他用同样的道德标准为一代又一代规划师和景观设计师树立标杆的坚定决心。"[3]

在《设计结合自然——刻不容缓》中，一系列麦克哈格同时代的人物——从规划到生态学再到比较文学等各学科的从业者、科学家和学者——解释了为何当下对麦克哈格方法的需求比以往都要大。但在地球系统和人类系统随着第三个千年推进而迅速变化的今天，这却又似乎很难站得住脚。在海平面、气候、物种入侵不断发生的城市及技术也同时发生变化的世界中，设计到底要发挥什么作用？在人类世中——这个人类对生态系统和气候的颠覆程度不亚于过去小行星撞击地球的年代，如何定义 *自然* ？当然，基因驱动技术等工具创造了一种前景，使我们有能力在基因层面重新定义自然——或好或坏——不仅可以塑造作物的遗传特性，还可以为携带病菌的蚊子这样的麻烦物种修剪生命之树。[4]

实际上，正是地球和智人快进的发展状态，才使麦克哈格的方法和干劲比以往更加重要，并且让其影响远超景观设计和规划领域。想想他当年为了解释清楚一个问题而把任何必要学科都要融入的研究热忱。《设计结合自然》大获成功之后，为了把人类要素纳入地质学和生态学的设计模型，麦克哈格是那么努力，引入了许多新变量来使模型具有文化的可塑性。他曾写道，"我们该如何扩展这个模型才能将人包括进来？"为了实现这个目标，麦克哈格把人类学家和民族志学者都纳入自己的圈子。几十年后的今天，许多学术界、政府和企业的架构和规范，以及与此有关的新闻规范都仍然在阻碍跨学科合作。由此可见，他在这方面的工作至今对于我们仍有诸多裨益。

研究麦克哈格如何使用演示文稿，也可以让我们有所收获。他使用演示文稿，更多的是让利益相关方理顺逻辑、作出明智选择，而不只是直接阐述环保设计观点。要想更好地领会这一点，最好是看动态影像中他的一举一动——在这本书里是找不到的。幸运的是，1969 年著名的公共电视纪录片《地球的增与减》里有 1968 年麦克哈格向明尼阿波利斯—圣保罗和邻近郡县大都会理事会所作的展示，那一次，他阐述了有韧性、符合生态要求的规划的重要性。

在一群规划者和其他当地人士面前，他一边踱步一边说道："我花了很多年的时间向那些毫不在意的人献出了我的赤诚之心。""因此，只有一腔热情根本无法实现任何目标。在我看来，似乎人真正需要做的只有两件事。不仅需要会说'不要做'，也要有能力说'就这么做'。"[5] 他将这种两面兼顾的方法称为"积极诱导过程"。

不断发展的行为科学和社会科学已经验证了这种方法在应对全球变暖这样观点分化的问题，以及由此引发的地方和全球层面上的设计辩论时的有效性。正如耶鲁大学法学院的丹·卡亨（Dan Kahan）在实证研究中所表明的那样，无论有没有好看的图表，更多的信息都可能会加深而非消除分歧。[6] 他称这种现象为"文化认知"。但是，相同的研究也发现，对话（就如何同景观一样）是可以被设计的——在这种情况下，要考虑**人性**的因素。即使存在分歧，最终也可能就具有恢复韧性和可持续性的路径达成共识。

在本书的几篇文章中，供稿人还注意到麦克哈格的方法之所以能够在 21 世纪取得成功的又一至关重要的因素。这个因素不是更好的数据可视化，也不是专家与官员之间更好的对话，而是要具有代表性：

即在作出关于道路和水库、公园和人行道或环境法律和协议的决定时，决策桌上都有谁的声音能被听见。气候协议或一座城市的成功取决于其包容（各个群体的）程度。

但是在 21 世纪面临挑战的大背景下，麦克哈格方法中最能引起共鸣的一点，是他主张为景观或系统**特性**进行设计。他的设计一直以来都以生物学，尤其是进化论为检验标准。他追求"动态平衡"，而非静态的、持久的终点。人类造成的气候变化及相关挑战日益复杂，不确定性持续存在，麦克哈格的方法在这样的背景下具有不可估量的价值。在一个海平面稳定或以已知速率上升的世界中，设计一个安全的沿海城市会更容易。但根据最近的一系列研究，这两种情况都不是现实的，甚至以后数十年全数百年都无法实现。

相同的设计理念正在差异巨大的领域出现。过去 25 年间，为避免危险的全球变暖而进行的国际条约谈判中，大多数国家的目标是制定一个有约束力的、稳健的、合同式的条约，用以规范签署国的行动。2015 年签署的《巴黎协定》（the Paris Agreement）意味着谈判终于有成果，而这项成果本身就是一个过程——规定各国汇报各自为构建人类与气候更安全的关系计划采取的自主行动步骤。本质上讲，该协定是麦克哈格会赞赏的"积极诱导"的替代工具。

正如本书下文所建议的那样，我们需要推广麦克哈格的方法，对其加以创造性的重构，以适应更复杂和多样的变化，并进行设计，尽最大可能构建一个既考虑自然又考虑人性的地球未来。

设计在人类世

1969 年，宾夕法尼亚大学规划与景观设计学教授伊恩·麦克哈格发表了一篇题为《设计结合自然》的宣言。这部著作被翻译成汉语、法语、意大利语、日语和西班牙语等多种语言，至今仍在版刊印，它无疑是 20 世纪设计行业中最重要的作品之一。《设计结合自然》不仅把握了 20 世纪 60 年代末的时代精神，批判现代文明——至少是北美文明——无序扩张的都市规划和环境恶化问题，较同侪更进一步的是，它还提出了一套解决问题的实用方法。

麦克哈格与他在宾夕法尼亚大学的学生和同事一道，凭借着尚不成熟的数据工具和艰苦努力的模拟绘图，开发出将特定地点的生物物理学特征图重叠放置的方法，以协助未来的土地用途决策。这套方法融合了科学与常识，在决定哪一个地块最适宜什么用途时，它可以提供实证理性且看起来客观公允的决策基础；例如，在这里的沃土上开发农场，在那里的山地森林中得到水供给，当然还要在潮泛区外、海岸沙丘后修建住房。

纵观历史，文明的兴衰起落总是缘于它们要如何与土地和水共生，或者依照麦克哈格所说，即它们是如何结合自然开展设计的。文明凭借经验累积，向当地具体的地形条件调谐适应，同时，结合自然的设计也就成为某种形式的知识技艺。由此观之，麦克哈格的设计哲学并未标新立异。但他主张以生态学作为设计的基础，并将之应用到当代城市，这的确是一时创见。麦克哈格的最大贡献，是创造出一套简明通用的方法，用以评估环境科学并将其纳入现代的开发决策过程。一旦运用得法，他的方法就能指导和实现设计决策，尤其能够限制原本无序的扩张性开发，缩小其范围和规模。

然而，《设计结合自然》不只是一本土地使用的手册（图 I.1）。它自地质学起步，延伸铺陈，论及宇宙学；它从基督教入手，横切直截，与佛教哲学相呼应；它从中插入关于熵和进化的推论，以此阐述、

图 I.1 《设计结合自然》封面，1969 年，双日 / 自然历史出版社，美国自然历史博物馆

发明出一套兼收并包、自成一体的设计理论。对麦克哈格而言，结合自然开展设计，意味着人类有意识地、善意地适应自然环境。这种适应论从当时最为先进的生态科学中汲取养分，源于一种信念，即相信只要万事万物各得其所，文明和自然两大系统便能和谐共存、平衡互生。对他来说，这不是一种简单的生物决定论，而是臻至的艺术。

正如他博学的导师刘易斯·芒福德（Lewis Mumford）和先于他的前辈帕特里克·盖迪斯（Patrick Geddes）一样，麦克哈格的愿景也是人类会同自然世界这些更伟大的力量和潮流共生共存而非针锋相对，由此人类将得到一种以生物为中心的场所感；而这种场所感，将会在最深层次的理念上取代亚伯拉罕神教信仰的神学理论和资本主义的消费文化，麦克哈格认为这二者是20世纪60年代环境危机的元凶。在麦克哈格看来，西方文明作出最重大的承诺就是要实现科学和艺术的结合，但这种结合尚未应用到我们的居住方式上来，而景观设计行业能够在这个演进过程当中服务于社会。直至今日，这一点至少在理论层面上仍是该学科存在的根本意义。

正值《设计结合自然》出版50周年之际，我们推出这部新作以及配套的展览与研讨会，正是要探问：今时今日结合自然的设计有何蕴涵？执教于麦克哈格奉献终身的宾夕法尼亚大学设计系，我们感到自己责无旁贷，需要在此时此地，求索这些问题。麦克哈格的远见卓识固然值得钦仰，不过我们纪念他这部代表作的初衷绝非想要搞偶像崇拜。相反，我们认为，我们自己的责任和这部新书的写作目的，应当是给出具有建设性的批判，追问结合自然的设计理念在过去半个世纪中发生了怎样的演进变化，并推测下一个50年中这一理念的发展前景。

麦克哈格一方面将自然视为高于人类的权威以求谕示，另一方面通过基于数据的实证主义研究，将自然简化为分析诠释，因此他常常遭受哲学上的非难，引来批判。诚然，过去50年中景观设计学科发生的诸多变化，均可解读为对麦克哈格哲学思想和研究方法的支持或者批判。假使麦克哈格当年将他的作品命名为《设计结合景观》（*Design with Landscape*）而非《设计结合自然》，又在书中警告读者自己的方法在创造力和独创性上有所局限的话，那么恐怕那些不时指责他狂傲自大、稚拙少文的批评就大多得悻悻了。但麦克哈格一心急于改变这一学科的面貌，进而改变世界，也就忽视了一些关键性的细节。

不过，麦克哈格能引发论战，也是他影响力经久不衰的一大原因。鉴于这些论战曾一度扬言要分裂这个介乎"设计师"和"规划师"之间的行业（译者按：指景观设计师），我们如今就可看到，这个行业围绕着这些分歧在智识层面已迈向成熟；它虽然有着多元多样的实践，但均团结在共同的生态和艺术宗旨下；它如今配备有一系列设计技术，前文所述的麦克哈格式景观适应性分析方法正是这些技术所立足的基础，而非是要抵制其影响。而且，我们仍然看到麦克哈格的豪言壮志和日常实践当中存在着裂隙——某种程度上说，理想和现实之间总是必然存在某种裂隙。在结合自然的设计当中，如果理论和实践之间没有分歧，那么景观设计也就没有了发展或演进的空间了。

　　本书围绕着一系列项目展开，这些项目之所以被选中，是因为它们均以某种方式缩小了这一分歧，并为景观设计的未来开辟出更为广阔的前景。要选出这一系列项目，需要我们投入长时期的合作讨论。起初，我们请求全球各地的同仁提名推荐他们认为最能体现和充实麦克哈格设计哲学与方法的项目。[1] 提名环节过后，我们得到了 80 多个项目名单。随后，作为本书的编者和展览的策展人，我们几经讨论，共同议定了最终的 25 个项目。这些项目被分入五大主题：大荒野（Big Wilds）、潮水方兴（Rising Tides）、淡水水域（Fresh Waters）、毒性土地（Toxic Lands）以及城市未来（Urban Futures）。尽管这些主题覆盖了广大的地域地形，但读者当能明辨，这些项目并不代表规划和景观设计行业所做的全部类型的工作。我们列入的项目，牵涉大型的复杂工地和紧迫的社会生态问题，它们通过多种方式得以实现，并体现出麦克哈格式的管理服务精神。不过必须要说明的是，一些项目反映出这一学科在推动必要规模的变化时有诸多局限——项目改善了当地的社会和生态功能，但它可能是某种发展模式和基础设施项目的重要部分，这种发展模式和基础设施项目在其他层面又是有害于环境的。我们希望所选能够囊括更多元的地点和更多样的项目。然而，正如本次选题于当代实践所涉足的主题领域中存在空白、无法面面俱到一样，本次选题在地理空间中的空白更突出醒目。简言之，我们的项目选题并非完美，但我们相信，这些项目可作为千里之始，也希望读者存有同感。

　　这些所选项目不仅是本书展示的核心内容，也构成了同名展览和研讨会的基本内容，这两项活动均于 2019 年在费城宾夕法尼亚大学召开。本书第 12 至 16 章重现了这场展览的亮点内容。展览还包括宾夕法尼亚大学设计学系建筑档案馆策展人威廉·惠特克（William Whitaker）所作的麦克哈格生平与工作调查，其摘要内容收录于本书第 26 章。

《设计结合自然——刻不容缓》展览的第三大内容，是由景观设计师、艺术家劳雷尔·麦克谢里（Laurel McSherry）特别授权委托展出的系列艺术作品。她全心浸润于麦克哈格的童年家乡苏格兰和他成年居住的美国东北部两地的风光景致当中，从中获取灵感，以全新视角溯源麦克哈格的遗产与遗志——想必他本人也会深自欣赏。这一作品收录于本书第 9 章。

除这篇编者绪论以外，本书各章均源于"设计结合自然——刻不容缓"研讨会。除地理学家厄尔·埃利斯（Erle Ellis）和文学家乌尔苏拉·海泽（Ursula Heise）的两篇主旨发言（本书亦收录有全文）外，发言人艾伦·伯杰（Alan Berger）、乔纳·萨斯坎德（Jonah Susskind）、托马斯·坎帕内拉（Thomas Campanella）、罗布·霍姆斯（Rob Holmes）、卡特勒恩·约翰-阿尔德（Kathleen John-Alder）、尼娜-玛丽·利斯特（Nina-Marie Lister）、戴维·奥尔（David Orr）、凯瑟琳·希维·努登松（Catherine Seavitt Nordenson）、艾伦·希勒（Allan Shearer）和吉利恩·瓦利斯（Jillian Walliss）等均受邀发言，探讨项目选题所体现出的麦克哈格思想遗产。整体而言，他们的发言稿展现出整个学术观点的谱系，反映出今天的景观设计师和环境规划师如何影响着世界，而他们的工作又如何受惠于麦克哈格。

开篇首章，是由麦克哈格多年的好友、学生和坚定支持者弗雷德里克·斯坦纳（Frederick Steiner）所写的一篇生平纪事。多位曾聆教于麦克哈格并与他共事过的杰出学者和实务工作者均写有短篇致辞，深刻表达了对他毕生工作的敬意，包括：伊格纳西奥·本斯特-奥萨（Ignacio Bunster-Ossa, AECOM）、詹姆斯·科纳（James Corner，詹姆斯·科纳建筑事务所）、阿努拉达·马图尔（Anuradha Mathur，宾夕法尼亚大学）、劳里·奥林（Laurie Olin，OLIN 工作室）、安妮·惠斯顿·斯波恩（Anne Whiston Spirn，麻省理工学院）以及达娜·汤姆林（Dana Tomlin，宾夕法尼亚大学）等。和曾经的麦克哈格一样，今天的他们同样是景观设计界的中流砥柱，他们深刻阐释了麦克哈格的思想是如何塑造了他们的思维，而今天他们的思考又是如何影响着新一代的学者和实务工作者。与之相似，在本书第 8 章，格拉斯哥艺术学院（The Glasgow School of Art）的布莱恩·埃文斯（Brian Evans）也论述了麦克哈格在其故乡苏格兰经久不衰的影响力。诚哉如是，任何认识他的人，甚至那些仅仅听过一堂他的课的人都能证明，麦克哈格既激情洋溢又博学多才，正是那种令人一见难忘的人物。

伊恩·麦克哈格逝世于 2001 年。早在"气候变化"和"人类世"这类表述成为社会核心关切之前，他的生平工作就已完成。这些词语所展示出的环境现状、它们所引发的激烈论辩和担忧情绪以及对气候行动日渐高涨的呼吁，都让麦克哈格当年预言般呼吁设计应当结合自然的声音显得空前关键、切中肯綮。大气科学家保罗·克鲁岑（Paul Crutzen）通常被认为率先提出了当今是人类世的新纪元，他称新纪元开始于工业革命，在 1945 年后迅猛加速。2011 年，克鲁岑和他的同事威尔·斯特芬（Will Steffen）和约翰·麦克尼尔（John McNeill）指出，我们应当迈向一个"管理和服务地球"[2]的新阶段。这也正是 50 年前《设计结合自然》所传达的核心信息，而且由此而言，在人类世这一背景下，景观设计已成为迈向更深广的文明革命的先锋行业。然而，这并不是说这一行业已经实现了麦克哈格所授予的引领全球环境管理服务的实名。狂言如此，岂不荒唐？更准确地说，我们很难说世界环境形势较《设计结合自然》出版时有所改善。相反，人类世的黎明恰恰标志着环境恶化。我们低着头向前猛冲，一头扎进了全球环境以空前规模和速度剧烈变化的时代。我们要如何学习与这一巨变共生共存，将是下一个 50 年设计行业的首要挑战。在我们所选的项目当中就有着这样的线索，提示我们应当如何通过设计工作，更好地调整我们的城市及其基础设施，适应地球系统的力量和流向。这样的项目今天还只是例外而非原则惯例，这恰恰进一步凸显了其重要地位，昭示着一场尚未来临却将席卷更广的历史性变革。

21 世纪的标志，正是人类已直接或间接地改变了这个星球上每一处栖息地，而这些改变多数是有害的。我们作为一个物种所取得的非凡成功，伴随着全球变暖、物种灭绝和资源耗竭等意外后果，如今也可能会变为我们的末日。我们能够认识到"公地悲剧"的存在，令我们从其他同样繁荣于进化史的物种当中脱颖而出。我们不仅具备这一知识，并且能基于这一知识做出预防性行动，这就需要有意识地为各种形态的生命设计环境，令环境更加具有赋予生命、延续生命的能力。这既不意味着惩罚，也不是弥赛亚降临救世般的宗教狂热；这是一项政治性的事业，尤其是一项创造性的工作，它超越了地理、经济以及一切称霸和分裂地球的力量——不论是发达国家还是发展中国家，不论是富是穷。而这，正是《设计结合自然》一书历久弥新、启迪后人的宗旨所在，也是本书致力的根本目标。

目录

（本书插图均为英文版原书插图）

设计结合自然：
反思、敬辞与启示

第 1 章

绿化地球、修复地球和治愈地球

弗雷德里克 · 斯坦纳
Frederick Steiner

　　伊恩 · 麦克哈格（1920—2001 年）在第二次世界大战期间自愿入伍。彼时的他是个身材瘦长的少年二等兵，后成长为英国一支精英战斗部队的指挥官，志得意满，并以陆军少校身份退役。战争爆发前的大萧条时期，他生活在苏格兰格拉斯哥市克莱德班克（Clydebank）工业区的一个加尔文主义家庭。战后，人称"少校"的他到了哈佛大学，醉心于现代主义。

　　为了帮助自己饱受战争蹂躏的家园进行重建，伊恩 · 麦克哈格离开了哈佛大学，回到英国找了一份规划师的工作。在宾夕法尼亚大学设计学院院长霍姆斯 · 珀金斯（Holmes Perkins）邀请他教授一门新开设的景观设计研究生课程之前，他还经历了一场险些丧命的肺结核。在宾夕法尼亚大学，伊恩 · 麦克哈格将对实践的渴望与对教学的热爱融合在一起。

　　他最重要的贡献就源于这种学术实践。起初，他在实践中还完全遵循在哈佛大学学到的现代主义原则。后来，在他的导师刘易斯 · 芒福德的影响下，伊恩 · 麦克哈格开始逐渐摆脱国际风格的美学教条。他变得非常怀疑现代主义所谓的"放之四海而皆准的同一种方法"，不过仍坚持现代主义的*理念*。具体来说，他认为知识应该指导行动，而且这种行动将带来更优质的住房、更开放的空间、更高效的交通运输系统，并最终构建起更健康和安全的社区。

　　通过主持宾夕法尼亚大学设计工作室的教学研究以及开展咨询业务，伊恩 · 麦克哈格践行了他的这些理想（见图 1.1）。多年来，景观设计系（当时的景观设计与区域规划系）和他的咨询业务实践 [华莱士–伊恩 · 麦克哈格合伙公司（Wallace-Ian McHarg Associates），后来发展为华莱士 · 麦克哈格 · 罗伯茨 & 托德（Wallace McHarg Roberts & Todd）公司] 之间的界限是模糊的。这个院系和这个公司均从事实践研究，推动了多个学科和专业的发展。这项工作代表着学术部门和专业实务之间一场富有意义的对话，而《设计结合自然》一书就是

这场对话浓缩的精华。这本书中不但有富有洞察力的案例研究，还提出了新的规划设计理论和新的公共政策使命。那么，伊恩·麦克哈格的生态学理论源于何处呢？

同样，它既来自学术研究，也来自实践。从 20 世纪 60 年代初期开始，伊恩·麦克哈格就成了一名公众人物。他主持的 CBS 脱口秀节目备受瞩目，后来他还为 PBS 一部非常受欢迎的纪录片担任过旁白解说。伊恩·麦克哈格曾在多个重要委员会和小组任职，其中包括颇具影响力的 1966 年白宫保护自然美委员会（White House Commission on Conservation and Nature Beauty）。在这个过程中，他结识了第一夫人伯德·约翰逊（Bird Johnson）、斯图尔特·尤德尔（Stewart Udall）和劳伦斯·洛克菲勒（Laurance Rockefeller）等人。

10在 20 世纪 60 年代早期，他将自己所主持的 CBS 电视节目《我们的居所》（*The House We Live In*）与教学结合，孕育出了"设计结合自然"的理论。[1] 在 1960 年和 1961 年里有连续 26 周，每到星期天，伊恩·麦克哈格就邀请当时顶尖的神学家和科学家［包括玛格丽特·米德（Margaret Mead）、朱利安·赫胥黎（Julian Huxley）、保罗·田立克（Paul Tillich）

及卢娜·莱奥波德（Luna Leopold）]在电视直播节目中讨论我们人类在世界中所处的位置（见图1.2）。这种座谈会式的教学研究方式开始于1959年，他在宾夕法尼亚大学教授"人类与环境"课程的时候。一些学术领头人[包括像勒内·迪博（René Dubos）、保罗·西尔斯（Paul Sears）、罗伯特·麦克阿瑟（Robert MacArthur）、保罗·埃利克（Paul Ehrlich）、尤金与霍华德·T. 奥德姆（Eugene & Howard T. Odum）这样开创性的生物学家]受邀在课堂和电视上讨论价值观与伦理、熵、宇宙、进化及板块构造等。伊恩·麦克哈格的智慧和人格魅力不仅吸引了学生，还赢得了电视观众的关注。

　　从20世纪六七十年代，"人类与环境"一直是宾夕法尼亚大学校园最受欢迎的课程，许多人的生活都因这门课而改变。我的一位同事当时还是沃顿商学院的本科生，在选修"人类与环境"这门课程后，很快就从金融转到水文地理专业，最终获得了博士学位，并成为著名的环境规划师和教育工作者。1970年"地球周"期间，伊恩·麦克哈格不断增多的学术追随者正逢当时红火的环保主义活动，他和学生们在费城主持了那一周的活动。在全美各地，其他教师和学生也组织了类似的活动。

　　以我为例，我当时是辛辛那提大学（University of Cincinnati）由学生领导的地球日活动的联合主席，我们那阵子的活动包括一场书展。与现在相比，当时环境类书籍还比较少，仅有雷切尔·卡森（Rachel Carson）和阿尔多·莱奥波德（Aldo Leopold）等几人的作品。伊恩·麦克哈格那本封面上写着"设计"字样，背面印有"从太空看整个地球"的书对于我们这些学习景观、建筑、规划和设计的本科生来说显得格外醒目。在接下来的数十年里，我们中的很多人蜂拥到宾夕法尼亚大学。还有其他更多的人阅读了这本《设计结合自然》，并被书中充满希望的信息所鼓舞。

　　没有什么比一个好的理论更有实际性了。"设计结合自然"的格言不仅改变了设计和规划，而且影响了地理与工程、林业、环境伦理、土壤科学及生态学等多个领域。证据无处不在：几乎每一个地理信息系统（GIS）的呈现都是从对环境和社会现象叠层的描述开始的，尽管这一点很少被归功于伊恩·麦克哈格，而且这类工作常常没能显示出他对于数据收集和分析方面的雄辩抑或洞见。环境影响评估、新社区开发、海岸带管理、褐色地带恢复、动物园设计、河流廊道规划以及可持续性和再生设计理念都体现了"设计结合自然"的影响。

然而，伊恩·麦克哈格的理论和实践贡献远远不止他的这本巨著。在首个地球日之后的数十年里，另两个话题占据了他很多精力。第一，他试图增进对人类生态的理解。第二，他主张将理论框架扩展至国家和全球范围。伊恩·麦克哈格的生态方法有助于设计师和规划者阐明生物体之间及其与我们的物理和生物环境的联系。和其他生物体一样，人类是生命网络的一部分。我们面临的挑战是将自己视为这个网络的一部分。只不过问题在于，借用亚历山大·卡拉贡（Alexander Caragonne）的说法，"就像海中游泳的鱼儿一样，我们显然没有在意人类栖息环境的性质与范围，也无法对其加以描述。"[2]

伊恩·麦克哈格认识到我们需要了解我们栖息的环境，并对它加以塑造或改变我们自己。他曾向国家心理卫生研究所（National Institute of Mental Health）寻求支持，以解决这个问题。伊恩·麦克哈格这样写道，"我和同事们得出的结论，是地貌学综合了物理过程，生态学则综合了物理过程和生物过程。而我们应该如何扩展这个模型，才好把人类容纳其中呢？"[3]

为了获得答案，他转而研究人类学。20 世纪 60 年代初期，他为所在院系招募了地质学家和生态学家，70 年代又新增了人类学家和人种学家。这些同事告诉我们，文化是人类物种在环境适应过程中最重要的工具。此外，我们发展文化的能力有别于其他物种。那么设计和规划就可以被看作适应性机制，即韧性工具。适应性和韧性与我们的健康密切相关，根据世卫组织的定义，其即身心从疾病、伤痛或侮辱中恢复的能力。

多年来，伊恩·麦克哈格一直保证研究生景观设计基础课程和地区规划工作室这二者可以协调统一。生态学家、地质学家、土壤学家及人种学家被请来和景观设计与规划教员们一道帮助学生理解景观。他们会研究从宾夕法尼亚山麓到新泽西海岸平原的各处特定地点，探索存在哪些发展机会或约束条件。地图（最初是手工绘制的，并用记号笔标注颜色，后来是由电脑生成的）、横断面、方框图、示意图、照片和文字都被用来解读地质和人类活动的过

12

程和模式。教员和学生总是会进行现场考察，以了解其在工作室所绘制的图层和所分析的内容（图 1.3）。

图 1.3　1983 年 9 月 30 日，501 工作室的众人实地考察了宾夕法尼亚州的鹰山（Hawlk Mountain）。伊恩·麦克哈格坐在左边；地质学家罗伯特·吉根加克（Robert Giegengack）坐在中间，手指远方者；生态学家詹姆斯·索恩（James Thorne）站在右边（留胡子者）。拍摄者为弗雷德里克·斯坦纳。图片引用获得宾夕法尼亚大学建筑档案馆许可

伊恩·麦克哈格带来了伟大的想法。当他看到自己的想法被越来越多地应用在 GIS 和可视化技术中时，他意识到这些可以推广至全国乃至全世界范围。于是在 20 世纪 90 年代初期，他和几位同事为国家生态名录建立了一个原型数据库。时任美国环境保护署（EPA）署长的威廉·赖利（William Reilly）——也是伊恩·麦克哈格的仰慕者——委托其开展这项研究，伊恩·麦克哈格于 1993 年向环保署提交了成果。

伊恩·麦克哈格和他的团队提出想要在三个维度（国家、地区和地方）下建立起包罗万象的信息名录，包括海洋物理信息（在适用的情况下）、地质、地貌、地文、水文、土壤、植被、湖沼生物、海洋生物、野生动植物及土地利用方面的信息。他们主张将年表作为"统一标准"。在他的自传《生命的探索》（*A Quest for Life*）中，伊恩·麦克哈格写道，"我们注意到，最大的问题不在于数据本身，而在于如何对其进行整合。"[4] 几十年后，怎么整合及如何在决

策中明智地使用数据仍然是最大的问题。

在他生命的最后几年，伊恩·麦克哈格呼吁美国及其他国家建立国家生态库，并认为这个方法可以并且应该扩展到全世界。这种全球视野深深根植于伊恩·麦克哈格的哲学当中。比如说，早在 1968 年他就写道，"我们必须将自然视为人类生存于其中的一个过程，人类已经完全具备了充当生物圈管理者的能力。"[5] 他称这一全球责任是我们"最伟大的责任"。那么，如果我们同意这一观点，我们又如何才能切实践行我们"最伟大的责任"呢？

从长老会成员到挚友，从士兵到学者，从旧世界到新世界，从哈佛大学到宾夕法尼亚大学，从关注某个点到地区和全球视野，伊恩·麦克哈格一直有这么几个特点：他卓尔不群、慷慨大方、幽默风趣，富有领导才能，拥有广博的科学和艺术知识，他热爱爵士乐，会讲故事并且能够吸引观众。

伊恩·麦克哈格为两个孪生学科——景观设计和城市与区域规划开辟了新的领域。他改变了其他人看待这个领域，还有从业者看待自己的方式。他的影响超越了景观设计和规划。建筑师、生态学家、地质学家、林业工作者、土壤保护者和艺术家听到了他的召唤，并由此改变了想法。伊恩·麦克哈格是一位公众人物，他在全美国电视广播与脱口秀主持人聊天，与拉比和耶稣会士讨论宇宙的起源和生命的意义。他与总统和霍皮族长老、洛伦·艾斯利（Loren Eiseley）、安迪·沃霍尔（Andy Warhol）、物理学家及嬉皮士一起散步。

我们与更宏大的事物相连接，追随心之所向，我们终将成为想要呈现的自己。伊恩·麦克哈格选择呈现一个伟大的自己。我们都应该拥有这样的勇气来应对我们这个时代所面临的环境和社会的挑战与机遇：从现在开始，让设计结合自然。

第 2 章

麦克哈格：长远的眼光，缩小的视野

伊格纳西奥·F. 本斯特–奥萨
Ignacio F. Bunster–Ossa

每次宾夕法尼亚大学工作室讲评课上，伊恩·麦克哈格都会靠在椅子上，将手抱在脑后，伸长脖子，仿佛要尽可能从最长远的角度来看摆在他面前的作品。在 PBS 著名的纪录片《繁衍与征服地球》（*Multiply and Subdue the Earth*）中，麦克哈格站在齐膝深的草丛中讲述生态学，沐浴在阳光下的草甸呈现出一种琥珀色，他将自己所传达信息的紧迫感和面前无边无际的草地及头顶深蓝色的天空结合起来。[1] 在《设计结合自然》这本封面上印着从外太空看到的被污染的地球影像的书中，他又进一步地强调了这个信息。

对于设计师、规划者及其他所有关心环境的人士而言，麦克哈格看待事物时那种着眼长远且极具紧迫感的视野不啻为一份礼物。当年获邀到宾夕法尼亚大学办公室和他见面的我，就是以一名准学生身份收到了这份礼物。当他意识到我在地球科学方面准备不足后，要求我先在一所社区大学学习生物学和气候学的入门课程，以作为入学的先决条件。这一系列的课程中，曾有对大沼泽地的讨论（当时我住在附近的迈阿密），而无论从范围还是生态的角度来看，地球上都很少有地方能够比大沼泽地更体现麦克哈格对景观的宏大视野。所以说，如果麦克哈格有一件事让我刻骨铭心，那就是必须以最长远、最宏大的视野看待人类对我们这个小且脆弱的地球的影响。

可以肯定的是对于麦克哈格来说，长远的眼光并不等价于一张概略大图。正如他在《设计结合自然》中关于形式和功能的章节中所表述的那样 [2]，他相信每一个景观及其每个部分都有着与生俱来的奇妙和适宜，不论其位置、范围或细节层次如何。在宾夕法尼亚大学，他孜孜不倦地教导学生如何将项目与整体联系起来，也就是说，无论是多么微不足道的东西，一条小路、一株植物、一堵墙或一座建筑物，都要与它所在的地理位置相得益彰、体现大局。

1966 年，麦克哈格和几位受人尊敬的同事共同起草了新成立的景观设计基金会的使命声明——《关切宣言》（ the Declaration of Concern ），他长远视野的紧迫性引起了人们的关注。声明写道，"伊利湖（ Lake Erie ）正在变成化粪池，纽约市水资源匮乏，特拉华河（ Delaware River ）含盐量飙升，波托马克河（ Potomac River ）充满污泥。各大城市空气受到污染，市民呼吸困难，视野受阻……很快全国人民都将置身于如此污染的环境。"[3] 三年后，《设计结合自然》发行于世。可叹的是，这份宣言和他的标志性著作都没有预测到如今我们正面临着怎样的环境灾难。当然，那时我们对人类改变地球气候的能力还知之甚少。直到 50 年后，景观设计基金会在世界景观设计大师峰会之后又发表了《新景观宣言》，在其中直接强调了气候变化，呼吁创造能够"适应气候变化并减轻其根源"的生态区域景观。[4] 这份被翻译成 19 种语言的新宣言，正是对麦克哈格环境学遗产的致敬和发展。

不过，这一行业真的能够推动气候变化的解决吗？地球大气中的二氧化碳浓度已经超过了 410 ppm，并且仍在继续上升。有些科学家对全球温室气体排放在全球变暖温度超过 2 摄氏度——即 2015 年《巴黎协定》制定的最高水平——达到之前停止增长心存疑虑。诚然，景观设计师可以指导全球数百万棵固碳树木的种植，推动对数百万公顷现存林地和湿地的保护，可是这些基于自然的措施恐怕很难在这个问题上取得根本性的进展。气候变化是一个非常庞大的全球性问题，只有政府和企业采取大规模行动，停止燃烧化石燃料，投资清洁能源技术，并落实诸如喷射大气气溶胶等地球工程，才能避免这场灾难。

景观设计师可能无法消除气候变化的根源，但是这个行业的从业者仍然可以发挥至关重要的作用。通过进行防洪功能设计、绿色雨水管理、沿海生物系统保护、城市场所降温、社区生产性景观及受影响社区被迫放弃的土地的重新开垦（即将到来）等，如今这个行业已经为提升其社会关联性作好了准备，这或许是自《关切宣言》问世以来景观设计的社会意义最强的时刻。当然，麦克哈格对环境的关切带来的后续影响已经超出了相关范围或应用范畴。

16

《设计结合自然》出版于 1969 年，那是一个郊区化加速发展的年代，也是环境意识发酵的年代。1970 年美国颁布《国家环境政策法》（ NEPA ），1972 年颁布《洁净水法案》（ CWA ），1973 年出台《濒危物种法》（ ESA ）。从今天的立法标准来看，这一速度非常惊人。《国家环境政策法》和《濒危物种法》在宗旨陈述中都明确提到了"生态"一词，《洁净水法案》的说法虽则比较含蓄，但也有所提及。可以说，麦克哈格作为一名教育家和活动家，他最大的贡献在于使这个术语在实践中得到了广泛的重视。他还提出了一种确定开发适宜性的方法，即生态数据叠层（地质学、土壤学、水文学、地文学）。这种被称为"千层饼"的分层法对郊区社区规划（如巴尔的摩的山谷和休斯敦北部的林地社区）很有帮助。巴尔的摩的山谷规划虽则未能被完全实现，但林地社区却发展成了生态设计方法的一个光辉典范。

在不可逆转的城市化世界当中，千层饼法作为一种规划和设计工具似乎并不完备，然而这种方法的价值仍然时不时重新引起人们的注意。2005 年，由华莱士 · 麦克哈格 · 罗伯茨 & 托德公司 [5] 前主管、西雅图公共事业公司总经理原真美（Mami Hara）牵头的一项名为"费城绿色计划"的开创性研究，就将这种技术作为优化城市绿色基础设施部署的方法。举例而言，该研究项目借助地理信息系统数据库，对开放空间可及性和防洪进行了分层，以确定可以作为城市公园的生物保护区的潜在位置。

但是，除了将麦克哈格的典型方法从一个领域应用到另一个领域之外，他的身后影响还包括将生态学作为一种高屋建瓴的伦理来加以应用。生态伦理涵盖对相互关联的物理、环境、政治、经济和文化条件的务实理解，涉及我们城市"居所"中的任何部分，或像麦克哈格过去常说的，"为什么人们会在那里，他们在做什么，他们要到哪里去？"对于麦克哈格来说，"人们"指的是某一特定地区的居民。而今天，这个词意味着整个人类。半个世纪前，将一个新的社区融入休斯敦以北的混交林中可能就称得上引人注目。而现在，我们必须采取行动拯救所有国家的城市和荒野。如果说曾经的生态学是一种方法论，那此刻它必须成为一种思维方式——包含了环境的压力和威胁，涵盖文化、平等和社会公正等各个方面，不论地点、范围或细节层次。

如今我们这个行业的标准做法是将这种整体思维模式等同于韧性。遗憾的是，韧性这一理念是因为可持续增长模式的失败而不得已兴起。显然，未来几代人可能无法再踏足我们曾拥有过的地方。随着陆地被淹没，海岸线后撤，永久冻土层隆起，某些地区会被部分或完全放弃，一百年后，我们在窗外看到的景观将不复今天的模样。到了那时，长眠地下的麦克哈格就不只是不得安宁，而是会不住地悲泣啦！这听起来像是末日预言吧？麦克哈格教会我们认识到人类行为的无知和不负责任。目前我们的视野正在缩小，迫切需要采取行动，愿我们大家都能勤奋工作，以同样无悔的热忱来扩展长远的视野。

第 3 章

从大处着想：设计结合文化

詹姆斯·科纳
James Corner

　　《设计结合自然》出版 50 年后，这本书似乎比以往任何时候都显得更有预见性、更加紧迫和更具有现实意义。[1] 对于无与伦比的伊恩·麦克哈格而言，在确保人类经济进步的同时关注自然世界的丰富资源，不仅是他的学术兴趣，更是一种绝对的热情、一种对生命的探索。这种关注是如此深刻且极具意义，是他一生的工作、献身的对象和热爱。

　　不妨试想一下麦克哈格对当今世界的看法。一方面，他肯定会欣慰于人类在环境运动、新技术、数据可得性等方面取得的成就，也会乐见受其著作启发而建设的大量示范性规划和设计项目。另一方面，他必然会对因政治和监管架构不足而无法充分解决气候变化和环境恶化的影响，以及迟迟不能有效应对和避免栖息地遭到破坏、饥饿、贫穷和物种灭绝等问题而感到万分沮丧。那么，从 1969 年以来，我们到底走了多远？

　　回顾过去，我认为麦克哈格的工作仍能成为我们至关重要且弥足珍贵的四门课。同时，在我看来，《设计结合自然》一书中倡导的环境规划与设计使命现在正面临着三个交织的挑战。

　　先让我们来回顾一下四门课。第一课是"从大处着想"。麦克哈格从不回避那个时候的"时下"问题——越南战争、核武器扩散、对污染严重的化石燃料和不可再生能源的依赖、大多

可避免的自然灾害造成的生命损失、城市生活水平的下降、人口的急剧增长、不可再生自然资源的迅速减少、空气、水和土壤的污染、栖息地的减少及地球物种多样性的丧失等。人类继承了地球丰富的馈赠，但却似乎决意要掠夺、耗尽和污染自己的环境。这一巨大挑战既是哲学、政治、道德和想象力层面的挑战，也是技术和物流方面的挑战。麦克哈格思想之所以广博宏大，就在于它结合了多个学科、思想理念和实践来着手应对这些极其复杂的问题。

　　看看《设计结合自然》各个章节的标题，"城市与农村""大都市中的自然"及"城市：

健康与病理学"……即使是在今天看来，这些仍然是我们面临的重大问题，特别是城市、城镇、村庄及其他形式的定居点如何在更好地吸纳全球不断增长的人口的同时，还保持一个健康和多样化的自然环境，以提供清洁的水、空气、食物、自然资源、生物多样性和开放空间。《设计结合自然》一书中的立论、专业规划和设计方法都鼓舞着我们从更大的角度思考，采取更加全面的行动，勇敢而富有担当，妥善处理好重大问题。

与从大处着想有关的第二课：多学科协同非常有价值。麦克哈格认为，如果被隔离在不同的学科孤岛，知识就没有用处，也不具建设性。只有当知识作为一个整体结构，它才具有更加深刻的洞察力和更加实际的意义。因此，20世纪六七十年代，麦克哈格在宾夕法尼亚大学建立起一个由包括景观设计与规划师，也包括自然和社会科学、计算机与数据分析师、公共健康和治理专家等在内的多学科教师组成的学术项目。多个输入来源彼此叠加可以让人产生更加全面的理解。同样，这种对广泛领域的涉猎，加上具备有力技术对真正的协同当中的洞见进行挖掘，都是我们今天极其需要的，其重要性也一如既往。

第三课：科学、数据和指标可以有效地塑造愿景，并推动其向前发展。麦克哈格深知，在政治和大规模决策领域只靠强烈的激情和动人的辞藻远远不够，确凿的数据和证据有助于建构一个更加无懈可击的论点。诚然，我也曾批评过科学数据冰冷和实证主义的一面，觉得它缺乏文化上的细节关注和具体情况的灵活掌握，但更关键的是在开放和多元民主的体制内，基于数据的理性论证为如何制定新的决策、规章和控制措施提供了令人信服的理由。麦克哈格的方法利用数据和指标构建了合乎逻辑且令人信服的论点，提供了如何以负责任的理性方式开发、保护、管理和规划土地的最优化案例。

第四课：资讯和媒体非常强大。麦克哈格频频被美国国家电视台报道，并接受了世界各地主要报纸和杂志的采访，他还发表了大量被广泛引用的著作和文章，也曾应邀在世界各地许多重要活动上讲话。麦克哈格是一位有影响力的发言人，他的旁征博引、高深学识、激情言辞，都让人觉得很有吸引力。他总是避免进行学究式的演讲，而会用更容易理解和鼓舞人心的话语吸引人们。他曾明明白白地讲过，我们的环境规划和设计工作不是闭门造车，不可避免地要接触、联系并引导更广泛的对话。在传递信息这方面，麦克哈格一直坚持不懈，令人备受激励。

与此同时，普遍存在的三个挑战还继续困扰着麦克哈格的工作和环保运动。

第一个挑战是治理和协调行动的作用。我们这个时代的重大社会和环境问题不能仅靠地方层面来解决，它们需要更广大规模的努力和跨辖区协调工作。土地和基础设施规划依赖于国家的活动，需要一个有能力制定明确的决策、规章和控制措施的积极政府。民主国家，特别是像美国这样的共和制国家，之所以几乎不可能统一制定连贯、长期和有效的土地规划，就是因为游说者、特殊利益集团、彼此冲突的利益攸关方，乃至"邻避主义"（NIMBY）活动人士都可能会使意愿良好且富有成效的倡议变得混乱、复杂化，并最终陷入停滞。比如洛克菲勒基金会资助的各项紧急气候适应性设计和规划倡议就因巨大的协调和资金需求而不可避免地陷入困境。

2015 年多个国家达成的针对全球气候变化的《巴黎协定》取得了令人惊叹的成就，可是美国民族主义总统特朗普的所作所为却证明了该联盟的脆弱性。显然，环境设计和规划方面存在的各种规模的挑战需要更广泛的协调、更长期的战略以及明确的政策、领导力和行动。设计和规划需要在政治领域内更有效地运作，同时应更多地鼓励进步主义和长期倡议，这是规模适当的环境行动取得效果的基础。

与人有关的挑战：不同文化观点的挑战，这在开放的民主制国家尤为普遍。对某个群体有利的行动和政策会不可避免地不利于另一群体。对于任何特定的倡议，总会有多种意见和价值观。麦克哈格通过地图与测绘所提出的无可反驳的论点看起来既明显又紧迫，但人们可以用不同的方式来解读提案、行动、矛盾和想法，然后在绝大多数情况下根据谁获益谁受损作出判断。同样，在气候变化和全球环境恶化的背景下，人们认为局面已经如此明了，团结起来共同应对这些挑战应该更容易才对。然而，尤其是在最近几年间，在"这些问题是否真实有效"这一点上，我们看到了非常大的文化分歧。讽刺的是，麦克哈格笃信的科学和数据已经被武器化——受到虚假信息增多及这代人所持观点导向的影响——数据被认为不是中立或客观的，而是可能会受到人为操纵和偏见的影响，因此人们对数据的信任大大降低。

相信不同现实、生活在不同环境以及有着不同愿望的人们彼此之间存在争议——似乎再多的科学证据、理性论证或创新技术都无法解决、说服或弥合文化差异，用一种东西换另一种东西的环境等式将不可避免地产生赢家和输家、支持者和反对者。我们可能正处于这样一个节点，与其继续思考如何应对"外部"世界，我们还需要开始更好地融入我们自己的内部社会世界、思想世界、语言、文化和人性。我们如何有效与他人合作？我们如何为了共同的未来而制定和阐明共同的价值观和愿景？我们如何面对这样一个现实，即合理的规划、科学的专业知识、技术创新及其他形式的优化并非总是能够对大多数人引起共鸣、说得通或存有任何价值。

这引出了第三个挑战：设计、创造力和想象力方面的挑战。艺术有助于减轻负担，并允许新的观察方式、新的行为方式和新的存在方式。景观设计、城市规划和地球设计不仅是装饰，更重要的是它改变了人们进行观察、评价和互动的方式。如果我们能够围绕某种共同愿景，尝试更全面地解决不同文化价值观的差异问题，那么设计将如虎添翼。虽然很多人认为应该将麦克哈格定位为定量环境规划师，但他并非完全不受设计影响：他在华莱士·麦克哈格·罗伯茨&托德公司工作期间曾经执笔了许多重大设计项目，是大胆的景观设计师罗伯托·布勒·马克思（Roberto Burle Marx）和劳伦斯·哈尔普林（Lawrence Halprin）的粉丝，并且对他在须芒草公司（Andropogon）的门生卡罗尔与科林·富兰克林（Carol&Colin Franklin）以及莱斯莉与罗尔夫·索尔（Leslie&Rolf Sauer）主导的"生态设计"创新感到自豪。他还创作诗歌，喜欢文化的多样性。他认为创造是进化的基础，无论是对生物还是对文化都是如此。生命的形式、影响和潜力会持续向前探索。尽管如此，富有想象力的设计与合理的规划之间的有效结合仍然是难以捉摸的，从表面上看，设计中更加主观、更富有想象力的方面，太容易被规划的度量标准和实用主义支配，而且不幸的是，这个行业已经分裂成两个阵营。

如果仅仅将《设计结合自然》看作是一套受生态理念启发的实践方法，那么就会很容易忽视或不能充分理解生态理念的大概念、艺术和文化潜力。在生态和文化的结合点上，仍然蕴含着未开发的创造力，这些创意大部分属于设计领域。人类继续传播新的形式、新的思想和新的存在方式；这就是一个鼓舞想象力和激发共同愿望的问题。

《设计结合自然》出版 50 年后，我们开始意识到生态并不是在那里等着被拯救、处理和改造的东西——"自然"，相反它是一种需要在人类和社会意识中培育的东西——"文化"。如果我们要在未来真正实现可持续发展和公正公平，就需要文化价值观的参与。从大处着眼、打破边界、利用知识、创造性地解决治理和社会差异方面的挑战，并利用设计创新来实现更美好的未来，这正是更宽泛意义上麦克哈格项目的核心所在：不仅是恢复地球本身，而且要提升我们的人性。

第 4 章

遍历先于横断面

阿努拉达·马图尔
Anuradha Mathur

　　伊恩·麦克哈格向我介绍的生态横断面（ecological transect）的概念，让我脚下所踏的这块土地变得独一无二。不久前我刚从 12000 千米外的印度来到这里，此时所在的这个地方不仅仅是费城——我正位于一条从阿巴拉契亚山脉到皮埃蒙特高原再到沿海平原和大西洋的剖线上。我之前曾在 21 世纪 10 年代帕特里克·盖迪斯在印度的作品中读到过有关横断面的内容，用盖迪斯的话说，横断面是"我们在世界各地都能找到的从山脉到海洋的普通斜坡"[1]，这条横断面因此变得亲切，让我仿佛能与它有所共鸣。

　　然而，这个横断面不仅让我明确了自己所处的位置，更使我们班来自五大洲的同学们有了一个共同立足之处。在这里，我们获得了一双懂得欣赏景观的眼睛，无论走到哪里都能注意到景观。对于我们许多人来说，这简直就是回家的感觉。

　　每周我们都会到访这个生态横断面上的某个地点——斯克兰顿（Scranton）附近的煤矿、波科诺山地区（Poconos Areas）的巨砾原、威萨黑肯（Wissahickon）的森林、福吉谷（Valley Forge）附近的草甸、马拉扬克（Manayunk）的瀑布、派恩巴瑞恩（Pine Barrens）的沼泽与河流，以及泽西海岸（Jersey Shore）的沙丘。我们挖土坑，辨植被，寻找地表上下的线索，并在野外记录中拼凑着这片土地横断面的历史。在工作室，我们则分成小组来熟悉横断面的特定场地。我们用一张地形图来表示这面积为 65 平方千米的场地，在上面标出不同的土壤、植被、土地用途、斜坡和地质情况。我们划出了河流、洪泛区、湿地和含水层，对土地特征和水文特征进行了明确区隔。虽然每年使用的都是一样的、比例尺为 1 厘米对应 60 米的基础地图，我们还是每次都要煞有介事地选择色彩。也许是为了消除地图上与我们在地面上的经验不符的边界，到最后我们会用上深深浅浅、渐次变化的绿色、蓝色和棕色。地图成了分析和设计的主要场地，当然，不可避免的，是地表横断面已经被我们渐渐抛诸脑后，因为多个学科的信息被分层叠加在同一张地理图层上面。这张地图是设计和规划专业学生的任务，如何完成这张地图，是1989年我们在宾夕法尼亚大学501工作室[这间基础景观工作室最初是由伊恩·麦克哈格和纳伦德拉·朱内贾（Narendra Juneja）]创建的学习的内容。

10年后，轮到我执教基础景观工作室。[2] 我没有再带领学生去我学生时代的横断面，而是带他们去了一个可以构建他们自己横断面的地方。他们携带卷尺、细绳、简易水平仪、铅笔、新闻纸、索引卡和木炭。他们没带地图到陌生的地形中确定自己的方位，而只带了空白的素描本。我鼓励他们不要只是为了找到路，而是要开辟自己的路。有的学生从溪流走向山脊，有的学生从森林走向工业化遗址，还有些学生从湿地走向基础设施走廊。就像军队负责测量未知地形的路线测量员一样，他们在点与点之间进行三角测量，并用瞄准线和标尺将这些点连接起来。他们学会留意横断面上的点，有些是固定的，有些则是临时的。他们还学会如何看懂点与点之间的连线，尤其注意土地和水域之间的分界线。这条线充满了争议。大家都知道它每季度、每一天都会移动，而在一个有定居者的地方，它还甚至可能因人的意愿而移动。他们学会了体察地面、空气、植物、岩石和生物等所有地方的湿度，而不是像地图上所显示的那样理解水的存在。一次远足并不能完全了解一个地方的地形，每走一次都会有一番不同的景象。进行三角测量之后，学生们就开始素描、切片和拍照，用眼睛和耳朵对仪表和运动、材料和地平线、连续和断裂进行调谐。他们所看到的文化上的差异和界限消失了，并开始清晰地表达新的关系和界限。

学生们在学习制作地图必备要素的同时也在学习如何构建一个横断面，这需要"遍历"（traversing）。遍历是一种行为，目标是在地形上旅行并记录发现，同时对这个地方注入新的想象力。从这种意义上讲，他们已经在构建横断面的同时进行设计了。设计存在于他们观察的视角中，存在于他们迈出的步伐中，存在于他们作出的选择中，存在于他们测量的工具中。他们渐渐明白了盖迪斯和麦克哈格所熟稔的观点，即景观和设计会同时在构建横断图的遍历行为中涌现出来。

每当麦克哈格走进我的501工作室，墙上挂的和学生书桌上摆放的作品总是能让他会心一笑或是深吸一口气，他对正在草拟的素描和三角剖分、制作中的摄影剪辑，以及加工的石膏铸件都非常欣赏。这种欣赏只有经过遍历熟知横断面的人才能体会得到。

如今，我带着学生在更先进的工作室里开展工作或是前往冲突、贫困和悲剧正在上演的地方，如孟买、班加罗尔、西高止山脉、拉贾斯坦邦沙漠地区、耶路撒冷和提华纳。这些地方都位于从高山到大海的横断面上，盖迪斯和麦克哈格相信世界上各地都有这样的斜坡。但我非常清楚地意识到，这些"横断面"是先行的"设计师"们——测量员、探险家、殖民者和征服者们遍历世界各地的产物。他们异乎寻常且跨越界限的行为使这些地方的景观变得司空见惯，包括被认为理所当然的自然和文化、土地和水、城市和农村。简而言之，今天的冲突就是由此而来。当然，我们至少可以秉承麦克哈格和盖迪斯的精神再次遍历这些地方，去开拓新的想象力，其目的不一定是为了解决问题，而是作为变革的推动者保持这些横断面的生机和活力。

第 5 章

几声低吟对于伊恩来说不那么忧伤

劳里·奥林
Laurie Olin

　　《设计结合自然》一书的出版永久性地改变了景观设计领域。就我而言，这本书的生态观点、理性方法，还有它的作者都给我的生活和事业带来了重大而积极的影响。我第一次听说伊恩·麦克哈格是在 1966 年，几位借住在我纽约公寓里的西雅图设计专业的同学不时为参加哈佛大学一个景观设计工作室的工作而往返于德尔马瓦半岛（Delmarva Peninsula）——正值宾夕法尼亚大学休假期间的伊恩当时就在那个工作室里教学。让我有点吃惊的是他们正在制定整个半岛的规划，其范围涵盖了两个州的大片地区。

　　我与麦克哈格的第一次见面则是在 1971 年 3 月，那时我正在华盛顿大学与格兰特·琼斯（Grant Jones）共事，我们那里的约翰·丹茨（John Danz）系列讲座邀请麦克哈格来西雅图讲一讲《设计结合自然》的内容节选。[1] 我记得那三场讲座的题目分别是"人类，行星的疾病"（"Man, Planetary Disease"）、"生态的形而上学"（"An Ecological Metaphysic"），及"设计结合自然"。他的演讲引人入胜，他对人类意识形态、政治和实践习惯所引起的问题的阐述很有说服力，而我也和其他人一样听得入神。那时候，伊恩会在傍晚举行讲座或是参加社会活动，而在白天的闲暇时间，他会来学校，到我们的工作室逛一逛。近距离接触起来，他很有魅力、待人热情，并且对学生（当时他们正在准备班布里奇岛的总体景观规划）也非常和蔼可亲。他非常擅于点评，可谓鞭辟入里，对我和格兰特都慷慨指教。一年后，我去了欧洲研究英格兰南部景观历史，及罗马公共领域的社会学。

　　机缘巧合之下，我也于 1974 年加入了宾夕法尼亚大学教师团队，当时景观设计与区域规划系教员中除了景观设计师、建筑师和规划师外，还有一大批自然和社会科学家。专业课程的设置极富挑战且涉及面广，令人筋疲力尽，但在研究、教学和培养未来教育工作者和实践者方面可以说是成效显著，非常振奋人心。这些教育工作者和实践者奔赴世界各地，传播设计结合自然的理念。从那时起，生态分析——伊恩和我们的课程所提倡的，通过叠层技术整合数据，并在各种规模下使用交互矩阵进行规划和设计——渐渐渗透到设计实践的工作方法、学术机构的教学课程，以及全国乃至全世界的公共机构当中。

1940年，伊恩刚满20，业已开始的第二次世界大战似乎让他的青春在作为突击队员炸毁敌后战区桥梁时戛然而止。战后，他不想再重蹈前人覆辙，而希望自己能够成为问题解决者中的一员。战前的几十年里，马克思主义和弗洛伊德思想在知识分子中间非常有影响力，但在20世纪五六十年代，它们被结构主义（Structuralism）取代——这种新的观点为语言学、文学到哲学和生态学，乃至经济学和设计学等多个学科都提供了意义和方法。战后时期的知识界、学术界和专业领域充斥着实用性的系统思维，并且认为不论何种专业和领域都必须运用理性和合理的方法。麦克哈格利用在哈佛大学读研究生的机会，给自己上了关于科学、社会学和城市规划理论的速成课。他决心发展一种客观而非主观的景观规划方法和实践。就像他宣称的那样，这是一门和自然科学一样理性且可复制的学科，而不像"设计女士帽子"那样仅凭直觉和率性而为。在研究资金的支持下，他一步一步地扩充了宾夕法尼亚大学的课程，从而使他和他的同事能够思考人类居住环境，以及从邻里社区到地理区域不同层级上的社区规划和设计等最基本的问题。

麦克哈格曾与许多成为公众人物的自然科学家合作，还利用国家电视台倡导环境规划。毫无疑问，他的言论、表现和出版作品对于推动设立美国环境保护署，以及早期约翰逊和尼克松政府出台《洁净水法案》和《洁净空气法》（Clean Air Act）都有相当大的影响。那些他曾提出并力图解决的问题——涉及健康、安全、居所、资源、生态和韧性等——仍然是我们今天面临的最重要的问题，而且与他批评最为尖锐的时期相比，今天的问题更加刺目，也更令人绝望。

有时人们会问我们这个系怎么样，或者跟我说他们认为麦克哈格对设计无动于衷。这绝非事实。还有些人觉得鲍勃·汉纳（Bob Hanna）、卡罗尔·富兰克林、我还有其他设计从业者可以矫正这种所谓的方法。实际上，在伊恩的帮助和信念支持下，我们一直在试图证明科学和生态学并不与设计对立，正相反，如果操作得当，科学和生态学会为设计提供支撑——这正是我们后续工作的一部分。麦克哈格自己曾希望通过一本书来阐明他关于人类生态学的观点，然而由于社会科学所固有的棘手困难，计划中的《为人类设计》（*Design for Man*）一书最终未能成型。归根结底，景观设计不是一门科学，而像建筑学一样是一门有用的艺术。它运用科学发现，以及艺术、工艺、设计和建造方面的知识来满足人类在社会环境中的需求。我们知道这一点，并且没完没了地讨论，我们的学生所做的事情在某种程度上相当于把他们所有的分析像降落伞一样背在身上，然后纵身一跳，并指望着能够软着陆且千万不要坠毁。它让有担当的专业人员在考虑成本、安全、健康和环境时可以明明白白地作决定。麦克哈格的思想可以为我们提供指导，并作为一份责任清单来使用，而不应该被当作限制想象力的一套规则。它的目的是约束愚蠢和无知，而不是限制创造。

有趣的是，我发现对于不同要素和主题（自然的、社会的、历史的和理论上的）之间进行检查、对比和交互的叠层方法有助于通过叠加各种考虑因素而形成、构建整个机制，这常常令人欢欣鼓舞且事半功倍，不亚于通过挖掘历史和自然因素形成某地的适宜性矩阵一样。在与彼得·埃森曼（Peter Eisenman）合作的二十多个项目中，为了寻找替代性的设计结构、形式和艺术方案以解决复杂的规划和设计问题，我就试过对未来预测信息使用叠层法。我所设计的已经建成和尚未建成的项目包括俄亥俄州大学威斯纳中心（Wexner Center at The Ohio State University）、德国法兰克福的莱布斯托克公园（Rebstock Park），以及西班牙圣地亚哥德孔波斯特拉（Sandiago de Compostela）的文化之城。诸多的实验性项目还让我发现，自然进程和生态学可以是力量强大的隐喻，对于我的工作很有帮助且颇具启发意义。我最近的几个项目都是基于对生态历史的认真思考和分析，由此形成对某地和情况的理解，并最终制定出复杂立体和响应迅速的实体设计。不久前完成的位于西雅图的华盛顿大学北校区住宅楼、加利福尼亚州丘珀蒂诺（Cupertino）的苹果公园，还有奥林公司正在推进的洛杉矶河总体规划及其试点项目都是这种方法的例证。

在过去的 20 年间，许多针对麦克哈格和《设计结合自然》的批评并不恰当，并且常常缺乏对情况的了解，就像新一代专业人士对弗雷德里克·劳·奥姆斯特德（Frederick Law Olmsted）及其公园进行的诋毁一样。不过，还有很多对于麦克哈格作品的批评集中在方式、方法和数据上，认为它们过时且过于简单——这是有一定道理的，因为思想的结构体系本质上是政治性和道德性的，不可避免地会产生道德争议，无论是科学、人文学科还是任何专业领域都是如此。我们在系里及麦克哈格办公室内关于规划和设计的讨论往往就集中在社会问题而不是生物学问题上，数据处理的特定方法、数据本身、各要素权重分配下的成本收益，以及想象力、政治和选择在人类决策中发挥的作用等是否会导致决定论总是让我们格外担心。毫无疑问，与那时相比，今天的遥感、制图、数字处理和计算技术都已经变得更加先进。同样地，社会科学领域的定量分析方法也有所发展，人们开始关注复杂而棘手的人类关系、经济学以及各种各样的群体，这是 50 年前的人们不曾考虑过的。尽管如此，也可以说是伊恩的洞察力和方向把握能力为我们构建起了今天的景观和区域规划框架，虽然他的方法并不完善，但话说回来，又有什么形式的研究没有不足呢？而且就算是在地理信息系统取得了如此这般进展的今天，也没人能说麦克哈格研究的问题是错误的，或者是不重要的。此外，麦克哈格的批评者们还低估了他在为景观设计师和规划师营造专业工作环境方面担负的责任，今天的从业者关注的也是类似的问题，并且仍在使用麦克哈格所提倡和鼓励的技术。

伊恩是永远改变了我们视角的一股力量，同时他也是一个拥有深刻人性和复杂性格的人。有时他会遭遇困境，但他对朋友和家庭非常忠诚，奉献一生。他为手下的教员深感自豪，并对他们爱护备至，会在评审会和教师会议上或公开或私下与他们争吵然后又和解——他孜孜不倦地努力，只为改善我们的工作和生活，保护地球环境。我关于他的所有记忆当中最美好的场面是在他位于宾夕法尼亚州切斯特县马歇尔顿的农场里，伊恩穿着睡裤站在一根圆木上，背后是炽热的阳光，他一只手拿着香烟，另一只手拿着软管，在给偌大的菜园浇水。远处成群的羊、猪和高原牛四处游荡，而他则沉浸在这一排排乱蓬蓬的蔬菜中间，哼着自己最喜欢的科尔曼·霍金斯（Coleman Hawkins）的曲子。伊恩一直明白，人类是自然的一部分，只有通过生态认知和建设性的行动，我们才能拯救自己，过上美好的生活。

第6章

理念和行动的景观：地点、过程、形式和语言

安妮·惠斯顿·斯本
Anne Whiston Spirn

本章部分内容节选自论文"伊恩·麦克哈格，景观设计与环境主义：语境下的理念和方法"，《环境保护和景观设计》，米歇尔·科南（Michel Conan）主编，华盛顿敦巴顿橡树园，2000年。

我在1969年读到宾夕法尼亚大学美术研究生院的宣传册上伊恩·麦克哈格对景观设计的描述之前，对于这一领域可以说是一无所知。麦克哈格的文章就好像是对行动的召唤。它直接告诉我，有这么一个可以发展我包括景观、环境、历史、艺术、摄影和社会行动在内所有兴趣的专业，让我下定决心，从宾夕法尼亚大学的艺术史博士生项目转到景观设计专业。

在20世纪70年代早期的宾夕法尼亚大学，我们所有的工作都是从确定地点、了解其历史、现状及可能影响未来发展的社会环境动态开始的。麦克哈格1967年的《景观设计生态学方法》一文为我们的课程奠定了思想基础：

> 一方水土，一方人物，即便不曾明言，身上都带着物理、生物和文化特质，静静地等待着能读懂他们的人。这种了解是采取任何明智的干预手段和适应措施的前提。所以，让我们从头梳理一下。想要了解一个地方，或任何地方，我们就必须搞明白这里经历的物理演变。地貌，即该地区目前的地形可以用气候和地质条件来解释。而如果你了解这个地方的历史地质、气候和地文条件，那么就很容易理解水情——河流和含水层的形态，它们的物理性质和相对丰度、洪涝和干旱之间的交替。在了解之前各项及植物进化史后，我们就能够明白土壤的性质和类型……通过识别地形、气候带和土壤，我们可以感知植物群落分布中的秩序和可预测性。动物则基本上与植物有关……加上对植物群落的演替阶段和年龄的掌握，就有可能了解和预测野生动物种群的种类、丰富和稀缺程度。[1]

我们对这种方法的掌握是在绘制空气、土壤、水和动植物的"千层饼"图还有各种野外

工作中磨炼出来的，系里面云集的环境科学领域的名师也为我们学习解读景观进程提供了很大的帮助。不过，除了生态学之外，我们对生态设计和规划的理论背景则涉及不多。麦克哈格强调发明创造优于先例。在 20 世纪 70 年代，我们上的课一直与史实无关，并没有介绍或比较其他景观设计和规划方法。[2] 直到 20 世纪 80 年代，我在任教哈佛大学时，从帕特里克·盖迪斯和杰奎琳·蒂里特（Jaqueline Tyrwhitt）的作品中得到过一个启示。这促使我追溯生态规划和设计的起源，并系统性地拜读殿堂级大师的作品，从希波克拉底（Hippocrates）到维特鲁威（Vitruvius）和阿尔伯蒂（Alberti）、弗雷德里克·劳·奥姆斯特德，从弗兰克·劳埃德·赖特（Frank Lloyd Wright）到帕特里克·盖迪斯、刘易斯·芒福德、麦克哈格，以及凯文·林奇（Kevin Lynch）。[3]

麦克哈格在宾夕法尼亚大学工作时，提出了他本人关于生态设计与规划的思想。在 20 世纪六七十年代，大学工作室是理论和方法的绝佳试验田，而业务办公室则是验证想法的地方，那里有着真实的客户和项目。我自己就是学术界和职业界这种互动的见证者。我于 1970 至 1974 年间在宾夕法尼亚大学读书，后来于 1973 至 1977 年期间又在华莱士·麦克哈格·罗伯茨 & 托德（WMRT）公司工作，参与了他们的几项标志性项目，包括得克萨斯州的林地社区（The Woodlands）、佛罗里达州的萨尼伯尔总体规划（the Sanibel Comprehensive Plan）、伊朗德黑兰的帕蒂森和加拿大多伦多市中心滨水区规划设计。麦克哈格的业务办公室只接收可以推动领域发展的项目，而且他经常把办公室"日常管理费"名下的资金用于科研活动。有一次，我担心刚加入林地社区项目的规划师和设计者们没有时间来消化 WMRT 事务所提供的所有资料，所以打算为他们编写一本小册子。我建议压缩汇总我们的生态评估，并明白地写出我们的设计策略。[4] 当我把草案拿给麦克哈格看时，他拍板让我花一个月的时间来推进这个想法。那个时候并没有人和我们就这项工作签过什么合同。虽然最终他把这个想法卖给了客户，成功获得了资金支持，但在这期间麦克哈格一度承担了项目无法回本的风险。这就是他的典型做法，创意优先于预算，自然也优先于有没有客户给钱。我们的场地边界往往由自然进程决定，经常还会超出客户的地块范围。比如在林地社区这个项目中，我们的"场地"就把更大的分水岭纳入其中，项目扩展到了解决休斯敦市地下含水层的补给问题。麦克哈格成功地说服了客户——得克萨斯州的石油商人乔治·米切尔（George Mitchell）接受这一扩大化的任务，结果也证明这么做符合客户的利益。[5]

我们当中有许多学生曾对麦克哈格的课程提出过质疑，认为他的课程过于关注郊区和农村地区，而忽视了城市。他对此给出的理由是人们对城市自然环境知之甚少，不过 WMRT 的多伦多市中心滨水区项目却也揭示了丰富的信息。[6] 几年后，我决定出版一本关于在城市进行设计结合自然工作的书籍，于是编写了面向大众的《花岗石公园：城市自然与人类设计》（*The Granite Garden: Urban Nature and Human Design*）一书，以便像麦克哈格撰写《设计结合自然》一样，为我希望从事的这类工作创造需求。[7] 在 WMRT 事务所里，我曾亲眼看到有那么多的客户因为麦克哈格的书说服他们采取一种生态的方法而找上门来。即便是在 1973 到 1975 年，大量的建筑师和景观设计师都因经济衰退而失业期间，麦克哈格也仍有项目可以推进。更不用说《设计结合自然》还让像我自己这样的人们决心成为景观设计师——这一切都教会我应该认识到书籍的力量。

1984 年《花岗石公园》出版后，意向客户蜂拥而至，是否要开一间工作室的抉择摆在了我的眼前，当时正在哈佛大学任教的我因此不由得想起了《设计结合自然》中提到的麦克哈格在宾夕法尼亚大学工作室的情形。麦克哈格说过，"一名职业化的景观设计师或城市规划师在实施项目的过程中难免会受制于客户提出的问题。相比之下，教授就没有这样的限制，可以从事他认为值得研究的项目。"[8] 于是我决定开创一项科研实践：教课收入、公共拨款和大学下发的薪水使我能够制定自己的日程，并为一些客户——比如说社区园丁和孩子（他们没有钱去请一名设计师），以及其他不知道自己需要设计师的社区发展机构、城市机构和公立学校等——提供示范项目支持。从 1984 年开始，关于如何将城市空置土地作为一种资源加以利用，以恢复城市自然环境和重建市中心社区的研究蔚然成风。1987 年西费城景观工程（West Philadelphia Landscape Project，WPLP）启动，后来持续进行了 30 年之久。[9] WPLP 所提出的倡议给其他诸多项目带来了灵感，比如现在费城的地标、2009 年开始的旨在通过绿色基础设施减少雨污溢流的绿色城市和清洁水项目就是受其启发的方案之一。WPLP 将景观素养作为社区发展的基石 [10]，从这个意义上来说，它相当于我《景观语言》（*The Language of Landscape*）一书理念的试验田。我在这本书中写道，景观是一种语言形式，在塑造景观时，人们在表达目的、价值和思想。[11]

我所有作品的核心其实都是麦克哈格对世界的洞察——"每个地方都处在不断的变化之中。我们必须能够读懂这一点，而生态学就提供了这样的语言。"[12] 不过，在我看来，为人与自然的相互塑造提供语言的是景观，而生态学这门科学的意义则在于帮助我们理解塑造景观的各个过程之间的相互作用。景观是自然与文化不可避免的一种融合，景观语言整合了自然过程和人类意图，在这里，"形式和过程是一个现象不可分割的部分"，从而让人们理解到"形式乃是进化过程中所显露的一个点。"[13] 景观语言"允许我们去感知我们无法经历的过往、去预测可能发生的事情，去展望未来、选择未来和塑造未来。"[14]

第 7 章

自然的力量和 / 或力量的自然本性

达娜 · 汤姆林

Dana Tomlin

我的家由伊恩 · 麦克哈格设计。事实上这应该算是他早期的代表作之一了。只不过在他参与设计这个项目时，我俩都不可能知道这一点，因为彼时他尚未完成学业，而我则还未出生。这个项目由麦克哈格和其他 12 名学生在哈佛大学教授约翰 · 布莱克（John Black）和艾尔斯 · 布林泽（Ayers Brinser）的组织下共同完成，后来两位教授将他们的工作付梓成册，题为《马萨诸塞州山城彼得沙姆：一个城镇的规划》（*Planning One Town: Petersham—A Hill Town in Massachusetts*）。[1] 这本薄薄的小册子记录了整个设计过程，揭示了这个学生团队是怎样为新英格兰的乡村景观制定了各种发展的"可能性"。

写下这段文字时，我正身处彼得舍姆（Petersham）且醉心于这里的一草一木。作为一个在这里生活了几十年的亲身体验者，现在回头揣摩近 70 年前这个项目设计时的细节和意图并非难事。但如今让我更加意犹未尽的反倒不是这个项目本身，而是我和它相遇的过程。那是在刚搬到彼得舍姆后不久，顺道走到图书馆的我想找本《一个城镇的规划》读读。那里的图书管理员是位叫迪莱特（*Delight，英语中还有"愉悦"之意——译者注*）的女士，人如其名。然而当我向她打听情况时，她那句不无轻蔑的"就那本"，实在是让人怎么也愉悦不起来。她后来对此的解释在意料之外、情理之中，的确，学术界在描述她的小城（现在也是我的小城了）时使用的术语并非总能和现实形象轻易统一起来。

在多年后我向伊恩本人讲起这段往事时，他的回应秉承他一贯的风格。并未纠结该"愉悦"女士的问题，他倒是立刻热情满满地问我乔迁新居的事了，我看见这个了吗，我知道那个吗？他们和她们都还在吗？让我最吃惊的就是他对我的左邻右舍依然挂念。他还能在"就那本"不招人待见的作品完成 40 年后道出几个邻居的名字。

后来我和伊恩·麦克哈格有了更深的交情，于我而言，他既是传奇的人物、热情的导师，也是亲密的同事和朋友。所以我才有这个殊荣和义务在此代笔，以下对他的回忆可能亦虚亦实，亦明亦暗，推心置腹或喋喋不休，探究或妄用，缅怀或批判……各位看官自行品味吧。这不仅仅是一篇描述性的文章，还是一份有指向性的作品，自然会投射出作者及笔下主人公的情况。归根结底，我笔下的伊恩就是经我选择之下的形象。

这么说不只是因为我对这个形象非常熟悉，还因为我认为这个形象对于理解伊恩·麦克哈格身上那种非凡的力量至关重要，而正是这种力量让他可以全身心地投入这个世界，并将自己的理性思考和感性领悟清晰传神地传递给他人。当然，他的这些特质实在是众所周知。不那么显而易见但却同等重要的是长久以来他一直在利用自身影响为他人的观点和理想提供助力。纵观伊恩的职业生涯，甚至于直到今天，其支持者和反对者对他的认知其实也都是各自选择下的形象。身跨艺术和科学两大领域的景观设计师往往拥有迥然不同的设计风格，外界投射在麦克哈格身上的种种形象就展示了这种区别化的特性。时至今日，每当我们再一次解读伊恩的影响时，我都情不自禁地想起"愉悦"女士对伊恩早期"就那本"作品的批评。的确，在伊恩身上，外界解读和自身形象总是那么难以统一。

那么，他到底是个艺术家还是个科学家？还有为什么他对这些问题似乎不像自己身边的人那么关心（在我看来他们一度非常在意这些问题）？无论如何，对于麦克哈格来说，这些问题更多关系到作品产出而非声名提高。尽管他当然知道外在形象的重要性，但他更知道维持声名的最好方法就是给出上乘的表现。

在我回想这么多年来他对我审视世界和为人处世的深远影响时，我最先想起且在脑海中挥之不去的不是他的头脑、心灵、双手，甚至不是他勇于随时表达的声音。我想向人们谈及的是他的耳朵。不管我们是在思索彼得舍姆小镇的魔力，还是畅谈信息技术，或是表达对一个学生项目的不同观点，伊恩都始终是一个倾听者，他是一个如此积极、热忱又真心实意的听众。很多时候他还会顽皮地眨眨眼，既像挑战又像支持。

时至今日他的影响依旧存在。他留在同事身上的烙印依然明显。更重要的是他的影响还拓展到了那些和他素昧平生但却产生共鸣的人的身上。

所以，说我家是伊恩·麦克哈格设计的是不是过分呢？抑或又只是一个自私的形象投射而已？如想作更全面的概括，则需要扩展"家"的内涵使其足以包容整个城镇，扩展"我"

的内涵使其足以包含我们所居的世界，扩展"设计"的内涵使其足以包容在"就那本"书中罗列的各种解释和建议，这样才足以道尽"我的家由伊恩设计"。

而我觉得，在这三点上，伊恩·麦克哈格实至名归。

第8章

伊恩·麦克哈格，苏格兰和绿色意识的出现

布莱恩·M.埃文斯
Brian M. Evans

皇家大道从爱丁堡城堡一直延伸到荷里路德宫（Palace of Holyrood），堪称苏格兰的泛雅典娜节日大道（*泛雅典娜节日大道横穿雅典卫城——译者注*），四处可见帝国主义的影子——从军队到君主——直到1999年苏格兰议会成立引入了独特的民主"隔断"机制才有所改变。[1] 苏格兰议会的主入口与皇家入口并行接入荷里路德宫。在向上通往皇家大道的高地上，议员进入议会入口前的路碑上刻着苏格兰的警世名言，时刻提醒着各位议员勤政到底为了何人。

石碑上的警世名言出自作家、商贾、哲学家和诗人。[2] 沃特·斯科特（Water Scott）爵士曾经说，与政客们保持密切联系更容易让政客承担责任。但他最著名的道出了世人对苏格兰所想所感的一句话却没有列其中，"他纵然还在喘息，但灵魂已逝／他未曾对自己说过／这片就是我的，属于我的乡土！……／哦！雄浑狂野的加勒多尼亚（*苏格兰的别称——译者注*）／你是诗意之子的乳母。"[3]

本篇探究了伊恩·麦克哈格和苏格兰环境意识之间的联系，他在苏格兰出生、学习、长大，直到战争爆发后走出国门英勇作战，后来又去美国哈佛大学求学，从此人生轨迹完全改变。[4]

在20世纪60年代，有五位集思考、研究和实践于一身的专家各自发表了极具开创性的著作，永远地改变了我们对城市化加以思考和开展实践的方式。其中翘楚当属简·雅各布斯（Jane Jacobs）和她的杰作《美国大城市的死与生》（*The Death and Life of Great American Cities*），其他几部作品包括凯文·林奇的《城市意象》（*The Image of the City*），戈登·卡伦（Gordon Cullen）的《城镇景观》（*Townscape*），埃德蒙·培根（Edmund Bacon）的《城市设计》（*Design of Cities*），而对于那些以土地研究为起点的人来说，则是

伊恩·麦克哈格的《设计结合自然》。[5]

　　这个清单仅代表我的个人观点。其中不免遗漏了某些名家，比如刘易斯·芒福德。不过基于我在城市化和景观设计交叉领域数载工作中思考、学习、实践的经验，我认为这五位应该是20世纪晚期城市化学派的开山鼻祖，是他们使得后来的城市和景观规划设计有了大踏步的前进，在经验、理性到实务各方面均有质的飞跃。[6]

　　是他们给予了我们基础工具，使我们理解城市社会经济学的现实发展（Jacob）、城市的体验性特质（Lynch）、必需的观测技能（Cullen）、城市的形成规则（Bacon），以及在《设计结合自然》中体现的自然生态属性。这几个人彼此相知相识，共享经验，一道合作。1958年的一张标志性照片就有麦克哈格、雅各布斯、林奇和其他人，包括刘易斯·芒福德、J. B.杰克逊（J. B. Jackson）、凯瑟琳·鲍尔（Catherine Bauer）和路易斯·康（Louis Kahn）在内的诸多当代知名设计学者。[7] 卡伦和培根没在照片中，但是培根曾在宾夕法尼亚大学教学数载，卡伦也曾应麦克哈格的邀请在宾夕法尼亚大学担任过老师。[8]

　　在这几本书出版之后，当今城市和景观领域的理念、研究和实践已经有了进一步演化。然而，在我看来，新近的主流动态仍然可以追溯到这五本著作，比如凯文·林奇对于扬·盖尔（Jan Gehl），还有伊恩·麦克哈格对于迈克尔·霍夫（Michael Hough）都有着深远的影响。当然，我只是想指明两代人之间的学术关联性，并不是说盖尔和霍夫两人从林奇和麦克哈格继承了更多的内容、而麦克哈格就没有受到帕特里克·盖迪斯什么影响。[9] 在我看来，伊恩·麦克哈格的《设计结合自然》一书，就是20世纪晚期城市学理论和实践的核心。

　　像很多国家的原住民一样，苏格兰（和爱尔兰）的凯尔特人一直以口头文化为主，法律和传统都呈现在其独特的历史故事中，这种历史故事一部分是说故事，一部分是讲历史，一部分是关于萨满信仰。[10] 如今，在苏格兰凯尔特和盖尔文化的前身和遗址中仍清晰可见与土地和环境息息相关的大量描述。[11]

　　在讲述有关景观和环境的内容中，土地和地块之间的差异一直是个经久不衰的话题。迈克尔·波伦（Michael Pollan）在其《第二自然》（*Second Nature*）这本书中曾戏谑道："开发商热爱的是地块，有别于土地，因为土地是抽象的，从终极意义上讲是任何个体无法占有的。"然而"地块是实在的私人财富的来源……可以持有且从中获利。"[12]

　　这种差异正是凯尔特人和苏格兰人对环境和土地的感性认知的核心，它在凯尔特诗歌和民谣中反复出现，也在苏格兰文学经典中得到更多演绎，经典如刘易斯·格拉西克·吉本（Lewis Grassic Gibbon）"世间万物都不持久……唯有土地"[13]，苏格兰诗人兼盖尔传统的编撰者诺曼·麦凯格（Norman MacCaig）也曾写道"谁主宰当下景观？／它的购买者还是被它所占有的我？／这是个伪命题，因为当下景观并无主人，也无法用任何世人的词语来形容。"[14]

这两种对待土地的态度有着不同长度的时间视野。一种为短期的经济利益所驱动，而另一种则是长期的气候和文化视野。将土地"商品化"，而不是将其作为一种自然和社会的公共产品加以传承并静待增值，是这两种方式之间最直接的差异。

在英国的历史发展中，土地和地块之间的差异无异于是凯尔特人和盎格鲁撒克逊人之间的一条显著分割线，两者在社会、经济和文化层面对待领地都有着不同的认知。在苏格兰高地清洗（在爱尔兰也有类似运动）——英国人自己的种族清洗中——这种差别显露无遗。[15]这次清洗并不是第一次，也不会是最后一次，以进步和征用土地的名义对土著民族的系统性迁离，而非彼此和谐共处，对于任何苏格兰历史和景观的研究者来说这都是手足相残、见利忘义的最真实最直观的证据。社会民主和新自由资本主义的政治思潮也可以体现出两个民族显著的差异。

1990年，托马斯·克里斯托弗·斯莫特（Thomas Christopher Smout）在对英国学院的演讲中讲述了苏格兰高地和绿色意识的根源。[16]与前人约翰·缪尔（John Muir）、帕特里克·盖迪斯以及伊恩·麦克哈格一样，斯莫特也曾写过有关绿色意识的文章，谈及了绿色意识在人与土地关系间的作用、绿色意识的用途和管理状况，以及这种意识是如何进入艺术、文化和诗歌领域的。在他的作品中，斯莫特阐释了（苏格兰高地主要的）对景观和环境的几种态度。（1）"传统"视角——将景观和环境视为生活资源（农业和林业）、运动资源（狩猎、打猎和捕鱼）和产业资源（采矿、冶炼、和电力）；（2）"后浪漫主义"——将其作为户外娱乐，精神思索和在大自然中寻求庇护的资源。斯莫特是英国第一个在21世纪观察到绿色思潮巨变的人，这种变化从18、19世纪自然浪漫主义演变为19世纪和20世纪的科学分析和分类研究，再到20世纪晚期和21世纪初期进入政治主流话题。正如当年缪尔、盖迪斯和麦克哈格预测的那样，这一进程对解决全球人口增长和气候变化至关重要，越来越多的人接受了这样的观点，这三位土生土长的苏格兰人对全球各地对环境的认知产生了巨大的影响。

缪尔于1838年出生在苏格兰的邓巴（Dunbar），11年后跟随家人搬到了美国威斯康星州（Wisconsin），随之带去的还有一份苏格兰人对土地的热爱和兢兢业业的工作态度，这也是许多第一代移民共有的价值观，麦克哈格本人也经常提到这一点。[17] 缪尔和麦克哈格都从美国辽阔的风光中获得启发并抓住了身边的机会。但我要说，他们成长的文化背景和环境意识对其态度产生了深远影响，也才使得他们有可能利用身边出现的机会，在麦克哈格的例子里尤为如是。[18]

与缪尔和麦克哈格随家人一道或主动选择移民美国不同，来自苏格兰东北部巴拉特村庄的帕特里克·盖迪斯（出生于 1854 年）则留在了英国，他在伦敦接受了教育，后来作为城市规划领域的奠基人之一，在国内国际均享有盛名。[19] 盖迪斯提倡城乡统一、为城乡规划奠定基础。他在 1911 年的"城镇规划展"（Cities and Town-Planning Exhibition）中以及后来在 1915 年出版的《演变中的城市》（*Cities in Evolution*）一书中均阐述了这些想法。[20]

盖迪斯关于从始技术时代（eotechnic，前工业时代人与自然和谐共存）到古技术时代（paleotechnic，工业时代危及生灵的开发和城市增长）再到新技术时代（neotechnic，通过更新更清洁技术的利用实现生命延展、转向健康环境）的演化的这一命题最初被视作乌托邦式的空想，但后来却因奠定了可持续发展的理念而备受推崇，在 1992 年的第 18 届米兰三年展上，以"亲爱的绿地：一个有关均衡的问题"为题的英国展就对该命题进行了探讨。[21]

自 20 世纪晚期以来，随着城市和景观理念不断推进，学界对盖迪斯的讨论也一直不曾断绝，此外，人们还从理论和实践的角度探索能将雅各布斯、林奇、卡伦、培根和麦克哈格各家观点融合于一身的城市化综合学派。在 2017 年《景观与城市规划》（*Landscape and Urban Planning*）特刊中，几位撰稿人探讨了盖迪斯理念的优缺点。[22] 其中，迈克尔·巴蒂（Michael Batty）和斯蒂芬·马歇尔（Stephen Marshal）就着重强调了是盖迪斯将演化论引入了城市规划——他将该理论应用到社会演化，用来解释在自下而上和自上而下行动间的内生矛盾和紧张关系。他们总结道：盖迪斯经久不衰的魅力在于他留下了一个不甚完美"但却可以让后人轻易在其基础上继续添砖加瓦的全局架构"，同时也揭示了"现代规划在试图影响一个高度复杂、不断增长、演化且无法用任何自上而下的办法来设计固定的体系时遭遇的困难。"不过，正如福尔克尔·韦尔特（Volker Welter）所说，"对于盖迪斯，城市研究最终是学习并优化生活的一种方式。"[23]

盖迪斯对于绿色意识的贡献毋庸置疑，正如弗雷德里克·斯坦纳和劳雷尔·麦克谢里坚称的那样：

> 苏格兰山峦河谷的景观影响了帕特里克·盖迪斯对城乡的看法。他的理论建立在跨学科和视觉思维的基础上，并产生了可长久使用的工具，至今仍为规划师和设计师使用，如横断面、诊断调查和保守手术……他的思想反过来又影响了其他规划理论界的大师，如刘易斯·芒福德、杰奎琳·蒂里特和伊恩·麦克哈格，并在当代的农村地区规划、城市设计和景观设计中依然历久弥新、发挥效用……即使是对处于演变中的城市，盖迪斯的理论也从未过时。[24]

刘易斯·芒福德深受盖迪斯影响并在美国各地为其理念进行宣传。从时间上来看，盖迪斯的研究早于麦克哈格，不过正如安妮·惠斯顿·斯本所说的那样，"这并不泯灭麦克哈格的贡献。"[25] 在斯本看来，盖迪斯之所以没有被尊为先驱，"（景观设计师）都希望自己的理念被视为原创工作"就是原因之一，她已证实 1952 年麦克哈格回到苏格兰格拉斯哥艺术学校教书时，盖迪斯的论文已经在该学院发表了。[26] 当然，此间学术影响链条的细节并非核心问题。但的确可以显示出世界最主要的三位环保学家——约翰·缪尔、帕特里克·盖迪斯和伊恩·麦克哈格的学术传承，这三位苏格兰人都深受其本土文化的耳濡目染，开创的理念符合苏格兰人对土地、环境和景观的独有态度，用斯莫特的话说，就是新兴的绿色意识（图 8.1）。

三位大师背后的苏格兰文化景观传统有着对自然环境的眷恋，这种眷恋来自苏格兰传统和土地的关系——苏格兰文化一直对土地怀有深深的敬仰，众多传统习俗也因此诞生。苏格兰盖尔语用"dualchas"一词来形容这部分的关系传承，表达其中的物理特征、遗迹、文化和传统；类似于今天谈及"地域"的多元性概念。其他语言中和其意思最为贴近的是德语中的"Heimat"，既有"地方"又有"家"的寓意。时至今日，"dualchas"一词还被用在"dualchas àraid agus luachmhòr ann"（独特且有价值的遗迹）这个短语中。[27]

当然，我们已经无从得知缪尔或麦克哈格是否说盖尔语，尽管我们可以确信盖迪斯倒是懂一些。无论如何，这三个人都对土地有着同样的热爱、理解和亲近感，许多诸如凯尔特人和盖尔人之类的土著部族都常常对土地怀有同样的感情，而直到今天苏格兰文化中这种和土地的羁绊仍然存在。几个世纪以来，有很多盖尔语文学和苏格兰文学的作家都曾热忱地赞美土地。[28] 苏格兰还是英国内部唯一一个认为游走自由是"人人皆应享有权利"的地区。[29]

图 8.1 约翰·缪尔、帕特里克·盖迪斯和伊恩·麦克哈格（从左至右）。（约翰·缪尔照片来自国家公园管理局，约翰·缪尔国家历史遗址；帕特里克·盖迪斯照片来自Chronicle/Alamy 历史照片；伊恩·麦克哈格照片来自贝姬·扬（Becky Young），1979 年。图片引用经由宾夕法尼亚大学建筑档案馆伊恩·麦克哈格收藏品中心许可

正如麦克哈格所说："苏格兰没有不得侵入私人土地之类的法律规定，因此乡村地区被各种'走出来的路'分成了条条块块。"[30]

高地清洗使成千上万的高地人流离失所，一部分流向了北美，一部分流向了新兴的工业城市格拉斯哥，使其后来与曼彻斯特和伯明翰共同成为英国国内除伦敦以外为数不多的大都会并至今保持了较大的规模。[31] 这几个连续不断有移民涌入的地方被道格·桑德斯（Doug Saunders）称之为"落脚城市"[32]，其中格拉斯哥尤为与众不同，人口中有相当比例的"高地"苏格兰人（主要是西部和北部）和爱尔兰人——而这种文化传统正是麦克哈格成长的背景。[33]从这个角度看，我们可以说格拉斯哥当属世界上最伟大的凯尔特人的城市，都柏林都还要稍逊一筹。

苏格兰高地人和爱尔兰人遭到驱逐后，涌入格拉斯哥的人几乎与去新大陆的同样多。他们为这座城市带去了强大的力量和智慧，当年颇具远见的移民在克莱德河（River Clyde）上游的新拉纳克（New Lanark）定居，为一个工业重地的诞生打下了基础。格拉斯哥在日后成为"世界工厂"和"帝国第二城"——两种称呼都早已退出时代舞台，且还因包括对苏格兰土著和生活在殖民地人民的剥削在内的许多原因备受诟病。[34]

格拉斯哥的第一次工业扩张就是因为这些流离失所的高地人和爱尔兰人为这座城市带来了大量的劳动力，因此格拉斯哥的工人阶级中流淌着两者的文化、价值观和幽默范式。盖尔

语得到了广泛使用，即便在今天，格拉斯哥依然保持着同苏格兰高地和岛屿，以及同爱尔兰北部和南部的文化纽带。[35] 苏格兰和爱尔兰人对土地和环境的态度融入了这种新的城市文化当中；这种文化演化是超越时间的，至今仍清晰可见，麦克哈格在《生命的探索》的回忆片段中也曾说过，"一幅瑰丽壮阔的景观与一个丑陋不堪的城市形成了鲜明对比……自然即自由……我在……城市和农村之间的结合地带出生和成长。"[36] 在阅读过相关文献并与认识麦克哈格的人交谈后，我们发现他的人生经历似乎正如那句俗语："你把这个男孩带出格拉斯哥容易，消除格拉斯哥带给他的影响可难着呢。"[37]

在这种凯尔特 / 盖尔文化遗产（也许应该称其为一种心态）和苏格兰的生物地域主义之间存在着一种文化和知识上的纽带。苏格兰西部的区域规划拥有深厚且持久的传统，早在 1946 年，帕特里克·阿伯克龙比（Patrick Abercrombie）爵士（受到盖迪斯影响的）就出版了《克莱德河谷地区规划》（*Clyde Valley Regional Plan*），给他当副手的是位名叫罗伯特·格里夫（Robert Grieve）的年轻人（图 8.2），后来成了苏格兰首席规划师和格拉斯哥大学的城镇和乡村区域规划的教授，还当上了高地和岛屿发展委员会的首位主席。[38]

麦克哈格十几岁的时候曾在从乡间回往格拉斯哥的路上，在一间常有成年男人们驻足、高谈阔论的山间小屋里偶遇过格里夫。[39] 后来，等麦克哈格从哈佛大学毕业后，又曾在苏格兰政府内为格里夫工作，得以观察他的治学行事。因此麦克哈格了解格里夫本人，并对这位前辈怀有至高崇敬；[40] 而且他还了解《克莱德河谷地区规划》，也知晓盖迪斯在其中产生的影响 [41]，用他自己的话说，该规划反映了"由生物学家转型为规划师……的杰出才华……引人入胜但也晦涩。"[42] 麦克哈格早年在苏格兰时，曾受邀审评克莱德河谷地区规划的执行状况，包括坎伯诺尔德新城（Cumbernauld New Town）的选址。麦克哈格的观念给新城的主要景观设计师威廉·吉莱斯皮（William Gillespie）带来莫大启发，威廉·吉莱斯皮日后成立的吉莱斯皮公司后来成为英国最著名的景观设计机构之一。[43]

1946 年的《克莱德河谷地区规划》在 1974 年的《苏格兰中西部规划》（*West Central Scotland Plan*）中被重新修订，后又成了 1976 年《斯特拉思克莱德结构规划》（*Strathclyde Structure Plan*）（多个版本）的一部分。再之后又有 1996 年的《格拉斯哥和克莱德河谷战略规划》（*Glasgow and Clyde Valley Strategic Plan*），一直到 2017 年的最新版本（图 8.2）。在此期间还有很多非正式战略，包括《斯特拉斯克莱德河谷战略》（*Strathclyde*

图 8.2 《克莱德河谷地区规划》，1946 年，由帕特里克·阿伯克龙比主持。图片引用经由格拉斯哥和克莱德河谷战略发展规划部门许可

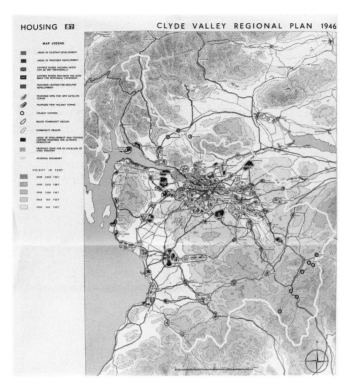

River Valleys Strategy），《城市绿化》（Greening the Conurbation），以及作为今天"苏格兰中央绿网"项目（Central Scotland Green Network）前身的"苏格兰中央林地"项目（Central Scotlands Woodland Project）——"苏格兰中央绿网"是苏格兰国家规划框架内 14 个国家级重点项目之一。[44]

显然，麦克哈格从自己的家乡城市和周围景观中获得了启发。和他有类似思考的还有很多人，包括颇有影响力的罗

44

伯特·格里夫爵士和威廉·吉莱斯皮。后来他们这一派在 20 世纪七八九十年代数次思潮中都占据主流，影响了环境保护、景观设计、盖拉斯哥城旧城焕新等领域的话语权。启发这一派人的正是麦克哈格和盖迪斯的思想，是《设计结合自然》这本书和其中推崇的技术，由此他们才能成功地把被麦克哈格称为"最简陋的工业城市之一"的格拉斯哥转型成"1992 年获得欧洲文化之都提名的城市——从我孩童时代之后出现的巨变"。[45]

通过 20 世纪七八十年代苏格兰发展局土地复垦项目下一系列活动，苏格兰中部地区的退化景观已经得到显著修复（土地和污染物的净化）、更新（通过景观增强在陆地表面实现）、（建成遗址和结构的）再生和（社区和社会架构的）复兴。[46]

45

始于 1975 年的苏格兰中央林地项目后来更名为苏格兰中央森林，然后又在 2011 年变更为苏格兰中央绿网。这一项目耗资 25 亿英镑，旨在绿化从艾尔郡（Ayrshire）到法夫（Fife）再到洛锡安（Lothian）的苏格兰中央山谷（图 8.3）。[47] 这项倡议的第一任主席是罗伯特·斯蒂德曼 [Robert Steedman（Bob）]，他是追随麦克哈格的首批校友之一，在 20 世纪 60 年代

早期曾为华莱士—麦克哈格（Wallace-McHarg）公司工作。[48]

　　然而与麦克哈格的期望相比，这些工作中有很大的一部分的开展时间都稍显落后。他还曾因卫生部没能立即采纳他的想法而扼腕叹息（远在《设计结合自然》之前），但是最终苏格兰中央绿网成为《设计结合自然》一书主旨思想在世界上最具战略性且最连贯统一的应用范例。[49]

46　　图 8.3　苏格兰中央绿网。这个项目占地面积达 1 万平方千米，横跨 19 个地方辖区，涉及 350 万的人口。© Central Scotland Green Network Trust 版权所有。皇家版权和数据库权利 2019 年。保留所有权利。地形测量局 100002151

伊恩·麦克哈格培养出了 20 世纪英国众多的顶尖景观设计师，直到今天，他的影响依然存在，并为下一代带来灵感与激励。[50] 皆因麦克哈格桃李满天下，众多弟子让设计结合自然的理念在苏格兰落地生根，于是苏格兰也从中受益良多。麦克哈格在《生命的探索》中多次提到了他在宾夕法尼亚大学第一批学生中的两人：詹姆斯·莫里斯（James Morris）和罗伯特·斯蒂德曼。[51] 宾夕法尼亚大学有一众这样的校友，这里面的许多人在英国像莫里斯和斯蒂德曼一样开设了颇具影响力的联盟和事务所，其中威尔逊·马克·特恩布尔（Wilson Mark Turnbull，1970 年毕业）先是向麦克哈格学习，后来与他合作，完成了《设计结合自然》。[52]

麦克哈格的学生在全球范围内产生影响的例子不胜枚举。斯蒂德曼和特恩布尔对当代苏格兰的景观建筑、规划和设计的理论和实践都产生了深远而持久的影响，另外他们都被任命为苏格兰皇家美术委员会和苏格兰乡村委员会的委员，这是仅有的建筑师 / 景观设计师能够在两个组织兼任委员的例子。[53] 从 20 世纪 70 年代到 90 年代的 30 年间，作为美术委员会和乡村委员会委员，斯蒂德曼和特恩布尔对苏格兰的建筑和自然环境起到了重要作用。他们还在当时最紧迫的一些公共辩论中产生了巨大的影响，包括在 20 世纪 70 年代发现北海石油之后、将工业基础设施纳入苏格兰景观的准则制定，20 世纪 70 年代苏格兰公园系统的开发，以及导向 2002 年苏格兰首批国家公园认定的激烈辩论。[54]

在吉莱斯皮事务所内先是与斯蒂德曼、之后又与特恩布尔合作的经历，逐渐加深了我在理论和实践两个层面上对《设计结合自然》中所列技巧的理解。后来当我在俄罗斯和中国等发展中国家工作时，这段先前的经历为我进行景观规划奠定了基础，我在设计新居住地时总是利用麦克哈格的理念，力图将生态、景观和环境设计原则结合起来。2012 年，在俄罗斯联邦政府和莫斯科市长主持的莫斯科城市扩建国际大赛中，由城市设计事务所和吉莱斯皮事务所领导的英美团队共同胜出（图 8.4）。国际评选委员会在给出获奖理由时赞扬了该团队对莫斯科地区环境、生态和景观的理解并将其付诸设计实践的做法 [55]，因此，这也是麦克哈格理念的荣誉时刻。

麦克哈格是否曾经凝望过故土苏格兰？是否在脑海中回荡沃尔特·斯科特的爵士乐"这片就是我的，属于我的乡土"的深切呼唤？如果让他和认识他以及与他共事过的人回答这个问题，答案绝对会是肯定的 [56]，《生命的探索》这本书中对此也有诸多佐证。然而除去其早

图 8.4　莫斯科城市扩建景观图。2012 年，由匹兹堡城市设计事务所和格拉斯哥的吉莱斯皮事务所牵头的首都城市规划集团在俄罗斯联邦首都莫斯科扩建国际竞赛中荣获联合大奖。左侧的两个图显示了现有城市（顶部）和扩展区域（底部）的综合景观和生态战略。位于中间的规划显示了合并区域的综合景观和生态战略。右边的规划显示了该城市现有和扩展区域的最终发展规划，该规划将扩展到 2500 平方千米，现有人口为 1150 万，预计未来人口为 1400 万。图片引用经由首都城市规划集团：城市设计事务所 & 吉莱斯皮有限责任合伙公司、比兹利（Beazley）事务所、JTP 总体规划有限责任合伙公司、纳尔逊 / 尼高（Nelson / Nygaard）咨询事务所、方舟集团、布罗·哈波尔德（Buro Happold）有限责任合伙公司，以及欧智华（Stuart Gulliver）许可。

48　期工作，麦克哈格后来再也没有回到苏格兰工作，他视自己为来自苏格兰的美国人。[57] 本篇的描述可能会让人们怀疑笔者是否有对苏格兰的吹嘘之嫌，无论如何，我写作的意图并非想证明伊恩·麦克哈格属于苏格兰，只不过在这里给大家呈现一种说法，苏格兰文化（尤其是凯尔特人 / 盖尔人）为美国和世界带来了三个极具影响力的设计师，加之他们自身的文化积淀，使得其他诸多国家也产生了绿色意识。

　　20 世纪晚期出现的一批思想家和设计师推动了城市理念的转变，麦克哈格当属其中一员。他对苏格兰土地和文化的了解比约翰·缪尔更多、比帕特里克·盖迪斯略少，这种意识始终萦绕在他的思维左右，使他与缪尔和盖迪斯一道扛起环境生态和绿色发展的大旗，为全球作出了杰出贡献，归根结底，这种意识是源自其身后的土著民族——凯尔特人、盖尔人和苏格兰人对土地的认知。

　　苏格兰对其海外游子在外的贡献似乎后知后觉。帕特里克·盖迪斯和查尔斯·雷尼·麦金托什（Charles Rennie Mackintosh）在世界舞台上已经载誉归来才在苏格兰境内受人关注。令人欣慰的是，今天我们已有了始于缪尔出生地，通往洛蒙德湖（Loch Lomond）和苏格兰首个国家公园特罗萨克斯（Trossachs）的约翰·缪尔步道。在 2019 年《设计结合自然》出版 50 周年纪念之时，希望可以激起公众对伊恩·麦克哈格的认知，不负其远播四海的声誉和影响。

　　麦克哈格所来自的城市、地区、国家都在大萧条和二战中饱经磨难。他对环境的珍视，从乡村到花园，都传承了盖迪斯的思想精髓。祖国苏格兰在过去 30 年间也一直与他的成长齐头并进，家乡格拉斯哥也因此从工业城市成功转型成后工业化都市。现在格拉斯哥正努力成为信息知识型城市，以正其名（盖尔语中格拉斯哥的意思为亲爱的绿地）。

　　这似乎像一个古今交错的多线叙事，其中有影响了缪尔、盖迪斯和麦克哈格的苏格兰传统、苏格兰西部的田野乡间主义、麦克哈格通过培养苏格兰学生而对祖国产生影响，又有欧洲最大的绿化工程以及在发展中国家的莫斯科的转型。

　　麦克哈格教过的毕业生回到苏格兰，将他的理念和工作进一步推广，也激励了下一代设计师和项目的发展， 就比如全国 14 个重点项目之一的苏格兰中央绿网。今天，苏格兰正在结合自然开展设计。也许在未来的某一天，麦克哈格的话也会像缪尔和麦金托什一样写入爱丁堡的纪念碑中。正如老布什总统在向麦克哈格致敬时所说，"让我们期待在 21 世纪艺术领域最璀璨的成就会是*土地*得到修复。"[58]

第 9 章
时光的书

劳雷尔·麦克谢里
Laurel McSherry

在富布赖特（Fullbright）艺术驻留项目的支持下，我于 2017 年冬季和 2018 年春季到格拉斯哥艺术学校进行了为期六个月的访问，这里展示的是此间大量创作中的三幅作品。能够有机会切身感受伊恩·麦克哈格曾经栩栩如生描述过的城市和乡野激发了我身上的无限热情，让我全身心投入到观察和创作中。日子时而如白驹过隙，时而漫长难挨。我面临的是双重挑战：要在纸张、金属、薄膜和布料上留下烙印；同时，又要使我的抽象思考变得更加清晰，甚至让人感觉触手可及。

《格拉斯哥日光系列（3 号和 4 号）》（*Glasgow Daylight Series Nos 3&4*）使用了传统的凹版印刷和凸版印刷，用来记录 1 月到 6 月的日光时长的变化。在印刷过程中，凹版印刷是指利用金属板凹痕中的墨汁制作图像。这些压痕可以直接用工具切割做出，或者也可以用酸液处理暴露出来的表面间接形成凹痕。在这个系列中，钢板雕刻后会浸入到含酸器皿中，连续六次、浸入时间逐次递增，代表了苏格兰每月日光长度的递增。由于每次接续浸入都会消磨掉之前的标记，因此我在六个阶段的每一个阶段都拉出印刷模具以记录当下阶段的进展和变化（图 9.1～图 9.3）。

《两河交融》则是对一个历史悠久的、兼具叙事和分析功能于一身的工具的现代表达。在珍藏材料和现场摄影作品的基础上，这张图记录了麦克哈格工作的基础：克莱德河（格拉斯哥）和特拉华河（费城），这两条河流的多姿多彩和虚实相间的景象都映衬其中。自然形成的浅滩，以前曾作河流交叉口，后来由于人类活动或是自然演变或是两者皆有的原因而消失殆尽，这是该作品的切入口。我后加的标记记录了从当下记忆及过往中提取的事实和事件。将它们叠加在一起后就可以立即感受到这些河流景观中人类和生态环境之间的紧密联系。该作品展示了传统制图、数字技术和自动制图之间的独特关联（图 9.4）。

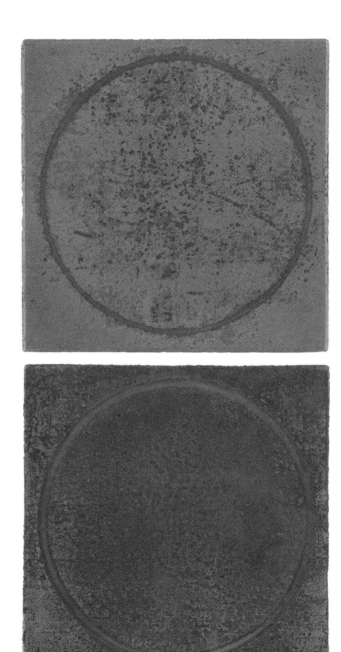

图 9.1　格拉斯哥日光系列（3 号和 4 号），钢蚀刻板，10 厘米 ×10 厘米，2018。© Laurel McSherry 版权所有。

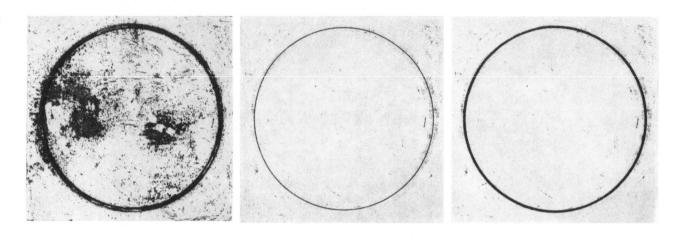

图 9.2　格拉斯哥日光系列（3 号），凹版印刷，1，3，6，墨和纸，10 厘米 ×10 厘米，2018 年。© Laurel McSherry 版权所有。

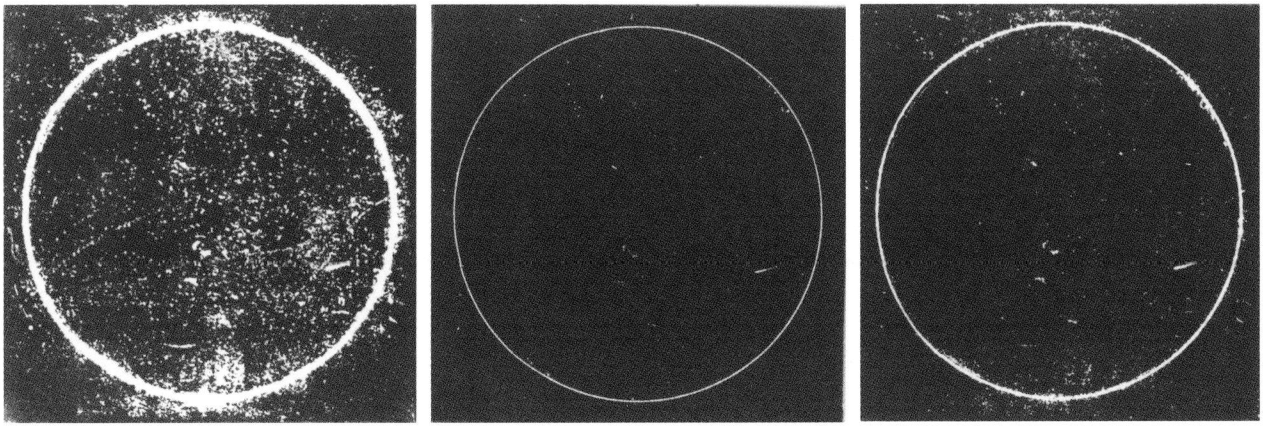

图 9.3 格拉斯哥日光系列（4 号），凸版印刷，1，3，6，墨和纸，10 厘米 ×10 厘米，2018 年。© Laurel McSherry 版权所有。

图 9.4 两河交融，数字印刷，墨，布，41 厘米 ×559 厘米，2018 年。© Laurel McSherry 版权所有。

人类生态与设计

第 10 章

自然作为设计师：在日益人化的世界里解放非人类生态

厄尔·C. 埃利斯
Erle C. Ellis

数千年来，我们人类一直对地球进行自己的设计。人类为了维持自身的生存重塑了这个星球，如今地球上只有不到四分之一的非冰冻陆地还未受到人类聚居地、农业和其他基础设施的直接影响。[1] 随着气候变化加剧以及通过贸易和交通在世界各地产生的人流物流的不断增加，全球化的社会影响力不断扩大、无处不在。[2] 尽管在我们的工作景观、城市景观和海洋景观的边缘依然存在并非由人类设计的野外空间，但它们还是在受到人类社会不经意的外溢效应的影响。[3]

地球这颗星球已有近 80 亿人居住，未来还会新增数十亿人，人类的总质量已经超过地球上现存野生哺乳动物的十倍。[4] 在如此广袤的人类世界里，太多的野生生物种群和前人类野生生态正不断减少乃至消亡。如今，地球的气候、土壤、物种和生态系统不再自行演化，而是与我们一同改变。随着地球越来越深入人类时代，其自然景观已变成人类生态的重写本，被一代又一代的地方、区域和全球社会不断改写。[5]

人类在全球各地构建起了各自的独特空间，社会中存在的社会文化力量与地球整个生物圈的运行机制产生了密不可分的联系。[6] 即使是在人迹罕至的野外，从亚马孙热带雨林到比亚沃韦扎（Bialowieza）森林到西伯利亚苔原（Siberian Tundra），生物群落和生态系统也已经刻上了我们的印记。[7] 如今，虽然当代社会愈加珍视并努力保护仅存的非人类区域，我们产生的巨大影响正在不经意间重塑地球的形态、运行、自我调节和野生地区。在这个人类痕迹愈发增多的星球上，非人类空间的范围每天都在不断缩小。

那么，现在是否还有希望维护前人类世的进化宝藏并使其跨越人类世界的长弧？新的设计形式能否打破人类影响不断扩展、自然不断退化的人类世的叙事主线？人类世能否通过重

新设计，使野外地区可以在不受人类不断影响的情况下再生、拓展和持续发展，甚至同时维
持人类规模不断扩大的趋势？

失去野生世界，得到人类世

很明显，对许多生物而言，尤其是我们自己设计的生物，如今的时代再好不过。我们驯
化生物，从牛到猫，总数量和总质量都超过人类。[8] 对那些适应人类世界、与人类世界共生

或寄生于人类世界的生物同样如此。人类世的生物圈对适应人类所建空间的生命来说，是充满机遇的世界，对我们的庄稼、牲畜、宠物、观赏植物、杂草、害虫、寄生虫、搭便车生物和依附人类的生物都是这样。从人类微生物群到室内生物群，再到嵌入地球四分之三以上土地的人类生物群，包括已有和新出现的生态系统，我们青睐的物种和青睐我们的物种不断繁荣生长、进化，以适应活力日益增强的人类世界。[9]

但对其他生物却并非如此。野生物种，尤其是野生动物正以惊人的速度消失。原因多是物种栖息地消失或被用作他途，加之不受限制的捕猎和资源使用、污染，我们有意或无意间使其与外来物种之间相互竞争，以及全球气候变化，而最后一点的影响正在不断扩大。[10] 虽然生物圈大规模动物灭绝始自更新世后期的采集—狩猎社会，但当前动物灭绝的速度，尤其是岛上动物灭绝的速度，已经引发地球可能出现第六次大规模物种灭绝的严重担忧。[11] 尽管判断大规模物种灭绝是否会发生还为时尚早，但人类世物种灭绝的后果不仅是地球进化遗产的消失，还包括整个生物圈内生态形态和功能的全面转变。[12] 例如，地球的温带森林和草原大部分已经转变成农田和牧场，马默斯草原（Mammoth Steppe）整个生物群落已全部消失。[13]

虽然野生物种和野外空间不断让位于新的人类世生态，但需要承认的重要一点，是这种现象或这些变化并不是什么不自然的事情。在人类占据主导地位的年代里，人类世界的确在不断地产生新的生态，甚至新的物种[14]，而这些物种通常与在人类之前进化产生的物种有巨大差异。但是更新世的生态与其之前的上新世的物种也有很大差异，与更早的中新世也很不同。人类世的生态体系仅是地球最新的自然状态，在新的进化压力下，过去的物种有的保持原样，有的刚刚萌生，有的被混合在一起，形成新的群落和生态系统，它们将代表人类世对接下来可能长达数百万年的地质时代的贡献。

自然显现

测量数据显示，从动物园到植物园到城市观赏景观，地球上一些人口最稠密的城市聚居点包含的生物群落的物种丰富性，可与一些最偏远的热带雨林相媲美。[15] 虽然这些群落通常含有众多的全球各地都存在的城市物种，但大量的野生本地物种也可以同时在城市环境内蓬勃发展，或至少得到繁衍生息。[16] 不过，生活在如此新生的人类世生态中，便意味着要被重塑，比方说，城市环境会重塑野生物种觅食习惯，甚至改变生活在其中野生物种的身体形态，使它们更加适应夜生活（像人类一样？），飞蛾、蝴蝶和蟋蟀的体型会不断变大，而甲虫和象鼻虫的体型会不断缩小。[17]

　　进化不断进行，而生活也会继续。社会塑造的生态和人类世的物种是新生的自然，但也同样是自然。然而，一个最重要的事实，是这些前所未有的新生态的出现完全不意味着此前的生态需要就此消失。尽管还有太多明显的例外，但许多在人类之前产生的物种，至今仍然与人类共存。即使是非常远古时代产生的一些物种，可能要追溯到数百万年前的物种，从马蹄蟹到鳄鱼到银杏，经历了地球系统的沧桑巨变，到今天为止依然繁荣生存着。没有生态要求规定人类世的生态和物种必须要排除此前产生的生态和物种。

　　城市、农业和其他人类世景观催生的新生生态群落、生态系统和环境虽然拥有丰富的生物多样性，但却无法替代前人类世界出现的野生非人类生态。就算"冷冻动物园（和植物园）"可能保证现在生活于其中的物种在未来继续生存，但没人会认为它们可以完全替代野外生存的生命。人类世界的生态还远远不够。是时候超越迅速重塑地球的社会文化设计，拥抱非人类世界和前人类世界的设计了。为实现这一目标，我们必须承认，在人类世进行生态设计的最大挑战不是如何结合自然去设计，甚至不是如何为自然去设计。在这个人类时代，最具挑战性的设计是如何使自然成为更强大的设计师。

设计结合自然

　　与脱离环境现实的传统设计相比，麦克哈格关于设计结合自然的呼吁更值得称赞，不失一种具有深远意义的理论、技术和伦理进步。[18] 通过将设计嵌入生态，麦克哈格的改造方式可以带来更好的效果，还催生了包括更加青睐本地植物和生态区规划的做法在内的新型设计实践模式。顺着这个思路再进一步，以自然为基础的解决方案相较传统的灰色基础设施设计有诸多众所周知的优势，如具备更强的韧性。[19] 实践也已经证明，绿色空间可以改善人类健康。[20] 设计结合自然明显对我们有好处——当然比脱离自然的设计更好。

　　但麦克哈格的"生态观点"和将其融入设计的做法出现于保罗·R. 埃利克出版《人口炸弹》（*Population Bomb*）之后，恰好在德内拉·梅多斯（Donella Meadows）等人出版《增长的限制》（*Limits to Growth*）之前，仍然是当时那个年代环境思维的产物。在《设计结合自然》一书中，麦克哈格出于对严重环境问题的关切，对人性中"对生存、成功和满足的追求"提出了质疑。虽然麦克哈格呼吁消灭"支配和镇压"，使其不再是"人与自然关系"的模板，但他仍然支持斯图尔特·布兰德（Stewart Brand）提出的"我们就像神一样，最好也从善如流"的观点。[21] 相信"人"是这个星球的园丁。这个对人来说可能是好事，但对自然的其他生物是否足够好呢？

对麦克哈格来说，"园丁是原型"，且这种理念背后有两重目的。一是确保"园丁的创造能因地制宜"，二是为"作为生物圈的酶——抑或其管家，人要发挥引领作用，增强人与环境的创造性的结合，实现人与自然共同设计。"[22] 毫无疑问，麦克哈格的目的也是实现超越人类世界之外的更好结果。但他的关注点强调的是让人类世界与自然保持正确的关系，而非创造空间给自然中的其他生物、让其在没有我们存在的情况下繁荣生长。自然世界作为功能和美学元素被纳入设计项目，在环境限制和机遇范围内进行设计。人类的栖息地得到改善，同时还创造并维持了有益于非人类同行友伴的生态，包括一大批能够利用人类—自然混合栖息地、在不同程度上与人类发明共同生存的物种。

然而，出发点虽好，但即使是结合自然去设计，更不用说脱离自然去设计，也经常做不到对非人类生命的充分保育、维持和滋养。因此，这些物种仍在不断消失，其生存状态也每况愈下。

为自然而设计

早在很久以前，设计结合自然理念就已出现，也有过为自然而设计的诸多努力。当代工业社会并非首个为野生生物创造空间的社会。波利尼西亚塔普地区 [23]、印度的神圣树林 [24] 以及欧洲的皇家狩猎场 [25] 等，仅仅是众多旨在限制或转移人类对非人类世界造成影响的传统社会文化设计中的几个例子。世界各地不同社会都会确立优先事项以长期保持生物多样性，当代环保设计，包括用于环保的公共用地的划定和管理，就是这些优先事项不断演变过程中的创新和变体。

新的保护区、公园、野生动物栖息地和其他旨在维持非人类物种和野生生态发展的空间仍在不断演变、适应社会内部和各社会间的文化动态趋势。在这个逐渐发展的工业世界里，保护野外地区和野生动物的设计标准，一直存在对"自然本身"的关注和"自然服务人类"的关注两个类别，长达一个世纪之久的约翰·缪尔的保存主义和吉福德·平肖（Gifford Pinchot）的资源保护主义之间的争论就是这种观念差异的体现。[26] 就连阿尔多·莱奥波德为实现"土地和人之间的和谐"的努力也未能终止这些争论。[27] 最近的争论焦点在于，根据生态系统为社会提供的服务来进行价值估计[28]，而非像生物多样性和生态系统服务政府间科学—政策平台（Intergovernmental Science-Policy Platform on Biodiversity and Ecosystem Services, IPBES）[29] 所做的那样——基于更宽泛的角度，在"自然对人类贡献"框架下对不同文化的价值进行评价。更偏离主流环境保护领域的、但在环保主义者和学者间愈发受欢迎的是为"生物多样性"[30] 而环保的构想以及新出现的新人文主义叙事方式，这种叙事体不再将人视作占据控制地位的中心[31]——似乎又回到本土狩猎—采集社会的自然文化。但我们必须认识到，即使是人类社会最古老、最传统、最以生态为中心的自然评价，也是一种不断演变的社会文化构想——如同人类语言和物质文化一样，自然文化也在不断变化。[32]

在当今这个时代，人类对生物圈的改变之大可谓前所未有，自然保护已经发展成为一项庞大且不断拓展的人类事业，涉及地球 15% 以上的陆地。[33] 在不断演进的"自然性"概念的指引下，自然保护设计差异明显，既受到自然文化巨大差异性和社会目标的影响，也受到许多不同治理体系有效性的影响[34]，形式从资金充裕的国家公园系统到公共牧场，从传统管理的原住民土地[35] 到对非人类世界提供极少甚至不提供保护的"纸上公园"等等不一而足。尽管最近有人呼吁为自然进行设计需要提升治理能力，纳入更加一致和科学上可驾驭的原则，包括"历史忠实度、自然自治性、生态完整性、韧性和谦卑管理"等[36]，但所有人类活动背后不断发展的社会文化进程同样也适用于自然保护和恢复实践，甚至可能作用更大。

随着社会不断发展演变，社会对自然和自然性的认知和经验也同样发生转变，进而推动自然保护设计和管理基准不断变化。[37] 此外，保持历史上的环境条件、维持数量不断减少的稀有物种的生存，经常需要越来越密集的管理干预，以抵消数量和基因池减少、森林砍伐、农业、采掘工业、城镇化、物种引入、火灾、污染以及其他人类影响产生的作用，更不用说因气候变化导致的物种类别和栖息地的长期变化。扭转这些影响所需要的干预措施本身就进一步推动了生态模式和进程的改变。[38]

即使目标是自然性，但被管理的自然也不可避免成为人类的自然。就连为自然进行的设计也会随着创造和维持其发展的人类社会世界共同演进。也许这就是在愈发人类化的世界里唯一可以实现的目标。但让我们考虑一下使自然成为更强大的设计师的前景。

超越设计的自然

是否有人真正想要生活在一个不存在供野生生物不受人类影响自由自在生活的栖息地的星球上？虽然一些人可能无视这样的可能，或者对其不屑一顾，但像我，像 E. O. 威尔逊（E. O. Wilson）还有其他许多人都相信答案是否定的。我们人类作为生态世界的生物，是喜爱生物的；所有人类都热爱野外世界，尽管可能以他们自己独特的、带有文化色彩的、社会化的方式热爱着。[39] 对一些人来说，最好与野外自然保持距离——最好通过电视观看。其他人通过在偏远受保护的野外待上几周来获得满足。还有一些人从狩猎旅行、林间漫步、农场边驻足或隔壁空旷的田野中发现自然之美。

毫无疑问，人有多少种性格，就有多少种热爱自然的方式。几乎人类向往的每个自然环境，都对应着一种已有、现存或将有的设计。诚然，社会设计和创造生态系统的能力，已经达到了可以改变整个生物圈和地球系统的水平。[40] 设计能够维持人类生存的自然，设计结合自然，为自然而设计，甚至仅仅为人而设计，所有这些都是自然设计，所有这些都因人类社会变化这一全球性力量而得到强化。在如今这个人类发展为自然力量的时代，不进行任何设计就是重塑自然，同任何设计的效果一样。[41] 诚然，这种通过全球化社会中人类行动而产生的非设计现象，如今也许是自然世界最具威力的全球塑造者，远远超过用来维持人类社会运转所专门设计的城市或农业景观。从全球气候变化到生物同质化，我们与大自然其他部分的互动过程中产生的全球性影响，包括空气、土地和海洋的污染、栖息地的破碎化、物种的迁移、过度捕捞、过度施肥、排水、洪涝和疏导，可能超过了用农业、城市和其他人类可持续景观来取代自然栖息地所造成的对非人类世界的总危害。

人类有意或无意间对这颗星球造成如此大规模的改变之后，如今，在人类还未管控的土地上，甚至包括地球上专门划拨出来用于保护野生自然的最偏远的地区，到处都是迅速发展着的新人类世生态。

在似乎无法避免的人类世改造力量的影响下，是否还有不受人类世界影响的设计自然的可能？有趣的是，随着人类社会设计和改变的能力不断提升，答案应该是肯定的。

然而没有设计师设计的自然这一概念很明显自相矛盾。在设计结合自然和为自然而设计中，一个人或一群人，与他们的社会世界一起，总会成为制定和实施规则的设计师。所有这样的设计中，即使是为抵制人类世界影响而认真管理的生物保护区，也难免受到人类世界入侵的影响，而且这种影响正如人类社会对地球上其他生命的影响一样，经常是巨大的。任何可以超越人类世界的影响、为野生物种维持野外空间发展的设计，都必须是一种具有前所未有野心的设计，能够以必要的规模和强度逆转或者至少抑制地球自然更新的力量。虽然很多这样的设计仍然在想象中，但以下两种设计最近已经出现，值得进一步思考和发展。

对生物圈的设计

"一半地球计划"（Half-Earth Project），旨在将地球表面一半的面积划拨为相互联系的自然保护区，这可能是最激进、最有野心的自然保护愿景。[42] 这一计划由哈维·洛克（Harvey Locke）在 2013 年以"自然需要一半"（Nature Needs Half）为题首次提出，并通过 E. O. 威尔逊的著作《一半地球》（Half-Earth）真正为众人所知。[43] 这一计划的目标是创造出可以保护地球上超过 85% 的物种久远存续的足够空间。虽然书中并未明确指出确切的前进方向，甚至在后续研究中也没有对此加以清晰表述[44]，但这一设计愿景极度简洁明了：将地球对半分看起来似乎当然是公平待遇，并且可以为自然的其他生物构建更美好的地球，对我们人类来说也同样如此。

最重要的是，即使这样一个计划的政治、经济和其他社会影响巨大并且可能无法实现[45]，但一半地球的愿景基调积极，很容易让人接受——比让太多人心灰意冷的典型悲观环境观要好千万倍。[46] 如果行动正确的话，这样的计划具有前所未有推动地球生态遗产保护、实现可持续发展的能力。[47] 一半地球，或者类似规模的有关设计，可能是唯一一个可以确保前人类世代产生的物种和生态得以继续存在的设计。

将地球一半的土地重塑为全球自然保护区，毫无疑问将是有史以来最具挑战性的景观设计。相互之间不公平地共享地球已非易事。更何谈在各生态区间公平地共享土地——包括地球上最具生产力和人口最密集的地区——这需要全球土地使用的权衡，就连想象都觉得很难。计算表明，这种项目对农业的潜在影响，几乎不可避免地会在某种程度上影响粮食体系。[48] 谁的一半土地将用于自然保护或恢复呢？去哪里弥补失去的农业产量呢？在巨大的全球土地权衡中谁得谁失？谁又补偿谁呢？

想要设计一个真正平等、有效且可持续的全球自然保护系统，让少数几个有权势的机构掌握全球资产组合远远不够。以强有力的地方和地区机构为支撑的多层次、非自上而下的治理模式，以及私营和公立利益相关方社会协作的新形式，需要在各个层面加以实施。埃莉诺·奥斯特罗姆（Elinor Ostrom）对共同池资源管理的想法，为可能推动覆盖地球一半土地的共享自然保护区的集体管理机制提供了参考。[49] 建成区和受保护地区不应是割裂的，而需要借助连续的过渡融合为一体，从相互联系的地区国家公园和原住民保护区到城市绿色空间、草原、绿篱、野生生物桥、拆坝项目以及自然保护管理试验。不断产生的多种联合设计，对指引各方为将地球打造成对人类有价值、对野生生物有利的共享星球而作出让步十分重要。

占地球一半土地的全球相互联系的自然保护区会是什么样子？是一个有机农场、绿色城市、农村和原住民保护区零星分布，与受干扰不多的栖息地相互联系的全球拼接体吗？还是星罗棋布的人口密集的城市和集约化农场，中间夹着受保护的荒野？人类和野生生物共存的共享空间能否扩大？还是会消失？我们会感到自然离我们更近还是更远？这些只是众多难以回答的问题中的一部分。更加重要的，是否有可能保护或恢复足够广阔、联系足够紧密的栖息地，使地球上的生命能够在各个大陆间自由行动，自己演化出应对人类世变化的气候和环境的方式。

地球 15% 的土地已经得到保护，还有 2% 的土地即将受到保护——想要通过连接地球上 50% 的土地来创造一个全球自然保护区，是存在这种可能的。而且有一点是确定的。虽然挑战和机遇同样巨大，但在人类社会互联互通、相互依赖达到前所未有高度的时代，推进一项全球社会事业，开放广阔空间任由野生物种超越人类世界的界限去自由生长，时机从未像现在这样成熟。

自然作为设计师

通过为自然设计，来重新设计人类对生物圈的使用，对维持我们珍视的生物多样性和野外空间来说很有必要。即便最传统的自然保护策略，包括传统的狩猎—采集管理制度，也必须在保护地球剩余生物多样性中发挥根本性作用。随着越来越多有效的自然保护设计和实践的发展和演变，这些经典策略将与之一道共同发挥作用、继续维护人类压力之下非人类自然的生存。实际上，这些方法的大跨步拓展，对保障人类时代中非人类世界的未来至关重要。虽然如此，为自然创造空间，甚至为自然进行设计，仅仅是朝着将非人类世界从其与人类世界的纠葛中解救出来的第一步。

无论有没有人类，自然总会变化。自然从来就没有平衡，有的只是波动。[50] 就连在最偏远野外地区的自然保护，也很难对受到（从人类狩猎到气候变化到物种入侵等纷繁复杂的）自然和人类世因素一起推动的不断变化的状态轻而易举地加以管理。但在最不受打扰的地区，至少历史上有过很长时间不被人类世变化影响的环境，这种经验可以指导为自然进行的设计和管理。

在人类世界的剩余栖息地和逐渐恢复的栖息地中出现的新型混合群落和生态系统中，还没有可以指导自然保护的明确先例。在地球上超过 35% 的非结冰陆地上，这里的自然景观仍然未得到人的利用或管理，具有活力的混合生存状态普遍存在，人类出现之前就已存在的各个物种与在人类之后新产生的物种紧密混居。这些混居的群落和生态系统此前并无先例，也没有任何希望能回归到某种已知的甚或是能想象出的前人类历史状态。[51]

但是，不打扰自然在人类世不构成一种选项。[52] 面对地球自然的最新力量，不管理几乎和管理一样必将改变生态。即使是在地球上保护最好的一些野外地区，愈发频繁和集中的管理干预，从农药实施到系统性去除杂草和宰杀，都已经成为防范入侵物种和其他压力进入人类世界的标准做法。随着人类施加的压力不断增加，上述具体措施的任何一项都可能激起支持或反对的意见，但不争的事实是保护自然正越来越像园艺和动物园管理。因此，自然保护价值观、自然设计和受其启发产生的管理实践，正在塑造野生物种和生态系统，就像农业价值观和做法可以将野生森林重塑为农田一样。对焕发野性、恢复更新世或其他的学说，只是新的不同形式的自然价值观和实践。归根到底，更新世公园和中央公园没什么差异。自然的一切都与全球化人类社会的变革性力量相互交织，是否还有可能维持自然的野外世界动态变化，在不受人类世界不断演进的文化的影响下存在？还是野生世界只能随着时间的流逝不断消失？

倾听动物、植物以及……

将人类世界排除在未来情景之外的前景如何？自然是否能被强化为人类世界内部空间的设计师和管理者，令人类影响无从入侵？很明显，设计这样野外空间的挑战，其难度之高可谓前所未有。但这是值得接受的挑战。

在"设计自主"的标题下，已有对类似设计的概念进行的研究。[53] 这个标题的核心是通过赋予设计师不同于任何人的能力，创造一种"距离化的作者身份"——一种配备有传感和与生物及环境互动工具的人工智能，以实现直接从非人类世界学到的价值观和实践。这样的设计在较近的未来仍有可能处于初级和试验阶段，但并不是幻想。[54] 相反，这些设计在目前正在开发中的技术范围之内，包括不受人类文化指导、配备超越任何人的技能的深度学习和交互式管理。[55] 这些设计包括倾听并感知动物、植物以及整个生物群落和生态系统活动的能力[56]，与生物和环境进行有益互动的能力——协助运动、繁殖和基本需求的满足——以及干预、减少和消除人类世界入侵的能力，包括消除噪声和处理垃圾等。[57]

虽然使自然成为设计师的技术手段可能产生更多的问题而非解决方案，但在没有具备超越人类和非人类世界能力的第三方干预的前提下，要想象人类和非人类世界脱钩的方式，会更加艰难。至少，在创造人类世界之外的自主管理困难重重甚至难以设想的时代，创造独立的野外空间的哲学和伦理影响是值得深思的。

确保非人类文化能继续独立于人类世界自然演变，似乎是正确的事情。这一理念与人类对自然最深沉最博大的爱有共鸣。将非人类世界从人类的改造中解放出来，创造荒野，我们可能发现比保护自然更重要的东西。

第11章

绘制城市自然本性和多物种故事世界

乌尔苏拉·K. 海泽
Ursula K. Heise

自伊恩·麦克哈格出版《设计结合自然》这一重要书籍后 50 年，相关领域研究出现了巨大变化。新的理论和新的故事世界大大改变了我们描绘、叙述和理解不断变化的城市自然本性的方式。

绘制城市自然本性

"有这样的地图，有那样的地图，还有其他地图"，山下·贞·凯伦（Karen Tei Yamashita）的小说《橘子回归线》（*Tropic of Orange*）中主人公在考察洛杉矶市时这样写道。[1] 主人公村上曼萨纳（Manzanar Murakami）是一位上年纪的日裔美国人，曾经是位外科医生，如今却无家可归。他经常从高速公路高架桥处观察这座城市，感受正常情况下裸眼可能看不到的多种层次的自然、历史和基础设施。他观察到的"地图图层"包括自流河、地震断层、公共设施线路、下水管网、有毒径流、输电线路和电脑网络：

表面上，各层次的复杂性可能会让普通人窒息，但普通人从来不会费心关注……动植物和人类行为构成的史前网络，也不会关注土地使用和房产的历史网络，以及各种交通覆盖物——人行道、自行车道、公路、高速公路、地面和空中轨道运输系统，一千种自然和人造的类别，动态和静态的变体，通过每一种可理解的定义建立的模式和联系，从财富到种族的分布，从气候模式到天空中令人好奇的蓝图。[2]

村上对洛杉矶的认知是小说中最全面的，因为他会在自然元素的地图和人造环境的地图间无缝转换，但他却绝不是小说中唯一一个对城市制图着迷的人物。巴兹沃尔姆（Buzzworm），一位非裔美国社区顾问、计时员、自封的"爱心天使"，看到了自己的一位熟人"从《石英之城》或差不多名字的一本书中"[明显指向迈克·戴维斯（Mike Davis）经典的《石英城市》（City of Quartz）一书]撕下的一幅20世纪70年代洛杉矶黑恶势力范围地图。**3** 哪片领地属于谁，谁授权占领这片领地，这样的问题让他想起自己和他人有关房地产的对话：

和人们对话时，人们会说自己曾经在这里或那里居住。如今这里或那里变成了商场，自己原来住的房子位于菲尔德（Field）夫人商店和床脚柜商店之间。这里或那里现在是多萝西·钱德勒（Dorothy Chandler）音乐厅、联合火车站、美国银行、Arco大厦、新大谷或高速公路。人们会说如果自己能拥有那片房产，当时房产也不值几个钱，如果他们那时早知道每平方米的土地都价值连城的话。如果他们早知道自己看过的地方价格会如此高的话。如果他们早知道的话。巴兹沃尔姆开始思考之前发生的事情，想到了墨西哥牧场主，又想到在这之前的丘马什人和扬古人。如果他们早知道的话。

其他人一定有大地图。或者也许就是下一张地图。**4**

如果说地图为村上打开了城市地质和基础设施的大门的话，那么地图也为巴兹沃尔姆提供了进入历史的入口。

同时，巴兹沃尔姆对洛杉矶数目众多的棕榈树情有独钟，认为它们是历史计时员、社区卫士，还是社区边界的信号。从洛杉矶的韩国城走到非裔和拉美裔社区，他注意到棕榈树受到不同程度的忽视，因此指导居民如何照料不同种类的棕榈树。他还将这些树视作可提供城市生活植物学地图的路标。

一天，巴兹沃尔姆走着走着……穿过了海港高速公路，加速前进，就好像高速公路是一座巨大的桥。他意识到谁都可以就这样越过自己的房子、自己熟悉的街道和城市。谁都没必要看到这些。人们唯一能看到的，也可能注意到的，就是棕榈树。这也是棕榈树存在的意义。为了辨认他曾经生活过的地方。为了确保人们能注意到。棕榈树就像他所在社区的眼睛，注视着城市的其他地方，看着它入睡、吃饭、玩耍和死亡……那些棕榈树下面发生的一切可能贫穷、疯狂、丑陋或美丽、诚实或可耻——那是只能远远想象的形形色色的生活。**5**

在山下的小说中，不同人物试图理解城市地图和根据地图建立的现实，只是一个小的主题。她以典型的现代主义手法，通过7个主要人物——不同性别和年代的墨西哥人、奇卡诺人、亚裔美国人和非裔美国人——的不同视角展现洛杉矶。小说讲述这些人物在7天内进行的各种活动，每一天都分为7章，每一章专门描写一个人物。这些章节以普通的目录形式按次序在小说的开头列出，但是目录后是一页题为"超级背景"的内容，以表格的形式展示了切分城市空间和时间的天数、人物和方式。**6** 甚至就在小说正文开始前，读者还会受邀思考为文本和城市绘制空间和时间架构图的不同方法。**7**

小说情节本身在某种意义上，就是对通过移民重新绘制城市空间地图的反思。故事开始于墨西哥马萨特兰（Mazatlán），一个叫作加夫列尔·巴尔沃亚（Gabriel Balboa）的奇卡诺人，建造了一座他希望能让自己与祖籍地重新建立联系的房子。随着小说的展开，负责管理这座房子的管家拉斐拉（Rafaela）发现，无论她把门窗关得多严，每晚房子里都会出现以奇怪方式组合的死动物和活动物："飞蛾和蜘蛛，蜥蜴和甲虫……一只鬣蜥，一只螃蟹和一只老鼠。还有蝎子，总是死的……还有在她用扫帚驱赶下才慢慢爬走的蛇。"**8** 无论小说人物多么努力在两者间设置屏障，自然和人造环境都会渗透彼此，不断形成新的融合，为小说故事世界奠定了基调。

巴尔沃亚位于马萨特兰的房产，就在北回归线上，上面长了一棵橘子树；拉斐拉的儿子索尔（Sol）摘下了树上唯一熟透的橘子，并在与他母亲一同回到洛杉矶的途中，将橘子带在身上。向北走的途中，一位似乎拥有超自然力量的老人加入了母子二人。这位老人与同行的二人回忆、述墨西哥的历史，还有整个拉美大陆的历史。随着向北越走越远，明显能看出橘子的外形受到北回归线的吸引。一行人接近洛杉矶时，橘子开始将纬度向北拉伸，产生了时空的奇怪扭曲。巴兹沃尔姆在试图定位"远处的棕榈树坐标时注意到这些变化。以往他可以通过这些棕榈树固定位置，但现在却与原来不一样了。"**9** 在山下的故事世界里，树木发挥着空间标记物的功能，但同时也展现地形和地图的扭曲。

很明显，索尔的橘子意在比喻拉美裔移民对洛杉矶城市空间造成的社会文化影响及变化，山下在叙事中将这一点以笑中带泪的方式展现出来。城市时空的扭曲导致事故和不幸，包括一条高速公路上严重的交通拥堵，司机纷纷抛下汽车，无家可归的人在被遗弃的车内建立了临时营地，几天后却被警察残酷地驱散了。故事情节高潮是"SUPERNAFTA"和埃尔·格兰·莫哈多（El Gran Mojado，"大流亡者"，实际上正是拥有超自然力量的那个老人）两个人物间的摔跤比赛，以及拉斐拉与华裔美国丈夫鲍比（Bobby）的团聚：互补的结局，意味着冲突与和解同时出现。[10]《橘子回归线》混合了北美和拉美文化，不仅体现在情节，也体现在叙事形式中：老人的形象直接来自哥伦比亚作家加夫列尔·加西亚·马尔克斯（Gabriel García Márquez）的短篇小说《巨翅老人》（*Un hombre muy viejo con unas alas enormes*），故事情节引入了魔幻现实主义元素，山下在 20 世纪 70 年代中期至 80 年代中期在巴西 10 年的生活经历使其熟悉这一写作手法。《橘子回归线》结合了拉美魔幻现实主义、北美种族小说和日本技术后现代主义的元素，将当代城市呈现为文化和不同种类自然的混合体。

对拒绝明确划分自然和社会文化生态的当代城市景观来说，伊恩·麦克哈格在 20 世纪 60 年代晚期提出的"设计结合自然"的理念意味着什么？麦克哈格是美国现代环境运动刚刚产生时期的先锋思想家之一，也是首批将生态分析与城乡规划相关联的思想家之一。他的重要著作试图绘制特定城市和城市边缘地区的构造和水文概况，以及其社会文化概况，包括"土地价值""历史价值""景观价值""娱乐价值"和"居住价值"等变量。[11] 麦克哈格认为，将这些精细翔实的个体地图叠加可以让设计师确定具体用途的最自然、最合适的地区，从而形成"城市适宜性的整体分级"[12]——比如，在哪里设置中转路径和绿色休闲地区最合适。他曾抱怨过，"增长，完全不考虑自然进程和自然价值。"

理想状态下，人们可以在大城市地区期待看到两种系统——一是在开放空间中得到保护的自然进程的模式，二是城市发展模式。若两者相混合，我们似乎尚能提供（旨在满足人群需求的）开放空间……相比为开放空间设立整体标准，我们希望发现有其自身价值和禁忌的自然进程中的独特方面：正是应该从这些方面选择开放空间，其能提供大城市开放空间的模式，还能提供发展的积极模式。[13]

麦克哈格认为，以这种方式规划和建设，可以让"一些源自自然身份，另一些源自人工建设的随机元素组成的地点的潜能"得到发现和保护，为每座城市赋予独特身份。

原则应当被纳入政策，确保在项目的规划和执行中，城市、地点和人工建设的资源被视作价值和建设形式的决定因素。里约和堪萨斯市不同，纽约和阿姆斯特丹不同，华盛顿和所有这些城市都不同，城市间存在差异自有其道理和充分理由。本质上，城市差异源自地质历史、气候、自然地理、土壤和动植物，这些共同构成了一个地方的历史和它内在身份的基础。[14]

麦克哈格相信，这种设计将让城市发展摆脱"无数城市贫民窟和粗糙城镇、乏味小区、废弃工业、被蹂躏的土地、被污染的河流和肮脏的空气。"[15]

毫无疑问，在过去几十年间，这种方式已经得到证明能制定以环境为导向的有效规划。然而，正如环境历史学家乔恩·克里斯坦森（Jon Christensen）所强调的那样，"地图不是领土，甚至可能无法代表领土。但地图一定善于反映有关领土的理念。"[16] 山下试图通过携带一个橘子的墨西哥移民将北回归线向北拉动，在其叙事中捕捉这样不断变化的理念和城市地图。橘子本身就是 20 世纪早期非本地水果成为洛杉矶市标志物的一个例子，也如同之后成为标志物的棕榈树[17]。通过让笔下人物各自观察城市并在脑中勾画城市地图，作者将不同的自然展现在我们眼前。在山下的叙事方式中，洛杉矶就是与自然一同的设计——但观察者眼中的自然各异，观察者因看到的事物进而塑造和再次塑造城市空间，从高速公路到树木都是如此。有时，城市自然本性本身会与人类对话："棕榈树看起来好像都弯下了腰，全部在相同的方向舒展脖颈，指着一个方向，想要说些什么"，巴兹沃尔姆曾这样想。[18] 写于麦克哈格重要著作出版近 30 年之后，在山下的叙述中，自然不是人类可以明确了解并用于塑造城市的事物，而变成了一个社会生态构想，它的一些特征会随着观察者和文化的变化而变化，有时甚至会有自己的代表。

多物种城市

《橘子回归线》写作的背景是自然和城市间关系正在经历根本性的变革，这种变革体现在生态学、地理学、城市规划、设计、建筑和景观建筑等多个领域。尽管麦克哈格大多时间是独自在探索生态和城市间的联系，但自 20 世纪 90 年代以来，人们对城市生态的兴趣大幅上升，规划、建筑和环境激进主义领域出现的新范式：行为体—网络理论、生态城市主义、景观城市主义、城市政治生态学、城市环境正义、城市新陈代谢、亲生物的设计以及气候城市主义均进行了理论变革，且至少在某种程度上改变了这些领域的实践。人们的兴趣从麦克哈格关注的那类城市内部和周围的自然，转向了研究为了城市的自然——有意地创造或恢复绿色和蓝色空间，及其对人类及生态系统的好处——以及将城市作为一种自然，一种具有自身特色的新型生态系统。[19]

　　这些范式中许多仍然以人类为中心，将城市想象成人类创造的且为人类服务的空间，并且主要从包括人类的用途、对人类的好处和伤害，或者人类对自然不断变化的认知等人类功能的角度对城市的自然维度进行分析。但自 20 世纪 90 年代起，一些学者和活动家也开始呼吁重新考虑城市作为非人类物种的栖息地，这些物种产生的影响、它们暴露在人类影响下的程度以及对人类伦理和法律考量的主张，也需要成为城市理论的一部分。从这方面看，环境历史学家将"卫生城市"的崛起追溯到 19 世纪和 20 世纪早期的欧洲和北美洲，这一崛起导致牲畜和其他种类的动物逐渐失去城市中的居所，尽管在发展中国家，农场动物的存在依旧继续塑造着城市空间。[20] 人类学家、历史学家和社会学家已经探索过特定动植物塑造城市经济和文化的方式，还有园艺和养宠物的做法以及其对城市生态的影响。[21] 城市公园和其不同用途催生了相关研究，包括简·雅各布斯的经典著作《美国大城市的死与生》（*Death and Life of Great American Cities*），一直到近期为使绿色空间更好地接纳周边越发多元的城市群落而进行的尝试。[22] 更广泛来说，扎根于女性主义、临界竞争理论和后殖民理论的著作，强调了特定城市以及全球各地的不同社会文化群体认知、体验和利用城市自然本性的不同方式。[23] 尽管过去 30 年间，这些对城市自然本性的探索涉及了广泛的领域，但它们大体上仍然以人类为中心，关注的是城市内的人类居民，以及城市空间作为人类栖息地的发展。

　　然而，这一根本性的人类中心主义也并非没有受到质疑。地理学者珍妮弗·沃尔琪（Jennifer Wolch）就曾强硬地宣称，当代城市理论和其指导下的规划实践，应与城市增长对非城市野生生物的影响以及对城市内部动物生活生态的影响相结合。她指出，跨物种城市理论超越了设立野生动物走廊来连接四散栖息地的具体问题层面，或用她的话来说，"动物大都会"也提供了不同环境激进主义分支之间建立新联盟的可能："动物大都会引发从动物角度和人类角度对当代城镇化的批判，人类与动物都遭受城市污染、栖息地恶化之苦，人类还被剥夺了与动物建立亲密关系以及对其自身健康至关重要的体验。"**24** 重新将城市看作不仅是一个物种栖息的地方，该视角最后会产生伦理和正义问题，这些问题在行为体—网络理论、动物权利和人与动物关系理论中发生了一些改变。

我们才刚刚开始思考我们在建造城市和居住在城市中作出的道德选择，以及这些选择对动物意味着什么……如果动物也被赋予主观性、主动性，甚至是文化，那么我们如何决定它们在城市的生存？……如果城市和环境正义最终扩展到也包括动物正义，那么也会产生我们设想的城市民主能有多彻底，以及如何在实践中处理问题。**25**

最近，多物种学家和人类学家已经开始思考这些问题，这些学者研究的对象通常被我们认作"人类社会和文化"，但实际上却是涵盖人类、人类赖以生存的动植物、已成为人类文化和宗教一部分的动植物以及从不同方面保护或破坏人类机体功能的细菌和病毒的多物种集合体。罗安清（Anna Tsing）认为，"人类自然就是多物种的关系。"**26** 采取这一观点的研究中有一部分关注城市动物，如德博拉·伯德·罗斯（Deborah Bird Rose）和汤姆·范·杜伦（Thom van Dooren）对悉尼企鹅和狐蝠的研究就是其中两例。**27** 动物一直是沃尔琪以及其他多物种学家研究工作的中心，但鉴于最近对重要植物研究的兴趣不断加深，在城市自然理论的重构过程中，植物研究或许也将成为城市自然理论的一部分。

根据沃尔琪的跨物种城市理论概念和多物种学家的研究，我提出了多物种正义的概念，将其作为一种方式，用以思考如对环境风险的不公平暴露和不公平受益等各种环境正义的问题，以及思考非人类是否认同我们的道德考量。**28** 许多城乡规划的自然保护争论和决定，都要涉及在其他人和其他物种看来什么是正确的，以及哪些人群或机构应该解决这些问题等。是将城市空间分给公园还是住宅，如何分配水资源以确保对城市社区和植被的供应，如何在人类对特定种类园林景观的文化偏好和非人类对植物栖息地的需求之间作出裁决，何时以及如何使用杀虫剂，如何衡量猫的权利和鸣禽的权利……类似的争论不胜枚举，不仅是实际问题，也涉及根本性的正义问题。从多物种正义的角度考虑这些问题，并不是为解决这些问题提供现成答案，而是要鼓励人类和非人类利益相关方都参与磋商和辩论。鉴于不同群落对正义的定义和思考的基础不同，在此背景下，哪些群落可以得到代表，如何被代表，由谁作为代表，便成了重要的问题。

多物种未来和城市故事叙述

多物种正义需要在法律和政治框架下进行思考，也需要在文化框架下进行思考，尤其是在如何叙述这一方面。特定群落选择什么样的故事讲述自己的历史和未来、自身与其他群落和物种的关系，通常是建立并维持正义和非正义分界的重要方式。此外，虚构的故事世界还提供了在复杂声音和多元情节主线背景下，渐次展开不同类别设计和规划影响的可能性。当然，这一直是小说——尤其是科幻（推理）小说的功能之一，这类小说把未来主义或替代世界当作载体，探索个人和集体决策产生的影响。这些故事世界提供了另一扇窗，让我们可以以此了解自麦克哈格首次出版《设计结合自然》之后我们对其主张的看法是否经历了变化。金·斯坦利·罗宾逊（Kim Stanley Robinson）写于 2017 年的《纽约 2140》（*New York 2140*）和希纳·米耶维（China Miéville）写于 2000 年的《帕迪多街车站》（*Perdido Street Station*）这两部相对近期出版的推理小说，探讨了城市和自然的问题。虽然两本书都属于科幻推理这一大类，作者都对左翼，尤其是马克思主义政治怀有深厚感情，但两本书反映的是截然不同的城市场景。罗宾逊将小说情节设置在 22 世纪中叶的曼哈顿，气候变化和两次大规模海平面上升浪潮，导致这座城市各个社区都被淹没在水下——根据当前气候科学设定的一种极端但并非不可能的场景，也是一个允许作者在广泛的现实主义背景下追溯城市资本主义发展的场景。米耶维的《帕迪多街车站》背景设在虚构的新克洛布桑市（New Crobuzon），这座城市既像狄更斯笔下带有些许蒸汽朋克感的伦敦，又像生活着形形色色智能物种的外星星球。不同的人类和非人类视角和工程，在生存斗争中碰撞和融合，对抗致命入侵物种——这无疑是米耶维对资本主义的比喻——这一切发生在一个阴暗的、反乌托邦式但又生机勃勃的重要大都市。时而奇幻、时而恐怖、时而古怪，米耶维对城市的描绘和罗宾逊的现实主义的、具有科学依据的、语气经常诙谐的散文风格大相径庭；但两个文本都在深层次上触及在资本主义大都市内类似的多物种公平正义问题。

在《纽约2140》中，罗宾逊写道，21世纪末期因气候变暖、极地冰川融化出现了两次大规模海平面上升浪潮，导致海平面上升15米，完全改变了曼哈顿的样貌。岛的最北端在海拔45米以上，没有受到直接影响，但曼哈顿的低地则被淹没在水下，市中心区变成了潮起潮落的"潮间带"地区，一些建筑仍然挺立，另一些则倒塌了。但即使书中一位人物确实将这一变化称之为"世界末日、绝世天劫"，小说的叙述却并未以熟悉的灾难情节展开。纽约在某种程度上是大洪水的受益方，成了"水都市"，一个"超级威尼斯，充斥着嬉皮风尚、艺术气息、性感时髦，是一个新的城市传奇。有些人很高兴在水上过着外人眼中的威尼斯人的生活，即便需要面对霉菌和烦恼，也愿意委身在这个艺术品中。"[29] 全球大城市被淹没，纽约是一个标志性范例，也催生了新的合作经济和文化形式：

霸权已经消失，所以在洪水过后的许多年里，涌现了大量的合作社、社区协会、公社、非法居住、物物交换、替代货币、赠品经济、太阳能使用权、渔村文化、蒙德拉贡（西班牙劳工联合主义组织）、工会、戴维储物柜共济会（一个由艺术家和手工艺人组成的松散组织）、无政府主义者胡言乱语，以及包括充气和水产养殖在内的水下技术文化。此外还有在天空之村里居住在空中的人，他们将淹没的城市作为停泊塔和节日交流点；把集装箱和城镇作为漂浮岛屿；将城市视为巨型合作艺术品，是艺术而非工作；还有蓝绿藻、两栖生活、异质性、水平化、去寡头化的人；还有免费开放大学、免费贸易学校和免费艺术学校。[30]

这些社群主义和社会主义的倡议，同不断持续的房地产投机和已经适应从潮间带地区的不确定性中获取利润的股票市场同时存在，这是罗宾逊对全球变化条件下世界和城市作出的一大空间比喻。小说主人公之一富兰克林·加尔（Franklin Garr）是一位股票经纪人，他设计出一个新的股票指数名叫IPPI，全称为潮间带房产价格指数（Intertidal Property Pricing Index），"因为如果潮间带有任何价值的话，即使只值一百万或两百万，也会有人希望拥有。其他人便会想将这一价值加到通常价值50倍（也可能是别的数字）的杠杆。"[31] 因此对房产价值的资本主义投机，以及更广泛的对全球资本主义市场的投机，已经适应了气候变化。但是小说中最后还写下了两种颠覆资本主义秩序的尝试。第一个尝试是两个电脑黑客试图修改全球银行从业密码，但失败了；第二个尝试成功了，普通人拒绝偿还贷款和按揭而导致股市崩溃，政府则根据受影响银行和企业的实际国有情况赶紧救市。

罗宾逊笔下最后的乌托邦（utopia）——或者"optopia"，他更愿意叫这个名字，虽不是理想社会，但确实是现有条件下最好的选择——optopia 在城市空间、分区、房产价值的交错关系中以及由生态风险引发的转变中产生。以约翰·多斯·帕索斯（John Dos Passos）所著的《曼哈顿转移》（*Manhattan Transfer*，1925 年）和他的《美国》三部曲（*USA*，20 世纪 30 年代）开创的小说结构为模板，罗宾逊通过不同人物的观点，讲述了未来曼哈顿的故事：一位历史学家、一位股票经纪人、一位电脑程序员、一位社区组织者、一位非裔美国警察、一对寻找水下宝藏的少年、一位东欧建筑负责人。同山下一样，他的小说结构能够讲述不同观点和利益的故事，但是相较于山下突出的国家、民族和种族不平等，他更关注的是阶级差异造成的城市内的不平等。这一点通过历史记载片段和一个仅仅名为"那位市民"的声音进行的政治评论，体现得也很明显。这座城市、它的社区、它的建筑以及它的自然对不同人物的意义不同，随着时间的推移，城市中失去原有架构、建筑、用途和意义的部分也会焕然一新、生机再现。

然而，纽约市的城市历史并未掩盖其生态基础，结果是，气候变化和毁坏力量一道推动了新生态维度的出现。"森林？好吧，现在这里是摩天大楼的森林。城市，这城市曾经需要仔细察看才能辨认出它是海口。洪涝过后，辨别这一点更加容易了，因为虽然这里曾经是被淹没的海岸线，如今却比以往淹没程度更深了"，"那位市民"挖苦道。[32] 阿梅莉亚（Amelia），一位环保积极分子和网红，乘坐飞艇飞往全球各地进行有关生物多样性保护，尤其是协助濒危物种转移到新的栖息地的网上直播，以她标志性的白话俗语描述抵达纽约上空看到的情景：

看到霍博肯是怎么建起来的了吗？这简直是像墙一样的超级摩天大楼！看起来就像从冰河世纪以来一直没变化的悬崖。梅多兰兹这地可惜了，曾是一大片盐沼地，虽然如今成了海湾美丽的延伸，是不是？哈得孙河真的就是一条装满海水的冰川沟。它不只是普通的河床。伟大的哈得孙河呀！各位，这是地球上最大的野生生物保护区之一。这是另一个重叠社群的例子……布鲁克林和皇后区组合成非常奇怪的海湾。我觉得就像是低潮时露出的某种长方形珊瑚礁。[33]

生态术语的字面和比喻用法在阿梅莉亚的"傻瓜"语言中被无可救药地混淆，这种混淆即使对阿梅莉亚没有特殊意义，但对罗宾逊来说却很特别。她在自己的生态旅行日志中一直强调人类和非人类系统的混合、物种和生态系统的灭绝，以及经常由人类和非人类共享的新栖息地的出现。

《纽约2140》里专门描写阿梅莉亚的段落是书中最幽默的部分，表明罗宾逊认为城市和生态的未来并不是完全的灾难，而是悲喜剧的混合。阿梅莉亚最大胆的一次冒险是为挽救北极熊的最后一搏，她将六只北极熊从北极运到了南极。虽然转运中出现戏剧性意外——北极熊逃出笼子，将阿梅莉亚围堵在飞艇上——但她最终成功将它们送到新的栖息地，但很快却要眼睁睁看着它们被南极人类居住者杀害，这些人将新到的来访者视为没有历史或没有根基的外来入侵物种，会破坏"最后一片荒原……最后一块纯洁的土地。"[34]即使（且尤其）是在面对着全球生态变化时，新的多物种群落环境的构思在这个悲喜交加的情节主线中，与暴力捍卫本地和本地物种的旧的模样发生了碰撞。通过协助转移，在全球范围内重新设计物种栖息地的精心策划失败了，至少在这个例子中如此。

但是在纽约市，经过海平面上升的重塑，生态完成了自我重新设计。

生活不仅是算术，还是绿色融合，是活力四射。我们设计的一切都没有**纽约湾**的生态系统复杂。在运河河床上，旧的下水道孔自下而上迸发生命。生命随着潮水上下浮动，来了又去。蝾螈、青蛙和乌龟在鱼和鳗鱼间繁殖，在海泥中挖洞。上面，鸟儿成群结队飞行，在城市的水泥墙壁上筑巢。……露脊鲸游到海湾上游产子。小须鲸、长须鲸、座头鲸。狼和狐狸潜伏在远处市镇的森林里。草原狼在凌晨3点穿过市中心广场，宇宙之王……加拿大猞猁？我将它叫作曼哈顿猞猁。……海口网络的中心，这座大都市的总长在游泳，那是海狸，为建造湿地而忙碌着。海狸是真正的房地产开发商。水獭、貂、食鱼貂、鼬、浣熊：这些居民居住的世界是由海狸以自己的方式辛勤劳动建成的。在它们周围游泳的是麻斑海豹和鼠海豚。一头抹香鲸像远洋班轮一样穿越纽约湾海峡。松鼠和蝙蝠。美洲黑熊。它们都像潮水一样回归，像诗歌一样往复。[35]

同阿梅莉亚之前对曼哈顿的描述一样，那位市民在这里将纽约市描述成新的生机勃勃的生态系统，内部有多元、活力四射的人类社区，他们在洪水过后安顿下来。气候变化导致北极熊几乎灭绝，但是也为从纽约市消失多时的物种创造了新的栖息地——就如同海平面上升导致洪水出现、冲毁了建筑物，但是也为金融投机和集体生活创造了新机遇。诸如协助北极熊转移的自然保护主义的规划努力虽然以失败告终，但海平面上升带来的紧迫局面和无从预见的转变也催生了新的迁徙路线和栖息地。

　　这并不意味着罗宾逊试图建议在面对生态或经济变化时采取放任自由的态度。相反，小说的结尾，正是大量拒绝还贷的居民导致资本主义世界的倾覆，还有阿梅莉亚，尽管她很肤浅，也真正通过自己被大量观看的秀成为鼓励人们参与的一个声音。但在罗宾逊对未来历史的想象中，文化和生态变化通常会有意外的曲折变化，似乎并不受麦克哈格预想的城市空间设计的局限。《纽约2140》中的城市必须不时应对任何人物都未预见到的紧急情况、事故和后果，而这经常导致风险或灾难和新机会的产生。阿梅莉亚在她的协助转移节目中对观众说的话也充分证明了这一点，"主要还是因为这是一场灾难，是该死的灾难。所以我们必须照料这个世界让她恢复健康。我们不擅长于此，但我们不得不做。……这是唯一的办法。"[36] 从她的视角看，照顾地球并不意味着恢复失去的纯洁状态，而是接受混合生态，或者她所说的"混血星球"。[37]

这是一个混血世界。我们将生物混合在一起已经进行了几千年，毒害了一些生物，养育了一些生物，到处转移一切。自从人类离开非洲，我们就一直是这样。……这是一个混血世界，无论他们想要留住什么，都只是一瞬间。[38]

　　在罗宾逊的小说里，潮间带的纽约市，陆上、海上和空中基础设施，倒塌的建筑和新建的超级摩天大楼，本地的、引进的、回归的动植物混合在一起，成为这个新的全球混血物或混合体的主要标志。

　　城市是由自然和人造元素构成的混合体，依赖物质和符号网络的概念当然不是新概念，也不为罗宾逊的小说所独有。城市政治生态学理论家也使用过类似的混合体或半人半机器城市这样的词汇，引用唐娜·哈拉维（Donna Haraway）在她著名的《生化人宣言》（Cyborg Manifesto，1984年）中对赛博格生控体的描写，这些东西通常会被描写成"机器和生物的混合体，既是社会现实又是虚构的产物"[39]，以及布鲁诺·拉图尔（Bruno Latour）的行为体—网络理论。例如，埃里克·斯文格杜（Erik Swyngedouw）和玛丽亚·凯卡（Maria Kaïka）

将城市视作"半人半机器城市""通过相互交织的社会生态进程构成的密集网络构成,同时具有人、物理、杂乱无章、文化、物质和有机的特点。水、食物、汽车、烟雾、金钱、劳动力等的循环网络在城市内进进出出,改变一座城市,产生了不断变化的社会生态景观的城市。"[40]
他们是这么说的:

这个被称作城市的混合的社会自然"物体"充满了矛盾、紧张和冲突。……将城市肌理编织在一起的新陈代谢流动……讲述了城市许多相互联系的故事:城市中人们的故事,和产生城市和特权、排他空间的强大社会生态进程的故事,参与和边缘化的故事。这些老鼠和银行家的未来故事,疾病和冷冻猪胸投机买卖的故事,资本的故事,阴谋诡计,城市建造者的策略,城市土地开发者的想法,工程师、科学家、经济学家的知识。总而言之,挖掘这些构成城市的流动,将产生自然城市化的政治生态。[41]

在对潮间带纽约市和更广泛的气候变化引起转变的星球的描写中,罗宾逊精准叙述了自然的城市化——以及城市自然的再野生化或再自然化,部分是集体行动的结果,部分是意想不到的后果。

在更加奇幻的小说《帕迪多街车站》中,米耶维也将新克洛布桑描写成"混血城"[42],这个词语随着小说情节的展开,体现出多种不同的意义。一方面,它指的是"*每天重塑新克洛布桑的移民、难民和外来人。这个地方有一种混血文化。*"[43] 但有这些想法的小说人物雅加雷克(Yagharek),他本身并不是人,而是一只金翅鸟(garuda),一种身高 1.8 米的智能鸟类。他只是新克洛布桑众多有感知能力的物种之一:人类;凯布利(khepri),一个母系物种,雌性有类似人类的身体,圣甲虫的头,雄性只是无智能的甲虫;蛙人(vodyanoi),一个大型蛙类物种;刺猬精(hochi),大体类似刺猬的物种;仙人掌精(cactacae),本质上就是可以行走、说话和思考的仙人掌,还有其他许多物种,他们的物质需求和文化群体可以塑造特定社区的特征以及整座城市的多物种特征。此外,一些物种还结合了人类和非人类的身体特征——至少从人类的角度看是如此——小说经常将个体角色的面部表情、手势或移动描述成"令人震惊得像人类"或"令人震惊得不像人类",以此强调城市居住者身体和思想令人震惊的混合。

85

96

就好像这样的自然物种多样性还不够一样，个体身体的混合和机械化——整合上来自其他物种和机械部件的部分，成为新克洛布桑一项高度发达的技术。这项技术被用作法律体系的系统性惩戒工具，产生了奇形怪状但数目庞大的所谓的再生人变种，但是这种"奇术"也被一些人主动使用。一个例子就是小说中给人印象最深刻、最恐怖的人物之一，是叫作莫特利（Motley）先生的毒品大亨，无法形容他是个什么物种：

只要他一动，身上的皮屑、毛屑和羽毛就会乱飞；四肢纤小，紧抱成团；眼窝深陷，眼珠转动；犄角危耸，奇骨突兀；触须抽搐，嘴巴闪光；皮色交错，五彩斑斓；一只蹄子轻轻地敲击着木地板；满身横肉，奇形怪状的肌腱和骨骼连着肌肉，又松弛又紧张，达成了微妙的平衡；鳞片闪烁，鱼鳍颤抖；翅膀时而扑动一下；昆虫样的爪子一开一合。**44**

莫特利先生愤怒地拒绝有关"他"可能属于哪个物种的问题，坚称混合体是"世界构成的方式……是最根本的动态。过渡。一种事物变成了另一种事物的那一刻。这才使你、城市、世界成为自己……这个区域里，相互分离的事物成为整体的一部分。就是混合地带。"**45**

新克洛布桑，在他看来，是过渡混合阶段的又一例子：

那么这座城市本身呢？坐落在两河汇流入海交界处，高山变成了平原，大片的树木向南方集聚——量变变成了质变——忽然间就变成了一片森林。新克洛布桑的建筑从工业区到住宅区到繁华地段到贫民窟到地下到天上到现代到古代到多彩地带到单调地带到肥沃土地到贫瘠荒原……你懂我的意思。**46**

鸟人雅加雷克乘船首次抵达新克洛布桑时，从更加反乌托邦的视角看待这个多样、混合的城市景观：

河水面朝城市、蜿蜒曲折。突然间，城市的宏大景观映在眼帘。城市的灯光照亮了四周，岩石小山，就像淤青。城市肮脏的高塔绚丽夺目。……这就是一个巨大的污染源，一个恶臭之地，充斥着汽车喇叭的回声。宽大的烟囱向空中吐出烟尘。……有气无力地呼喊，到处是野兽的咆哮，工厂里巨大机器运转产生的可恶的碰撞声和击打声。铁轨就像凸出的静脉一样，勾勒着城市的内部构造。红色的砖、灰色的墙、像全土栖物种一样的矮胖教堂、残破不堪的遮篷布在风中摇曳、老城里的鹅卵石小道构成的迷宫、死胡同、像世俗坟墓一样缠绕地球的下水管道、一个新的垃圾场景观、被粉碎的石头、满是被遗忘书目的图书馆、老旧的医院、摩天大楼、轮船和从水中拉抬货物的金属爪子。……这究竟是什么地形上的诡计，让这个庞然大物藏在角落里，然后突然跳出来吓唬过路人？ **47**

在诸如此类的描写中，米耶维坚持将这样混血的有机个体映射到城市怪物般的设计中（作者在这里用了"解剖"这个隐喻），并将生物体和物种的多样性映射到城市建筑和社区的多样性上：只能通过列举和地带分类，才能捕捉到的混合性和多元性。**48** 通过这样的映射：《帕迪多街车站》在开篇便呈现了一个虚构城市的紧凑但却复杂的地图，城市整体轮廓大体与人脑类似，数不清的社区、公路和河流似乎就是这个城市大脑的神经中枢。

新克洛布桑的知识也同样是混合体。连接两个主要故事情节的科学家伊萨克·丹·德·格雷姆勒布林（Isaac Dan der Grimnebulin）将自己的专业知识定义为多学科的结合，并借用城市基础设施术语来对此加以解释："我不是化学家，不是生物学家，也不是奇术士……我是一个业余爱好者，……一个浅尝者。……我认为自己是所有学派思想交汇的主要站台。就像帕迪多街车站一样。……所有的火车线路在那里交会……一切都必须通过它。就像我一样。这就是我的工作。我就是这样的科学家。"**49** 他的主要研究兴趣是危机在个体身体内以及集体内催生的能量如何得以物化和利用，随着小说情节的展开，他需要应用自己对于危机能量的知识来解决两个不同的难题。

一个难题与雅加雷克有关，他的翅膀被砍掉了，作为对他犯下的强奸罪的惩罚。他从远在森林里的家乡长途跋涉，寻求格雷姆勒布林的帮助，希望恢复飞行能力：某种意义上这是生物恢复项目。另一个难题是生物入侵。格雷姆勒布林在研究不同物种的飞行机制时，意外将来自另一个大陆的智能物种中的一员放了出来，这是一个叫作食脑蛾（slake moth）的物种，能够催眠其他具有感觉能力的生物，使其任由它摆布，通过吸食其思想维持生命，这些被吸食的生物依然活着，但却失去了感觉能力，无法照顾自己。这只飞蛾还将四个同类从研究室中放了出来。由于没有可以打败它们的天敌或有效武器，飞蛾群体变成了致命的城市威胁，格雷姆勒布林不得不想办法应对这个问题。

在米耶维所有的著作当中，他的首要兴趣在于城市的社会和政治生活，而非城市的自然本性，这使得《帕迪多街车站》中的物种多样性，以及生物恢复和生态入侵的主题可以被解读为政治寓言。鲁德格特（Rudgutter）市长统治的政府腐败横行，最后竟然被发现与莫特利先生的犯罪组织沆瀣一气，对蛙人码头工人发起的罢工进行残酷镇压，一个地下政治报纸总部被烧毁，报纸编辑被折磨致死，都明显暗指政治压迫，故事情节逐渐不可逆转地将格雷姆勒布林的科研拖入政治旋涡，也是同样的暗示。在这样的背景下，多种物种可能仅仅是多种剥削和社会分裂的代表，吸食思想和生命的飞蛾不断造成的伤亡也可以很容易被理解为对资本主义掠夺的比喻。[50]

但米耶维在小说中对有机体和城市结构的生物和物质现实过度细化的描绘，远远超过了政治寓言的需要，因此除了政治寓言外，还需要某种对新克洛布桑多物种社群的不同的生态分析。从这方面看，米耶维笔下的大都市充满想象的物种，不仅是对社会文化和经济多样性的广泛比喻，还是对更加真实但却经常没有想象到的实际存在的城市生物多样性的描绘。同样，精心刻画的由一个特定物种主导的社区——克里克塞德（Creekside）和金肯（Kinken）的这两个凯布利社区，古老且破旧不堪的温室下面的仙人掌精社区——都可以被理解成对城市空间并非只有人类一个物种发挥作用的认可。米耶维利用科幻、恐怖和奇幻小说文体，描写非人类个体和群落，它们具有感受能力、社会架构、文化、政治、工艺和自身审美价值观，这一事实本身就强调了对其他城市物种的认知与我们通常对城市现实理解的差距，也点出了这种认知可以在多大程度上改变我们对真实城市空间的认识和了解。

这种改变了的看法，乍一看可能在小说所描写的跨物种的爱情、友情和协作关系中体现得最为明显。格雷姆勒布林和凯布利艺术家林（Lin）保持了数年的恋爱关系；他与金翅鸟雅加雷克之间建立了双向的尊重和友谊；他所组建的对抗食脑蛾的团队和联盟中包括从人类到再生人到蛙人在内的多个物种。在与食脑蛾最终的高潮大战中，他设计出一种可以利用危机能量的技术设备，对设备的建造和运用涉及两个更为不寻常的角色：构想理事会，从新克洛布桑垃圾场的机器人残骸和其他废墟中自我组建的人工智能；以及纺织者，一种类似蜘蛛的生物，可以跨越至其他纬度，并从纯粹美学的角度认识世界网络，持续不断地用抒情歌曲进行评论，可称得上是"意识流"。因此，在米耶维设置的场景中，维持混合的城市社会生态系统有赖于生物和技术创新能够集合起来的全部力量。

但是为什么最终食脑蛾被排除在这个无所不包、差异巨大的关系系统之外呢？灭绝一个没有任何天敌的、非本地的掠夺性物种，急需在新的生态系统中控制它，这是入侵生态学里熟悉的主题，也确实解释了从政治寓言角度无法充分解释的情节反转。正如克里斯托弗·帕尔默（Christopher Palmer）所指出的那样，《帕迪多街车站》高潮部分的战争消除了城市面临的紧迫危险，并且展示了进行成功政治革命所必需的合作机制。结果确实让城市回到了一开始的状态——正常运行，但依旧饱受不公平、腐败和压迫之害。[51] 换言之，革命巩固了现状，并未创建新的秩序。作为政治寓言，这种结果说不通，但是从生态角度却很有道理：在这种情景下，入侵物种的消灭大多意味着让生态系统回归入侵前的状态。

但是对食脑蛾的暴力捕杀与米耶维对多物种城市的极其丰富的描述并不和谐，这种巨大的黑色飞蛾能将生物变成僵尸，加诸其上的颇具哥特式恐怖小说写法特点的叙事词汇将这一问题渲染得更加严重。将一些有感受能力的物种描绘成本质上邪恶、具有破坏性的物种，不符合任何政治和生态理念。政治或生态理念认为，道德判断需要在其与不同文化标准和生态网络的关系中进行相对判断，生态网络又包括捕食者—猎物关系以及跨物种共生和协作。人们可以将小说叙事逻辑的矛盾归咎于米耶维想象力的缺乏，或者通过生物比喻叙述社会政治问题的这种做法所存在的更加普遍的问题。[52] 但是若考虑一下《帕迪多街车站》中另一个重要的故事主线，即雅加雷克的罪行和判决，会对这个问题有更深入的认识。

雅加雷克可悲的境遇起初引起了格雷姆勒布林的同情，唤起了他科研的热情。雅加雷克明显饱受失去飞行能力之苦：受困于地面对他来说意味着根本性变化——正如他一开始认为的那样，是社会和存在地位的下降。他在绝望中寻求格雷姆勒布林的帮助，而后者被客户的悲惨境遇所触动，被帮助一个比人大的、失去翅膀的鸟恢复飞行能力的技术难题所吸引。但是见过被雅加雷克侵犯的雌性金翅鸟卡鲁恰（Kar'uchai）之后，格雷姆勒布林的想法发生了变化。在卡鲁恰和其他金翅鸟眼中，侵犯严重违反了共产社会对其他人选择权的尊重，而这种尊重一直被金翅鸟视为社会基础，它们的社会是某种类型的社会主义乌托邦，他人和社群整体的幸福是超越个人主义"抽象性"的"具体"的价值观。卡鲁恰恳请格雷姆勒布林不要改变金翅鸟的正义体系和对雅加雷克的判决，格雷姆勒布林同意了她的要求，放弃了对恢复雅加雷克飞行能力的探索。而雅加雷克也接受了自己永远失去飞行能力的现实，脱掉了羽毛，虽然依旧有鸟嘴，但以更加像人的、无羽毛的形象再次进入新克洛布桑，开启全新的生活。

这一故事主线以寓言方式体现的伦理观，当然可与沃尔琪等人呼吁的跨物种城市理论产生共鸣。根据作者对格雷姆勒布林的描写，他既同情自己已经视为朋友和战友的非人类生物的困境；同时，他在最后也尊重了一个他只能部分理解的非人类社会背后的文化和伦理规范。雅加雷克成为一个抛弃原来身份、接受前所未有的新身份的角色——一座人类主导的大都市里的一个无法飞行、没有羽毛的金翅鸟，但他对新身份的主动接受却为他带来了贯穿小说全文的过渡和混合的希望。

然后，米耶维对自己城市小说架构的设置，形成了反对多物种正义的两个不同的情节主线：一——雅加雷克的判决、对救赎的寻觅、对判决的接受——这一过程中，涉及不同物种持有有关正义的不同观点；二——食脑蛾进入城市，受到迫害，最后灭绝——这一过程中，一个"外来"物种被刻画成致命威胁的来源，必须被消灭，最终也被消灭。《帕迪多街车站》——这也是它看起来是反乌托邦的部分原因——并未降低任何决定的代价，也未赋予其感情色彩。雅加雷克身体大部分羽毛被拔掉，满是伤疤，无法飞行，在小说最后成为再生人的反面，故事主人公在小说一开始，曾在恐怖演出的展览中看到过这个再生人，他脸上的羽毛被挤压变形，脸上外接了一张鸟嘴，作为对他的法律惩处。格雷姆勒布林和他最亲密的朋友在打败食脑蛾后，离开了新克洛布桑，而格雷姆勒布林的凯布利情人林，在食脑蛾吸食了她的部分思想后，永远患上了幼稚病。在米耶维的描写中，多物种正义并不会提供简单的解决方案——甚至连对人类福祉不产生巨大代价的艰难方案也不会提供。对其他物种的尊重和消灭都会产生高昂的代价，通过付出这种代价，米耶维在他的故事世界里暗示，多物种正义只能是暂时的，需要随着城市和生态的变化而重新审视。

设计多物种的自然

麦克哈格曾受使城市和区域规划与自然景观的地质、气象和生态特性同步发展的城乡规划愿景的启发。正如沃尔琪、韦斯特（West）和盖恩斯（Gaines）所评论的那样，在《设计结合自然》发行 50 年之后，他的许多基本原则和程序依然具有很高价值，与当代景观生态学家所使用的那些类似。[53] 特别是麦克哈格的地图，显示出他对自然世界的特点，以及对可能产生作用的文化、用途和价值观的精准把握。我在此探讨的小说中的城市叙事，也试图勾勒城市自然的地图及其文化内涵。但是他们强调的是对自然的利用方式和认知在不同文化群体中的差异，如山下通过不同国家、种族、民族和代际人物的眼睛表达她自己对马萨特兰和洛杉矶的观点；在不同的历史时刻的变化，如罗宾逊对纽约历史的假设；甚至针对不同物种而言，如米耶维通过虚构新克洛布桑这一多物种城市所暗含的理念。与麦克哈格提出的方法相比，在这些叙事中，自然是什么，不同类型的人类和非人类如何共同塑造自然，存在更大差异。

在这些城市故事中，绘制地图（映射）本身成为更加自觉、自省的活动。米耶维小说开头便出现的脑中形成的新克洛布桑的地图意味着，这座城市虽然复杂但是可以被理解，而对这座城市多个社区描述的细节的堆砌，超越了叙事本身的任何逻辑。罗宾逊将气候变化条件下曼哈顿不稳定的"潮间带"地形作为小说的中心暗喻。山下的作品颠覆了洛杉矶空间和时间的地图和日程，将北回归线向北拉到她构建的拉美魔幻现实主义里。这些不稳定性和转变，并没有让地图变得无用或冗余；相反，山下和米耶维对制图的明显兴趣，以及罗宾逊对制图的含蓄兴趣，都强调地图作为城市空间模型的重要性将持续存在。不过，三位作者都将地图与叙事相结合，将其作为一种别样的认知工具，探索城市自然本身变化以及人类（和其他物种）对城市自然的认知和利用。

有关正义的冲突——人与人之间，人与非人之间——以不同方式被置于这些叙事的核心。麦克哈格当然并非对贫困、贫民窟和战争的恶果无动于衷，这一点从他对自己在两次世界大战期间在格拉斯哥郊外长大经历的描述中可见一斑。但他在《设计结合自然》一书中最直接的批评，指向的是现代城市赤裸裸的丑陋、缺少活力以及对自然的掠夺。格拉斯哥就是"对创造丑陋的无节制能力的纪念碑，由烟雾和煤尘加固的砂岩材质的排泄物。"在他的描写中，"每天晚上城市东边地平线上升起的烟雾都来自炼钢炉燃烧的火焰。"他声称"你可以从愈发增多的尖锐刺目的霓虹灯、模糊的地平线、周边自然因素的不断消失当中看出城市的目的地，最终你将变成独自一人，周围全是人类，在城市的中心，上帝的垃圾场……这就是创造丑陋和混乱满足私人贪欲这一不可剥夺权力的表现，最大程度体现了人对人的不人道。"[54] 在他提到"私人贪欲"时，可能暗指对资本主义的批评，不过很快便被"人类对人类的不人道"这一更加泛化的控告所掩盖。

我在此探讨的近期的城市叙事体，将城市自然的特点与不同类别的社会、经济和法律不公正更直接地联系到了一起。无论重点是山下探讨的国家和种族，罗宾逊探讨的阶级，还是米耶维探讨的阶级和物种，故事人物接触到的自然、他们对自然的认识以及对未来的想象都与其法律、社会文化和经济地位密切相关。但也正是通过一系列不同的棱镜折射出的城市自然，并行的视角和叠加的层次构筑成拥有完整性的新愿景。山下对村上曼萨纳的刻画最直接指向了这种完整性："有这样的地图、那样的地图，还有各种各样的地图。神奇之处在于，他可以同时看到所有地图，过滤掉其中一些，再选出一些，如同它们就是透明窗户一样，甚至将它们按次序精致地排列成图案、空间和国家组成的复杂网络。"[55] 任何有关多物种正义的斗争，为共同生活在城市的人类和非人类争取正义的斗争，都是从这些多样的地图以及它们与多物种的过去、现在和未来有关的引人注目的叙事结合中产生的。

92

项目：
五个主题

大荒野

潮水方兴

淡水水域

毒性土地

城市未来

第 12 章

大荒野

Big Wilds

12.1

绿色长城

非洲

"绿色长城"长 8000 千米，宽 15 千米，从塞内加尔一直绵延至吉布提。这一计划的官方称谓是撒哈拉一萨赫勒绿色长城倡议（Great Green Wall of the Sahara and Sahel Initiative，GGWSSI），旨在恢复沙漠扩展边缘的土地退化，防止荒漠化进一步蔓延。在撒哈拉沙漠边缘和萨赫勒半干旱地区构建林带的想法由来已久：20 世纪 50 年代首次提出，20 世纪 80 年代再次讨论，到 2002 年又一次被尼日利亚总统奥卢塞贡·奥巴桑乔（Olusegun Obasanjo）加以考虑。不过，这一想法直到 2007 年才经由林带周围 20 个国家政府的同意开始实施。2030 年竣工后，它将成为世界上人类设计的规模最大的生物结构。

林带规划路径周边的人群生活在多种维度的极端贫困之中，他们不仅在经济上非常贫困，同时也无法获得充足的受教育机会、工作机会、食物和医疗服务。致力于构建绿色长城的这些国家都曾经或者正在面临着一些极端挑战，包括粮食短缺、干旱、难民、冲突，有些地方甚至还有内战。

2007 年至今，绿色长城的使命有了进一步演变。其愿景不再是构建一条庞大的绿色防护带，而是要恢复退化的土地并在上面种上本土树木、灌木和草种。计划因地制宜地采用了由农民管理的自然换代、农林业和小坑（挖好小洞，以便保留径流和肥料）等农业技术，使得该计划适应了当地生态和文化的诸多特殊性。

将农业、畜牧和粮食生产方面的因素纳入其中之后，绿色长城计划还为社区创造了新的就业机会。科学的监控不但利于项目本身发展，也有助于人们确定哪些技术最有成效。

截至 2018 年本文撰写之时，绿色长城计划已经完成了 15%。塞内加尔和埃塞俄比亚等国政局稳定，作为这项恢复工作的领导者，它们提供了强有力的政府支持。另外，尼日尔、尼日利亚和布基纳法索等地也有所进展。和许多其他大型景观保护规划项目一样，"绿色长城"计划正在稳步进行中。

绿色长城
Great Green Wall

图12.1.1 乍得（Chad），加奈姆（Kanem）地区，马奥市（Mao）。2012年10月13日，乍得湖盆地的绿洲，当地村庄的妇女与绿化长城计划一起种植本地植物，通过人工手段在此造林。© 世界银行非洲大陆（Terrea Africa）行动计划，安德烈亚·博尔加雷洛（Andrea Borgarello）

图12.1.2 浅绿色区域显示的是需要景观恢复的地区。中间的大长条就是萨赫勒地区，长长的绿色林带正在这里成形。这张图由安妮·雷（Anni Lei）根据来自联合国粮食及农业组织所绘地图，使用 esri 软件和 Google Earth 图像绘制而成。图片引用已获得许可

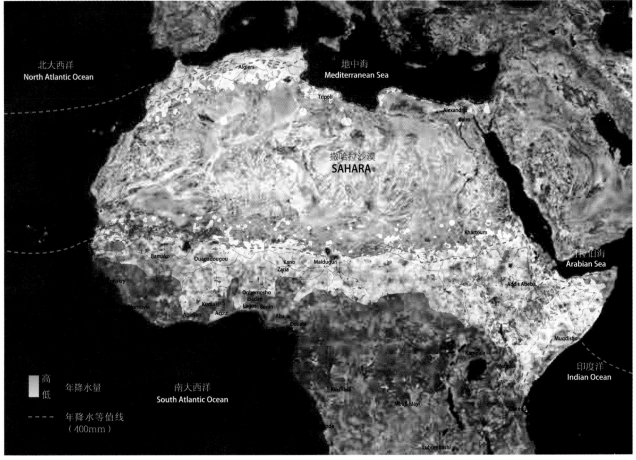

图12.1.3 种植绿色长城，塞内加尔，2015年11月。图片引用已获得伊格纳西奥·费兰多（Ignacio Ferrando）许可

12.2

黄石育空地区保护计划

美国和加拿大

1993 年，律师兼保护主义者哈维·洛克首次提出搭建一条从美国黄石国家公园到加拿大育空地区野生保护栖息地的连续廊道的想法。4 年后，"黄石育空地区保护计划"（Yellowstone to Yukon Conservation Initiative，Y2Y）正式成立，目前正在实施当中。这个项目的灵感源于一头名叫普洛伊（Pluie）的母狼。在长达 18 个月的时间里，人们根据她戴的 GPS 颈圈而对其持续追踪，信号显示她从加拿大的班夫国家公园（Banff National Park）一路迁移到美国华盛顿斯波坎附近的冰川国家公园。这头母狼的路线不仅说明她善于潜行、行事狡猾，同时也说明这些动物们非常需要连续的荒野廊道，确保它们能相对安全地在人类的领土上进行迁徙。

Y2Y 廊道跨越约 3200 千米，覆盖了约 130 万平方千米的土地。这条廊道旨在跨越被用作各式用途的大片土地，将保护区连接起来。目前，与 Y2Y 合作或受其支持的组织、原住民社群、私人土地所有者和政府实体已经有 300 多个。团结这些不同的群体，与之共同努力推广廊道所依据的科学理念，维护和修复廊道内的土地退化，并在不伤害野生动植物的前提下为经济发展提供建议和开展行动——这是 Y2Y 在这种合作互动中扮演的主要角色。

野生廊道的存在一方面让动物们得以进行季节性迁徙，另一方面这种新开发的路径在长期来看还可能有助于它们适应气候变化。为了保障这些物种能够一直存续下去，黄石等公园必须与其他保护区相连接，将动物个体们与更大更多样的基因库联系起来。例如，班夫国家公园就修建了 6 座动物立交桥和 38 座地下立交桥，方便动物们安全通过将公园一分为二的高速主干道。自项目启动以来，被指定为受 Y2Y 计划保护的土地面积已从 11% 增至 21%。另外，还有 30% 的指定土地也因当地土地使用管理计划实施的保护措施有所改善而大大获益。

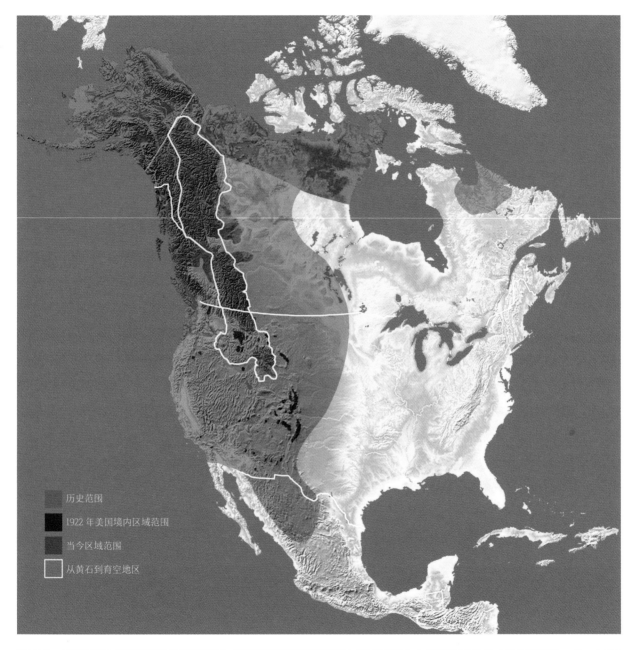

历史范围

1922 年美国境内区域范围

当今区域范围

从黄石到育空地区

图12.2.1 本图显示了灰熊栖息地随时间推移的变化。从黄石到育空地区的范围即白线勾勒的部分,与彩色区域有重叠。本图由赵阳(Yang Zhao)、C.H. 梅里亚姆(C.H. Merriam)、B. 麦克莱伦(B.McLellan)博士和 IUCN 所制地图绘制而成。图片引用经由黄石育空地区保护计划许可

图12.2.2和图12.2.3(后页) 分别为1993年和2013年的保护区分布情况。绿色代表保护区，黄色表示其他受保护的土地类别，如游览区、高保护价值林区和限制使用的野生区。图片引用经由黄石育空地区保护计划许可

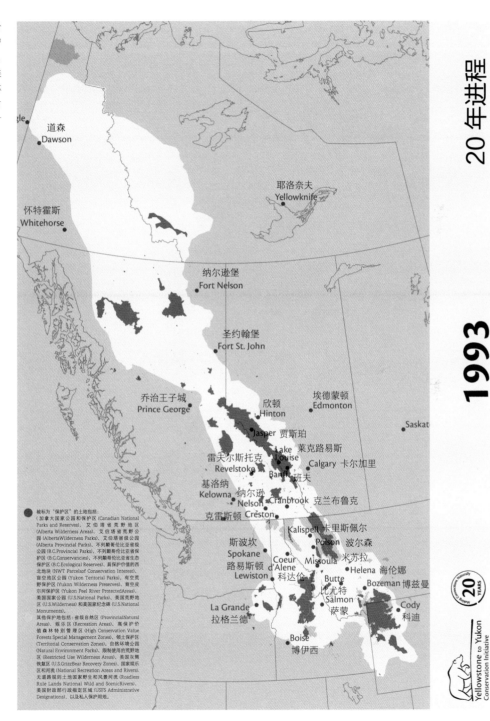

被标为"保护区"的土地包括：
(加拿大国家公园和保护区(Canadian National Parks and Reserves)、艾伯塔省荒野地区(Alberta Wilderness Areas)、艾伯塔省荒野公园(AlbertaWilderness Parks)、艾伯塔省级公园(Alberta Provincial Parks)、不列颠哥伦比亚省级公园(B.C.Provincial Parks)、不列颠哥伦比亚省生态保护区(B.C.Conservancies)、不列颠哥伦比亚省生态保护区(B.C.Ecological Reserves)、具保护价值的西北地块(NWT Parcelsof Conservation Interest)、育空地区公园(Yukon Teritorial Parks)、有空荒野保护区(Yukon Wilderness Preserves)、育空皮尔河保护区(Yukon Peel River ProtectedAreas)、美国国家公园(U.S.National Parks)、美国荒野地区(U.S.Wilderness)和美国国家纪念碑(U.S.National Monuments)。
其他保护地包括：省级自然区(ProvincialNatural Areas)、娱乐区(Recreation Areas)、高保护价值森林特别管理区(High Conservation Value Forests Special Management Zones)、领土保护区(Territorial Conservation Zones)、自然环境公园(Natural Environment Parks)、限制使用的荒野地区(Restricted Use Wilderness Areas)、美国灰熊恢复区(U.S.GrizzBear Recovery Zones)、国家娱乐区和河流(National Recreation Areas and Rivers)、无道路规则土地国家野生和风景河流(Roadless Rule Lands National Wild and ScenicRivers)、美国财政部行政指定区域(USFS Administrative Designations)、以及私人保护用地。

第12章 大荒野

113

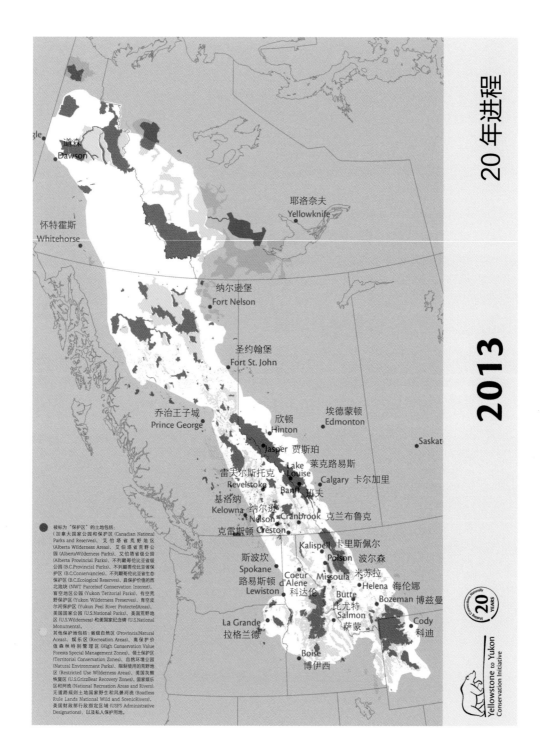

2013

被标为"保护区"的土地包括：
(加拿大国家公园和保护区 (Canadian National
Parks and Reserves)、艾伯塔省荒野地区
(Alberta Wilderness Areas)、艾伯塔省荒野公
园 (AlbertaWilderness Parks)、艾伯塔省级公园
公园 (Alberta Provincial Parks)、不列颠哥伦比亚省级
公园 (B.C.Provincial Parks)、不列颠哥伦比亚省保
护区 (B.C.Conservancies)、不列颠哥伦比亚省生态
保护区 (B.C.Ecological Reserves)、具保护价值的西
北地区 (NWT Parcelsof Conservation Interest)、
育空地区公园 (Yukon Teritorial Parks)、有空荒
野保护区 (Yukon Wilderness Preserves)、青空皮
尔河保护区 (Yukon Peel River ProtectedAreas)、
美国国家公园 (U.S.National Parks)、美国荒野地
区 (U.S.Wilderness) 和美国国家纪念碑 (U.S.National
Monuments)。
其他保护地包括：省级自然区 (ProvincialNatural
Areas)、娱乐区 (Recreation Areas)、高保护价
值森林特别管理区 (High Conservation Value
Forests Special Management Zones)、领土保护区
(Territorial Conservation Zones)、自然环境公园
(Natural Environment Parks)、限制使用的荒野地
区 (Restricted Use Wilderness Areas)、美国灰熊
恢复区 (U.S.GrizzBear Recovery Zones)、国家娱乐
区和河流 (National Recreation Areas and Rivers)、
无道路规则土地国家野生和风景河流 (Roadless
Rule Lands National Wild and ScenicRivers)、
美国财政部行政指定区域 (USFS Administrative
Designations)、以及私人保护用地。

道森
Dawson

耶洛奈夫
Yellowknife

怀特霍斯
Whitehorse

纳尔逊堡
Fort Nelson

圣约翰堡
Fort St. John

埃德蒙顿
Edmonton

Saskat

乔治王子城
Prince George

欣顿
Hinton

Jasper 贾斯珀

Lake 莱克路易斯
Louise

雷夫尔斯托克
Revelstoke

Banff 班夫

Calgary 卡尔加里

基洛纳
Kelowna

纳尔逊
Nelson Cranbrook 克兰布鲁克

克雷斯顿 Creston

Kalispell 卡里斯佩尔

斯波坎
Spokane

Polson 波尔森

路易斯顿 Coeur Missoula 米苏拉
Lewiston d'Alene
科达伦 Helena 海伦娜

Butte Bozeman 博兹曼
比尤特
Salmon
萨蒙

La Grande
拉格兰德

Cody
科迪

Boise
博伊西

Yellowstone to Yukon
Conservation Initiative

图 12.2.4　车流中的大角羊，摄于加拿大艾伯塔省贾斯珀市 93 号高速公路南线。© 北部系统创意（Northern Focus Creative）

图 12.2.5　使用地下廊道穿越 93 号高速公路南线的各种动物。图片引用经由加拿大公园管理局许可

第
12
章

大荒
野

115

图 12.2.6 加拿大艾伯塔省班夫国家公园，动物在通过天桥。© 保罗·齐兹卡（Paul Zizka）

12.3

国土生态安全格局规划

中国

土人设计公司（Turenscape）的创始人俞孔坚，在 2006 年至 2008 年，接受中国环境保护部和文化部（2018 年 3 月撤销，分别改为文化和旅游部）委托，主持开展了"国土生态安全格局规划"（National Ecological Security Pattern Plan，NESP）项目。该项目旨在制定国家尺度的地理空间计划，找出哪些地区应优先考虑土地"生态安全"，从而解决集水保护、洪水调蓄、荒漠化、土壤侵蚀和生物多样性保护等问题。这项研究反映了中国最高层政府的态度，他们已经认识到，生态问题符合中国的经济利益，应体现在中国的土地利用规划指南中。

"国土生态安全格局规划"项目源自俞孔坚的博士论文《景观规划中的安全格局》（Security Patterns in Landscape Planning）：在哈佛大学设计学院的卡

尔·斯泰尼茨（Carl Steinitz）、理查德·福曼（Richard Forman）和斯特芬·欧文（Stephen Ervin）的指导下，他在这篇论文中提出了大规模评估生态安全的概念和方法。到了 NESP 当中，所使用的研究方法一是借助地理信息系统（GIS）进行分析，另外还有咨询中国生物物理和文化景观相关的专家意见。

NESP 提供的是国家尺度研究，在细节方面仍有不足。因此，它更适合被作为一个大框架，来用于制定更详细的区域和地方计划。举例而言，俞孔坚和他的同事们就受北京国土资源局委托，为北京地区构建了一个区域生态安全格局。北京地处京津冀城市群中心，毗邻天津市，周边还有河北省较贫困的农业和工业区，正面临着极端的环境挑战。

中国政府在很大程度上接受了俞孔坚国家尺度分析的前提假设。有了国家政府的支持，NESP 得以在全国范围内开展行动，调集和协调所有必要力量，严肃应对中国的环境挑战。该计划还提出了一些先验性社会政治问题，探讨在 21 世纪采用自上而下的生态规划可能发挥的作用和产生的影响。

第
12
章

大荒野

国土生态安全格局规划
National Ecological Security Pattern Plan

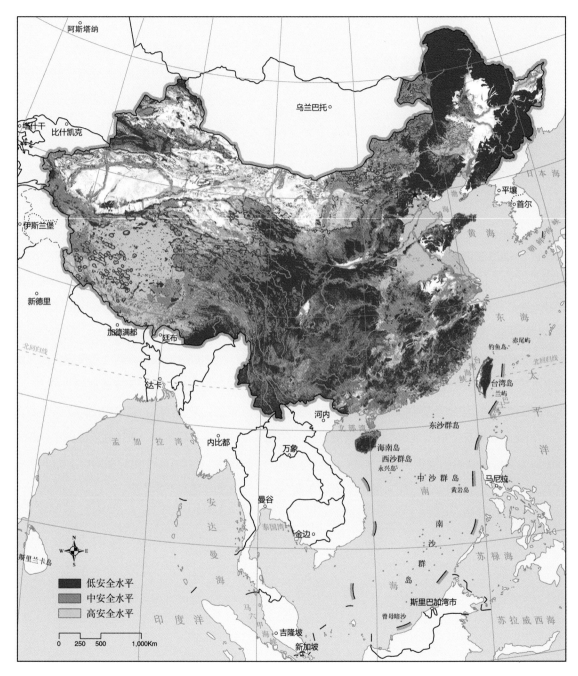

图 12.3.1　总体的国土生态安全格局规划—共有 5 张主要地图，每张地图由 4 ~ 6 个子地图层叠加而成。© 北京大学建筑与景观设计学院，俞孔坚

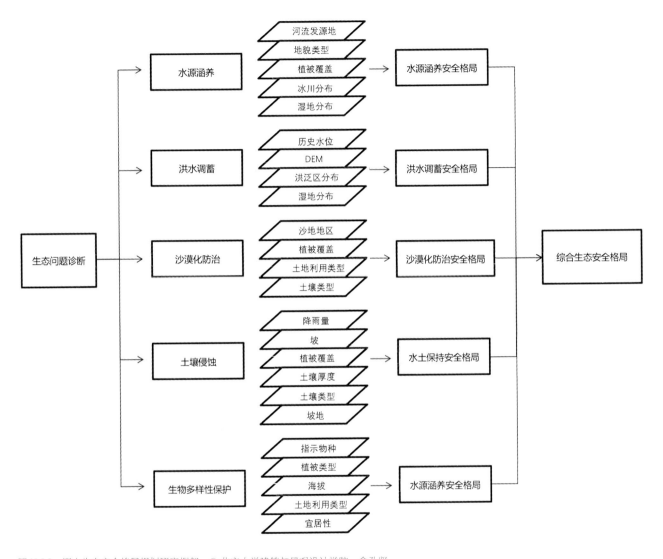

图 12.3.2 国土生态安全格局规划研究框架。© 北京大学建筑与景观设计学院，俞孔坚

图 12.3.3 水源涵养综合图。©
北京大学建筑与景观设计学院，
俞孔坚

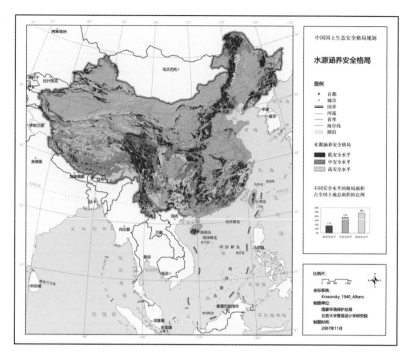

图 12.3.4 洪水调蓄综合图。©
北京大学建筑与景观设计学院，
俞孔坚

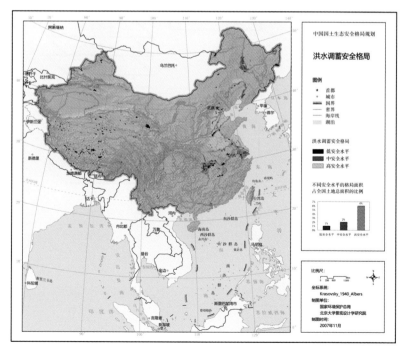

图 12.3.5 荒漠化防治综合图。© 北
京大学建筑与景观设计学院，俞孔坚

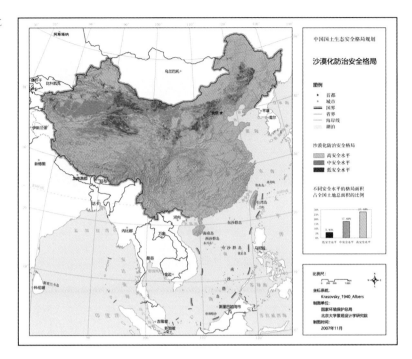

图 12.3.6 水土保持综合图。© 北京
大学建筑与景观设计学院，俞孔坚

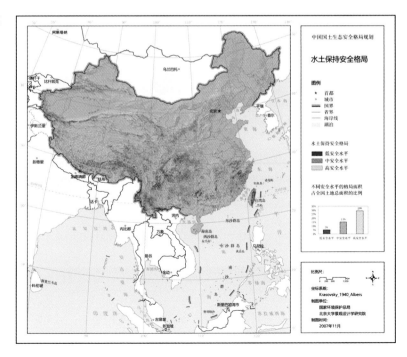

12.4

马尔派边境

亚利桑那州和新墨西哥州，美国

新墨西哥州南部和亚利桑那州东南端紧邻墨西哥边境处，有一片几乎完全未受高速公路或土地分割破坏的土地，这就是马尔派边境。这片占地 3238 平方千米的地区拥有约 4000 种植物，104 种哺乳动物，327 种鸟类，136 种爬行动物和两栖动物，以及全世界最多样化的蜜蜂种群。在这个生物多样化程度如此之高的景观中，53% 的土地为私人所有，另外 47% 属于公共土地——这直接导致了政府机构、牧场主和环保主义者之间的紧张关系。

不过，与其他地方环保冲突的故事不同，在保护该处景观的生物和文化特征这一点上，身处马尔派边境的各方在很大程度上成功克服了这些紧张关系。现在，有几十户家庭正在使用这片广阔的土地进行放牧，尽管养牛这项产业长期以来都为环保主义者所不齿，但正是这些家庭在防止这片土地被分割和开发的过程中发挥了关键的作用。

20 世纪 90 年代初，杜绝一切山林野火的做法使得这片土地成了野蛮生长的豆科灌木的天下。这种毛刷状的树不适于放牧，而且会使土地进一步退化，同时它们极易燃烧，简直可以说是森林大火的额外燃料。历史上，正是由于不时的山林野火，这些灌木的生长才能得以控制，因此 1991 年 7 月 2 日一场大火爆发的时候，牧场主们恳求地方当局不要灭火，但当局对此充耳不闻。作为回应，感到自己有责任保护和管理景观的牧场主们组建了"马尔派边境组织"（Malpai Borderlands Group），此后成功地保护了近 3 万公顷的土地免受开发。

马尔派边境组织能够成功的原因有二，一来他们信赖科学，并以此来管理马尔派地区，二来他们致力于教育其他人——放牧和保护是可以共存的。该组织理事会的首席科学家是专门从事比较摄影的雷·特纳（Ray Turner）。比较摄影作为一种生态学研究，主要方式是追踪某张旧照片的来源，再在同一地点拍摄新的照片，通过比较照片中的花卉种类，描绘出该地区的生态变化情况。虽然存在争议，但特纳及后来的一些科学家都得出了同样的结论：一定程度的放牧有利于保护土地的生物多样性。

图 12.4.1　亚利桑那州道格拉斯附近土地分割情况的鸟瞰图。"科罗拉多庄园"是一个兴建于 20 世纪 70 年代的开发项目，只不过始终未能繁荣起来。
© 布莱克·戈登（Blake Gordon）

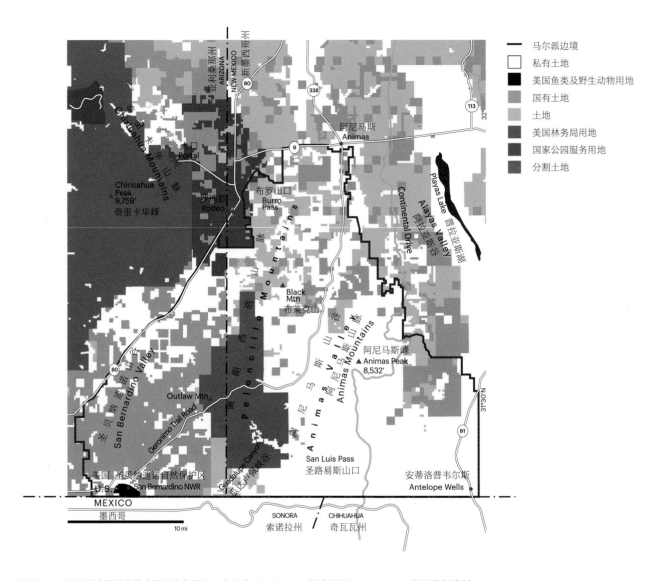

图 12.4.2　马尔派边境地区的土地所有权情况，由王琦（Qi Wang）经绘图者 Darin Jensen 许可重新绘制

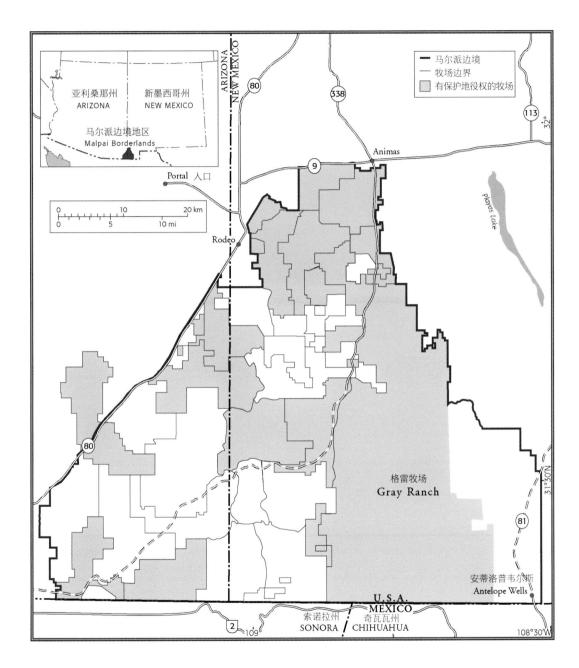

图12.4.3　有保护地役权的牧场（绿色部分）。由达林·詹森（Darin Jensen）绘制并许可使用

图 12.4.4　比尔·麦克唐纳（Bill McDonald）在西克莫牧场将牛群驱赶进畜栏，准备给它们打上印记。© 布莱克·戈登

图 12.4.5　上阿尼马斯山谷中的叉角羚羊群。北美叉角羚羊是从得克萨斯州重新引入此地的。© 布莱克·戈登

12.5

"桑博贾·莱斯塔里"项目

东加里曼丹岛，印度尼西亚

东加里曼丹岛 [East Kalimantan, 婆罗洲 (Borneo)] 的景观在过去半个世纪间急剧恶化。随着人口的迅速增长，为了增加农田、获得木材和棕榈油，雨林被大量砍伐，加里曼丹岛共有约一半的雨林被夷为平地。由于栖息地被毁，印度尼西亚的特色物种——红毛猩猩，很快就陷入无法找到食物的困境，面临着饥饿或被捕的命运。擅闯农田的红毛猩猩被认为是有害动物，常常会被捕杀。

为了重建健康的雨林生态系统，并给当地经济作贡献，婆罗洲红毛猩猩生存基金会和威利·斯米茨（Willie Smits）博士（斯米茨博士是 1991 年婆罗洲红毛猩猩生存基金会组织的共同创始人之一）于 2001 年牵头发起了"桑博贾·莱斯塔里"（Samboja Lestari）再造林项目。该项目占地 2000 公顷，周围种满了糖棕榈树，糖棕榈树可以非常近距离地种植在一起，从而形成紧密的生物围栏。此外，这些糖棕榈树还能产生一种糖醇，日常收割糖醇可以换取收入。在这里，斯米茨博士、基金会和当地社区通过模拟雨林演替过程来耕种被伐荒地。起初，他们种植的是速生、固氮的先锋树种，而这些树通常也正是土地被毁后最先恢复的物种。斯米茨团队特别关注自然产生的有益真菌，并运用当地材料和有机废物制成了大量堆肥，帮助土壤恢复。情况有所改善后，他们又种植了更多的永久性雨林树种，等它们稳定生长后再收获先锋树种，为当地人民提供木材。

"桑博贾·莱斯塔里"项目最初的目标是维持 1000 只红毛猩猩的生存，这样一来，即便其他地方的红毛猩猩全部灭绝，这么多数量的红毛猩猩也足够保证这个种群能够繁殖下去。他们计划在"桑博贾·莱斯塔里"范围内种植比典型雨林里更多的挂果树种，好让红毛猩猩能自行觅食。此外，还免费向当地居民提供糖棕榈绿带之外的土地，让他们使用农林技术进行耕种。这些地块将形成雨林重建的缓冲带，利于森林扩散。当地居民也可以收获果实，出售给基金会换取利润，然后这些果实又可以用来喂养桑博贾的红毛猩猩。

尽管各报告数据不尽相同，但当前"桑博贾·莱斯塔里"项目已有超过 200 只红毛猩猩，各种各样的野生生物都在人工雨林中定居，雨林中已有 1200 多个树种，当地居民如今也能够收获糖棕榈的果实并出售。

"桑博贾·莱斯塔里"项目
Samboja Lestari

图 12.5.1 便道和梯田取代了沙捞越州（Sarawak）的低地。©《国家地理创意》马蒂亚斯 · 克卢姆（Mattias Klum）

图 12.5.2 "桑博贾 · 莱斯塔里"森林的恢复。图片引用经由婆罗洲红毛猩猩生存基金会许可

第
12
章
大荒野

129

图 12.5.3　40 年间婆罗洲森林的维持、清除和砍伐。图 A 为 1973 年的森林（深绿色）和非森林（白色），以及森林残留（青色）。图 B 为 1973 年至 2010 年间的森林流失（红色）。图 C 是 1973 年至 2010 年的主要伐木道路（它们绵延广远，在地图中几不可见）。图 D 为 2010 年的原始森林（深绿色）、伐木森林（浅绿色）以及工业油棕和木材种植园（黑色）分布。摘自戴维·L. A. 加沃（David L.A. Gaveau）等，"40 年间婆罗洲森林的维持、清除和砍伐"，《公共科学图书馆：综合》，2014 年 7 月 16 日，https://doi.org/10.1371/journal.pone.0101654.g003

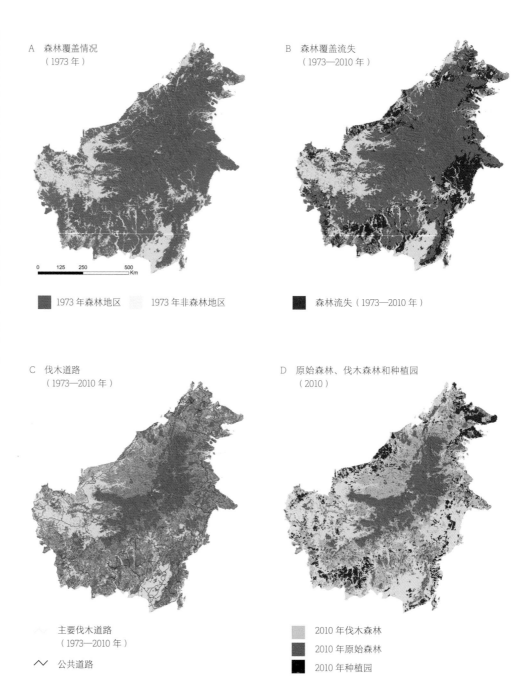

A　森林覆盖情况
　　（1973 年）

■ 1973 年森林地区　　□ 1973 年非森林地区

B　森林覆盖流失
　　（1973—2010 年）

■ 森林流失（1973—2010 年）

C　伐木道路
　　（1973—2010 年）

　　主要伐木道路
　　（1973—2010 年）

⋀ 公共道路

D　原始森林、伐木森林和种植园
　　（2010）

■ 2010 年伐木森林
■ 2010 年原始森林
■ 2010 年种植园

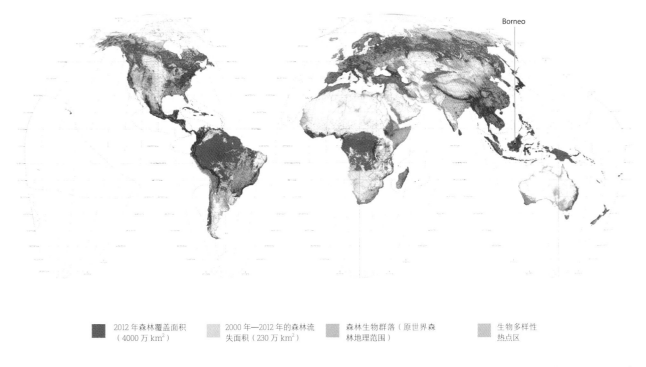

Borneo

■ 2012 年森林覆盖面积　　　2000 年—2012 年的森林流　　　森林生物群落（原世界森　　　生物多样性
（4000 万 km²）　　　　　失面积（230 万 km²）　　　林地理范围）　　　　　　热点区

图 12.5.4　全球森林流失图。© 理查德·J. 韦勒（Richard J. Weller），克莱尔·霍克（Claire Hoch）和黄杰（Chieh Huang），《世界尽头地图集》，
2017 年 http://atlas-for-the-end-of-the-world.com

12.6

西怀希基岛的景观再生

新西兰

尽管新西兰以绿色清洁闻名全球，但现实却并非如此。过去的三四百年间，新西兰经历了大规模的森林砍伐，其独特的生物多样性也遭受了巨大损害。全国一半以上的农业景观因土地清理和过度放牧被破坏，需要进行再生行动。

在奥克兰（新西兰最大的都市区）边上的怀希基岛的西部地区（Western Waiheke），就有新西兰人采取了这样的行动。"西怀希基岛"项目由5个总体规划组成，这里的私人土地所有者最初的希望是对土地进行小块分割。1987年，这一景观几乎被单一栽种式的农业完全破坏。在景观设计师丹尼斯·斯科特（Dennis Scott）的劝说下，土地所有者和地方当局着手实施景观改善工作，直至今日，该项目仍在进行当中。

设计团队利用麦克哈格的土地适宜性分析，确定了具有关键敏感性的土地区域并为其绘制了地图，陡峭不平的斜坡；河流、溪流和海岸边缘；湿地；残余和正在恢复的本地灌木丛区域和地块；以及文化特色地（例如考古遗址等）都被包括其中。接着，这些地点被统筹规划，构建成彼此互相连通的区域，为本地植被管理搭好了永久性的框架。最终，这里形成了一片受法律保护的"景观公共空间"，交错安插在私有土地当中。

迄今为止，该项目已经完全恢复了430公顷土地，是新西兰同类项目中规模最大的一个，也成了新西兰全国的项目典范。为减轻土壤侵蚀，恢复生物多样性，该项目一共种植了130万多棵苗木。1991年的《资源管理法》让景观设计师能够对当地规划政策形成影响力，这也是该项目成功的关键。该法案规定，可以给予土地所有者额外的开发权，交换条件则是对景观的保护和恢复。

除了进行生态修复外，西怀希基岛项目还通过设置自然、风景名胜和雕塑小径以及通往海岸的便利廊道等方式，开辟了休闲游憩用地。农业、园艺、酒庄、饭店、旅游住宿和住宅共同作用，提高了生产率并带来了产能的多样化。环境、社会和经济利益的融合，恰好吻合新西兰资源管理法的出发点，也兑现了当初的承诺。这一项目的成功证明，如果新开发项目能与生态规划并行，并且让本地居民参与到多功能景观的创造当中，城郊扩展也可以变为一个积极的过程。

图 12.6.1　西怀希基地区｜教堂湾和怀赫科项目（Church Bay and Owahanake project）｜航拍，从东南向西北俯瞰马蒂亚蒂亚海湾，奥克兰，怀希基岛。白色航空（Whites Aviation）摄于 1951 年 3 月 3 日。图片引用经由新西兰惠灵顿亚历山大·特恩布尔（Alexander Turnbull）图书馆许可，编号：WA-26691-F

图 12.6.2　从东南看向西北的西怀希基地区（教堂湾和奥瓦纳科项目）马蒂亚蒂亚海湾鸟瞰图，奥克兰，怀希基岛。新西兰 Sky View Photography 有限公司，摄于 2016 年 12 月 5 日，并授权使用

图 12.6.3 设计分析和开发过程中，资源分布图叠加系列。这些子图层的叠加使设计人员得以确定哪些区域应该保护，哪些区域可以开发。怀希基岛西端的奥瓦纳科项目（Owhanake Project）对奥瓦纳科的环境影响评估：土地使用、分割及相关的同意申请，1996 年。图片引用经 DJScott 合伙公司许可

考古

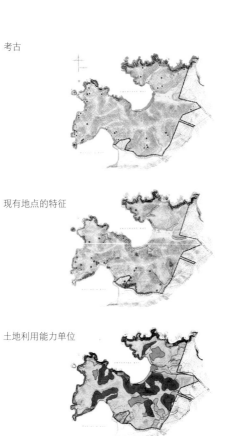

现有植被

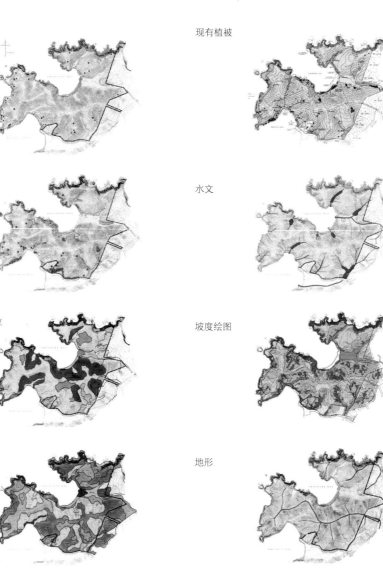

现有地点的特征

水文

土地利用能力单位

坡度绘图

土壤

地形

分析

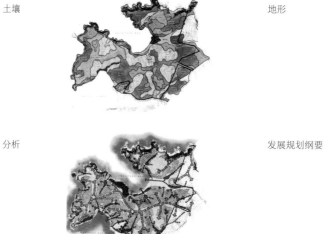

发展规划纲要

图 12.6.4　奥克兰市议会区规划中的怀希基岛分区地图（2018 年实施方案）（豪拉基湾岛地区）。©2018 年奥克兰市议会　　　　　*125*

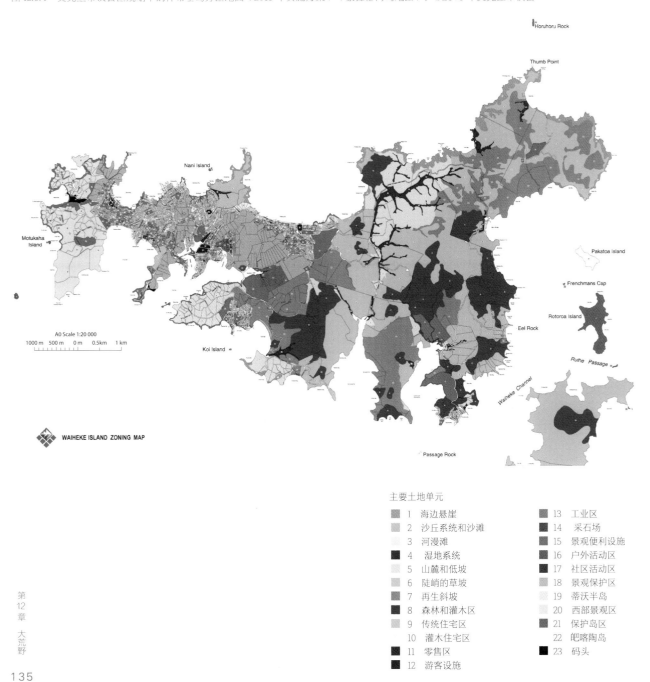

主要土地单元

▨	1	海边悬崖	▨ 13	工业区
▨	2	沙丘系统和沙滩	▨ 14	采石场
░	3	河漫滩	▨ 15	景观便利设施
■	4	湿地系统	▨ 16	户外活动区
▨	5	山麓和低坡	▨ 17	社区活动区
▨	6	陡峭的草坡	▨ 18	景观保护区
▨	7	再生斜坡	░ 19	蒂沃半岛
■	8	森林和灌木区	░ 20	西部景观区
▨	9	传统住宅区	▨ 21	保护岛区
	10	灌木住宅区	▨ 22	皅喀陶岛
▨	11	零售区	■ 23	码头
▨	12	游客设施		

　图 12.6.5　从西南向西北俯瞰马蒂亚蒂亚海湾,西怀希基地区
（奥瓦纳科项目）景色,摄于 2008 年 1 月 10 日。图片引用经
DJScottAssociat 许可

第
12
章

大荒野

第 13 章

潮水方兴

Rising Tides

13.1

大 U 形

纽约市，纽约州，美国

2012 年桑迪飓风过后作为应对措施而设计的"大U 形"（BIG U）项目，旨在保护曼哈顿免受飓风后的洪灾。桑迪飓风导致了 43 人死亡，9 万所房屋建筑被淹，给美国东海岸地区造成了超过 190 亿美元的经济损失。美国住房和城市发展部因而出资发起了一个名为"设计重建"的设计大赛，大 U 形是最终决赛的十强设计之一，得到了大赛 10 亿美元联邦资金的一部分作为赞助。该项目的一期工程：下东区沿海韧性（Lower East Side Coastal Resiliency, ESCR）现在已经进入施工建档阶段，预计将在 2020 年破土动工。

大 U 形的设计旨在为曼哈顿地理条件薄弱而经济效益突出的地区提供一条防护隔离保护带。这条保护带从西 54 街向下延伸，绕过曼哈顿岛的最南端，再向上直至东 40 街，形成一个大大的 U 形。它包括下东区沿海韧性项目，和曼哈顿下城沿海韧性（Lower Manhattan Coastal Resiliency，LMCR）项目这两大部分，旨在避免社区与滨水区分离。为促进社区参与，整个项目由一系列小型的社区规模防洪方案组成，最终将会建成环绕整个曼哈顿下城的庞大防御系统。

大 U 形计划本身面临着多重挑战。首先，它需要蜿蜒穿过拥挤不堪的城市领土。其次，一些人担心大 U 形项目会在曼哈顿仅存的可负担住房区催发兴建豪华住房，从而加剧旧社区的高档化。第三，有人担心洪水将被引向项目初始阶段尚未涵盖的邻近社区。最后，尽管其设计意在通过社交和休闲空间的组合来增强防洪能力，但是大 U 形缺乏与水滨实质性的生态融合，表明在如此高度城市化的环境下基于自然的战略保护可能并不现实。

大 U 形
The BIG U

图 13.1.1　大 U 形：炮台公园鸟瞰图，黄线标出的部分为防洪和开放空间设计。图片引用经由以下各方许可：大 U 形计划，2014 年。比亚克·英厄尔斯集团（Bjarke Ingels Group，BIG）、壹：建筑与都市设计规划公司（ONE Architecture & Urbanism）、Starr Whitehouse 景观建筑与规划、詹姆斯·利马（James Lima）规划与发展（JLP+D）、Level 基础设施咨询公司（Level Infrastructure）、BuroHappold 工程咨询公司，Arcadis 设计与咨询公司，绿盾生态（Green Shield Ecology）、AE 咨询（AE Consultancy）

图 13.1.2　大纽约地区图。白色部分为预测的洪涝地区。图片引用经由以下各方许可：大 U 形计划，2014 年。比亚克·英厄尔斯集团、壹：建筑与都市设计规划公司，Starr Whitehouse 景观建筑与规划，詹姆斯·利马规划与发展（JLP+D），Level 基础设施咨询公司、BuroHappold 工程咨询公司、Arcadis 设计与咨询公司、绿盾生态、AE 咨询

图 13.1.3 桥状路堤部分图，这是作为防洪基础设施的高架公园。当前辅路所在地护堤上的防洪墙同时可作为桥头。图片引用经由以下各方许可：大 U 形计划，2014年。比亚克·英厄尔斯集团、壹：建筑与都市设计规划公司，Starr Whitehouse 景观建筑与规划，詹姆斯·利马规划与发展（JLP+D），Level 基础设施咨询公司、BuroHappold 工程咨询公司、Arcadis 设计与咨询公司、绿盾生态、AE 咨询

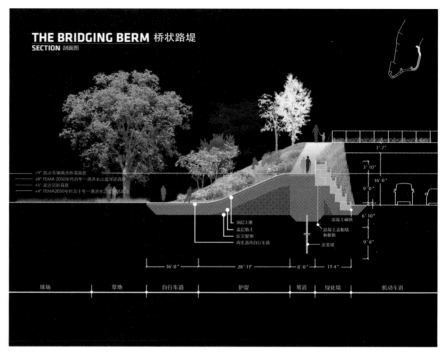

图 13.1.4 初步探索简单的防洪墙如何实现"社会基础设施"的功能，成为休闲娱乐项目和公共结构的一个组成部分。图片引用经由以下各方许可：大 U 形计划，2014年。比亚克·英厄尔斯集团、壹：建筑与都市设计规划公司，Starr Whitehouse 景观建筑与规划，詹姆斯·利马规划与发展（JLP+D），Level 基础设施咨询公司、BuroHappold 工程咨询公司、Arcadis 设计与咨询公司、绿盾生态、AE 咨询

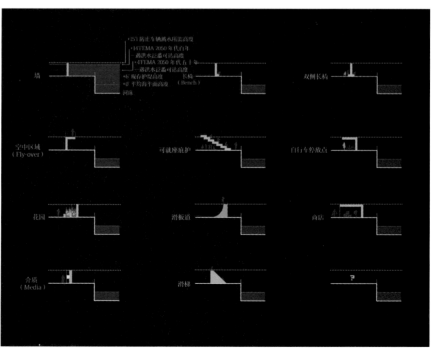

第
13
章

潮
水
方
兴

图 13.1.5　连接在富兰克林·罗斯福东河路（FDR Drive）下方可向下展开的防洪墙。富兰克林·罗斯福东河路是环绕曼哈顿下城的一条沿海公路。防洪墙处于"打开"位置（顶部）时，行人可进入滨海长廊。防洪墙处于"风暴"位置时（底部），墙体关闭，可保护邻近社区免受风暴潮造成的洪水影响。图片引用经由以下各方许可：大 U 形计划，2014 年。比亚克·英厄尔斯集团、壹：建筑与都市设计规划公司，Starr Whitehouse 景观建筑与规划，詹姆斯·利马规划与发展（JLP+D），Level 基础设施咨询公司、BuroHappold 工程咨询公司、Arcadis 设计与咨询公司、绿盾生态、AE 咨询

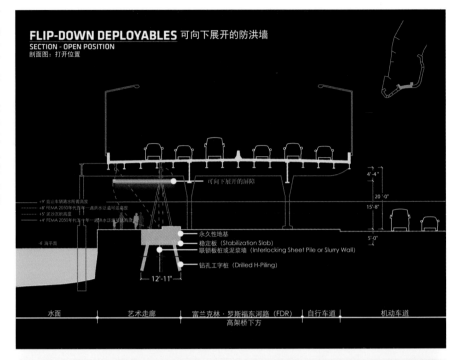

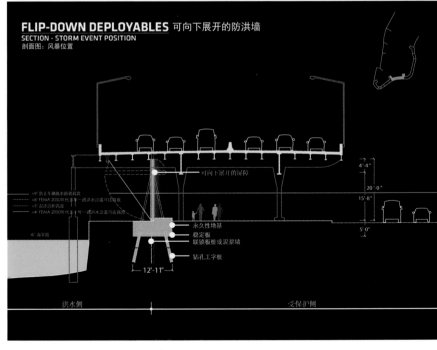

13.2

新城市地面

纽约市，纽约州，美国

2010 年，纽约现代艺术博物馆和 P.S.1 当代艺术中心为 "潮水方兴：纽约海滨项目"展订制了五幅作品。同年发行的《在水上：栅栏湾》（*On the Water: Palisade Bay*）一书是促成这次展出的主要原因。在这本书里，作者盖伊·诺登森（Guy Nordenson）、凯瑟琳·西维特（Catherine Seavitt）和亚当·亚林斯基（Adam Yarinsky）记录了他们所做的关于气候变化对纽约和新泽西沿海地区潜在影响的研究。由设计公司 ARO（建筑研究办公室）和 DLAND 工作室提出的"新城市地面"（New Urban Ground）方案，运用了从水滨到城市核心等多重措施，挑战了对城市和水滨交界进行处理的这一难题。尽管该方案讲到了要升高临水的地面高度，然而设计中并没有明确提到减缓海平面上升和风暴潮影响

的海堤或堤防——新城市地面的重点并不在此，该方案侧重于与新型高地灰色基础设施相结合的"自然解决方案"和"生态系统调节"。将通信和能源管线移到人行道以下的地下防水层中可以保护关键的基础设施，并空出街道使其可以管控高地雨水。

在该方案中，曼哈顿下城的地表将被重新铺上一层由混凝土覆盖的工程土，这样做的目的是使地表具有足够的多孔性，可以吸收强降雨和周期性风暴潮带来的多余水分。这层地表也将支持一批耐盐植物的生长。此外，整座城市将被一系列湿地包围，所处的地区在未来几个世纪很有可能被海水淹没。这些湿地将在风暴潮中为城市提供缓冲，并且过滤城市产生的雨水径流。该方案还提出在曼哈顿最南端的炮台公园周围建起一系列由挖泥和砾石填充的土工布袋建成的小型屏障岛。这项计划将为曼哈顿新增 3.2 千米长的海岸线，其间湿地与开发区呈锯齿状交错分布。

根据该项目给曼哈顿所做的前景规划，湿地将在未来占据标志性的地位，这引发了设计理念的变化，从创建硬化的防御线转换为设计景观与建筑混合的韧性区域。

137　图 13.2.1　提案中的曼哈顿下城"绿化"计划。公园和湿地创造
了新的生态系统，促进该地区的生态连通，提高水质，增强生
态栖息地的发展机会。图片引用经由 DLAND 工作室 / 建筑研
究办公室许可

图 13.2.2 这一系列剖面图展示了如何通过对街道、人行道和水电煤气等基础设施进行重新设计以增强吸水能力并增加持水空间；同时，增加的绿荫、行人区还有用来缓解交通压力的轻轨也能提升公共空间的质量。曼哈顿下城东区（后页右下）通过填海得以扩展一个街区，形成一条和海岸线平行的狭长岛，建有公园和海水湿地。图片引用经由 DLAND 工作室 / 建筑研究办公室许可

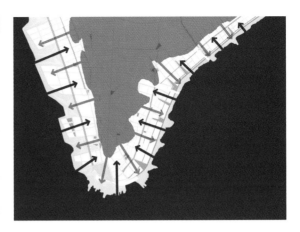

图 13.2.3　2010 年的海堤。图片引用经由 DLAND 工作室 / 建筑研究办公室许可

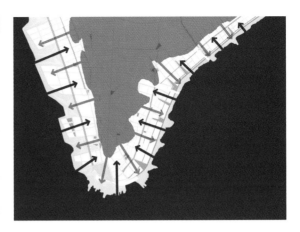

图 13.2.4　曼哈顿下城水流图，从中可以看出水流的进入（风暴潮）和离开（雨水排放）。图片引用经由 DLAND 工作室 / 建筑研究办公室许可

图 13.2.5　多孔街道系统。在 2 类风暴潮的可及区域内，街道地下被重建为一系列连通的多孔通道，既可排放雨水又不妨碍车辆流通。预计曼哈顿未来汽车通行将减少，顺畅的交通和更少的停车需求使城市得以拥有更多的绿色空间。图片引用经由 DLAND 工作室 / 建筑研究办公室许可

图 13.2.6　曼哈顿下城 2100 年展望图。曼哈顿的最南端将变成一个大型自然栖息地，一直延伸至港湾。深绿色区域是高地公园，中绿色为淡水湿地，浅绿色为海水沼泽。这一计划可以为曼哈顿增加 3.2 千米的海岸线，并且构建起一个全新的、连续的、包围了曼哈顿岛边缘的生态系统。图片引用经由 DLAND 工作室 / 建筑研究办公室许可

13.3

高地手指

诺福克，弗吉尼亚州，美国

由宾夕法尼亚大学的阿努拉达·马图尔和迪利普·达·库尼亚（Dilip da Cunha）牵头的"高地手指"（Fingers of High Ground，FHG）方案，是洛克菲勒出资的"沿海韧性结构"倡议下的四个项目之一。沿海韧性结构倡议向四所大学的团队征集北大西洋地区的海岸适应策略，并据此向政府提出建议，以作为对美国陆军工程兵团依据飓风桑迪之后制定的《2013年救灾拨款法》所开展的工作的补充。

高地手指项目没有在陆地和海洋之间建立可以加强、防御或退缩的物理隔离，而是创建了一个高低地带体系，直接面向上涨的海平面，定居点和沿海生态在此相互交织。"高地手指"方案是要用人工建造的地貌容纳雨水和潮汐，而不是以屏障对抗大海。

"高地手指"方案的设计灵感来自对切萨皮克河（Chesapeake）下游形态的仔细分析。切萨皮克河下游是一处河口，在这里，江与海、小河与江、小溪与小河在高地凸起之间的网状地带相遇。作为工程地形，"高地手指"方案同样可以多种规模开展。它们向内陆蔓延并在更高地区相互连接，同时也可以延伸到小溪，江河和海洋。它们的形状和方向形成斜坡和盐梯度，能够让多个物种在此生存，当海平面上升时也能适应各物种栖息地的迁移。在短期内，较高的地面可以为沿海社区提供避难所，留存雨水，为逃离风暴的人们提供撤离路线，并且为防止风暴潮入侵提供保护性屏障。从长远来看，"高地手指"方案可以成为人类居住区的新基础，支撑这些居住区内对生态敏感且具有高经济效益的基础设施的运行。

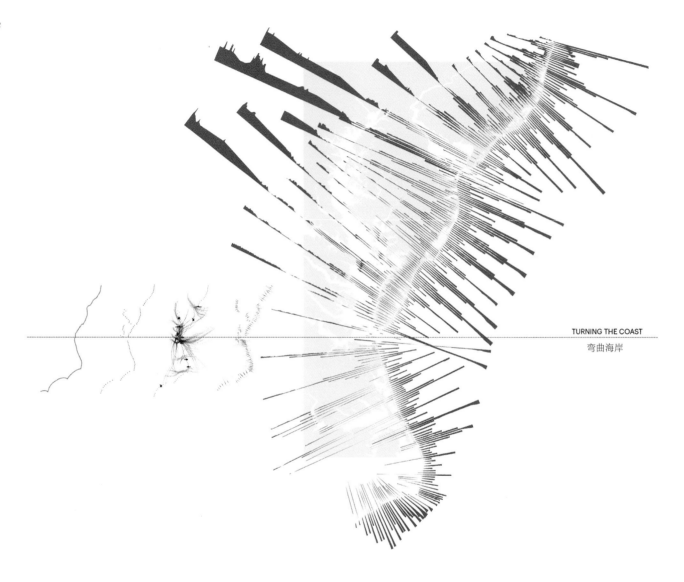

图 13.3.1　弯曲海岸。在切萨皮克河下游，海洋延伸到内陆深处，在空间上和时间上形成了动态的梯度——动物、植物还有舰船让这里生机勃勃。海岸不是一条线，而是一系列可以容纳海水的点。图片引用已经马图尔和库尼亚许可

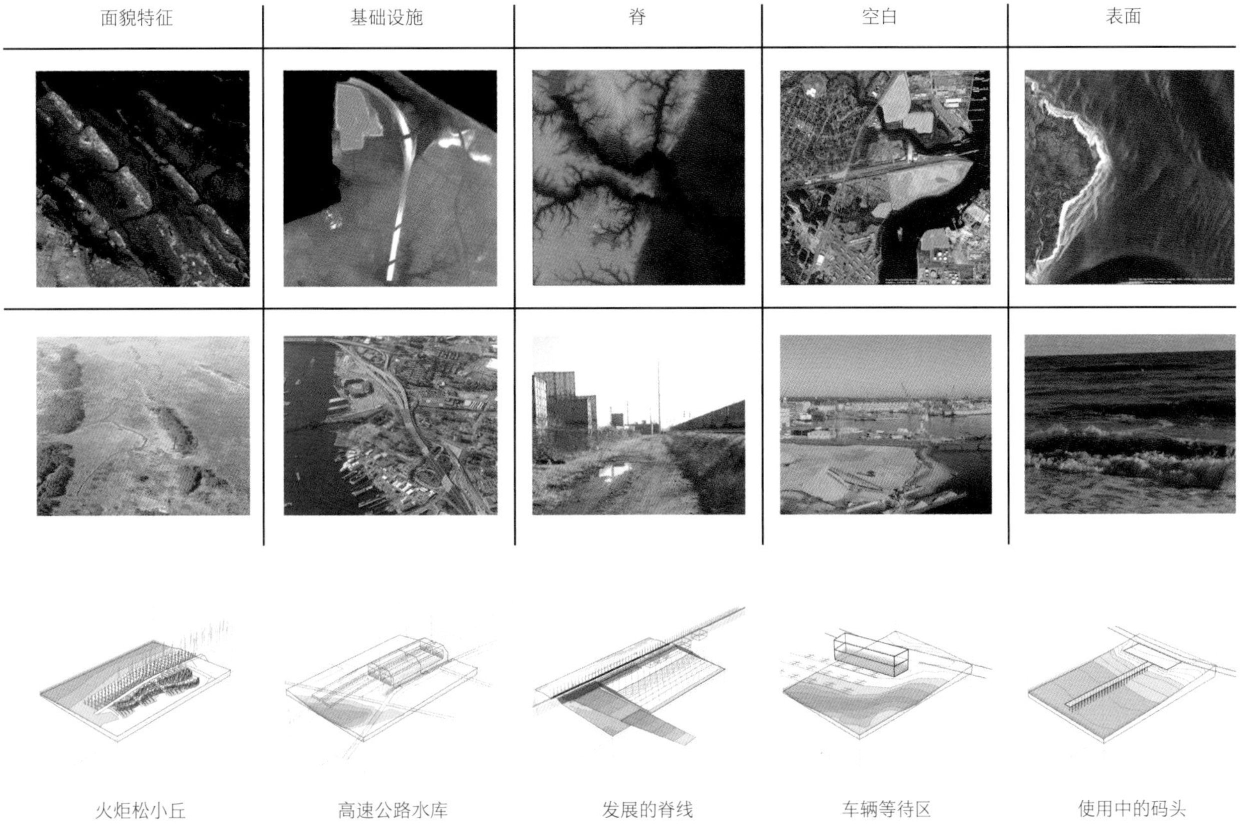

面貌特征	基础设施	脊	空白	表面
火炬松小丘	高速公路水库	发展的脊线	车辆等待区	使用中的码头

图 13.3.2　自然形成和设计而成的高地手指。切萨皮克河下游的自然和建筑环境可以被想象成高地手指——在这里落下的雨水和涨起的潮水之间能够形成有意义的梯度。图片中每列上方的两幅图显示的是"自然形成"的地貌；最下一行的图片是受到自然形成地貌启发设计而成的地理特征。图片引用已经马图尔和库尼亚许可

第13章 潮水方兴

151

图 13.3.3 高地手指和相连的低地。高地手指是切萨皮克河下游的自然特征，这一特征也可以经由设计成为海岸抗洪的系统战略基础。图片引用已经马图尔和库尼亚许可

住房

就地避难紧急服务

水库（储存）

森林

使用中的码头

高地手指

相连的低地

水处理

运动场

城市建筑

生态预修复

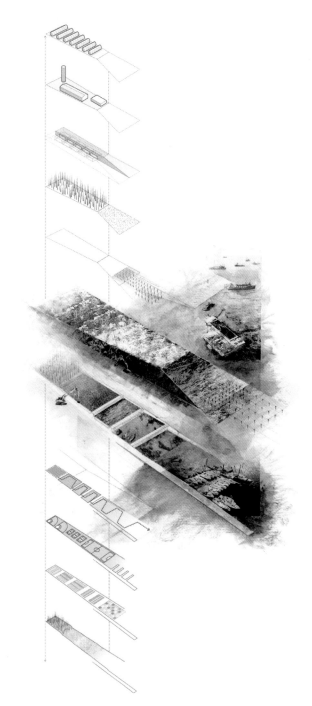

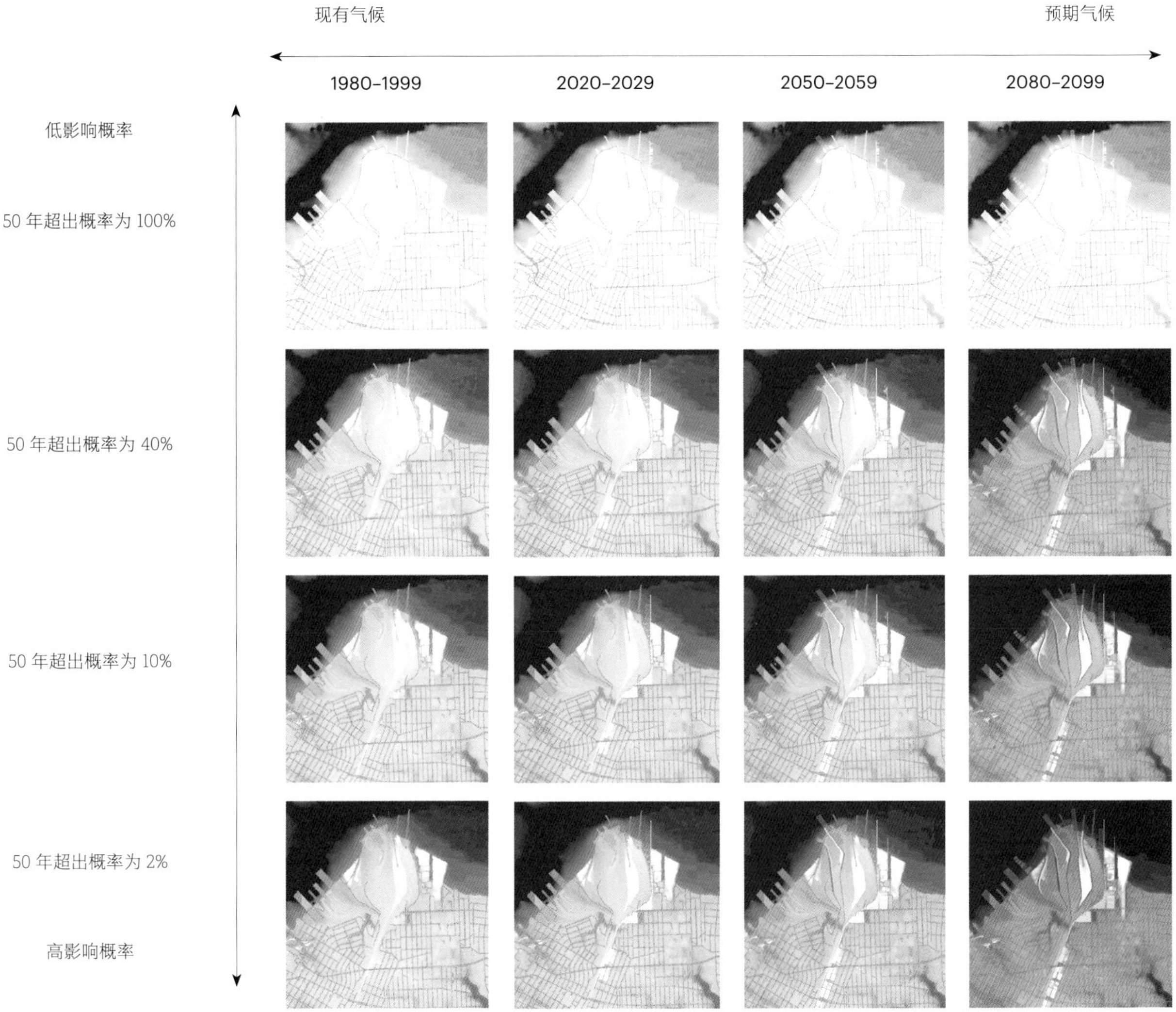

图 13.3.4　绘制高水位图。"兰伯特角"提案用矩阵图显示了预测的风暴潮之后洪灾的可能性，包括已经观测到的气候条件（1980-1999 年）和未来三个时间段的可能情景：2020-2029 年，2050-2059 年，2080-2099 年。每个时间段内，概率洪灾指的是在一年一遇（第一行），百年一遇（第二行），五百年一遇（第三行），和两千五百年一遇（最下行）的风暴情况下发生洪灾的概率。超出概率指的是在特定时间内一定规模或更大的风暴发生的概率。摘自迈克尔·坦塔拉（Michael Tantala）和朱莉娅·查普曼（Julia Chapman）《海岸抗洪结构》（*the Structure of Coastal Resilience Project*）项目中"模型"一章。图片引用已经马图尔和库尼亚许可

诺福克南部6号煤炭码头

兰伯特角高尔夫球场（垃圾填埋场）
污水处理厂

兰伯特角铁路站场
被填埋的历史溪谷
罗伯逊公园
社区花园

汉普顿大道地下通道/疏散路线

仓库区

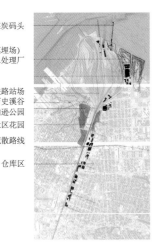   

■ 商业区
■ 机构区
■ 工业区
□ 轻工业区
■ 开放空间
■ 居住区

1　诺福克南部6号煤炭码头
2　历史码头
3　使用中的码头
4　废水处理设施
5　运动平台
6　湿地公园
7　溢流渠道
8　护堤步道
9　铁轨/生物过滤器
10　城市森林
11　仓库再开发区
12　水库
13　就地避难区
14　混合用途开发区
15　森林+生物过滤器
16　水库
17　公共设施
18　水岸
19　公共设施

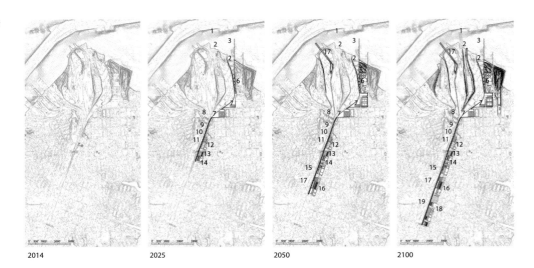

2014　　　2025　　　2050　　　2100

图 13.3.5　项目对切萨皮克湾内的多个地点进行了研究，考察其作为实现高地手指理念试点地区的潜力。这些图纸主要显示的是弗吉尼亚州诺福克的兰伯特角项目（Proposal of Lambert's Point in Norfolk）提案。最下方的一组图显示的是高地手指如何建成并逐渐向内陆延伸。图片引用已经马图尔和库尼亚许可

13.4

沙动力

特海登，荷兰

完成于 2011 年的"沙动力"（Zandmotor）是荷兰一项新颖的海滩补给养护计划。该项目位于海牙南部和鹿特丹市的下游，在凯克德因（Kijkduin）和特海登之间。

在过去的一千年里，由于风和洋流的侵蚀，荷兰的很多海岸线已在向内陆缩进。自 1990 年以来，每五年便要从北海挖沙来重建海滩和沙丘。此外，海岸线还面临着海平面上升和气候变化引起的极端天气带来的新挑战。为了使疏浚过程更加高效，代尔夫特理工大学海岸工程学教授马塞尔·斯蒂夫（Marcel Stive）提出了一个海滩养护计划的构想，利用海浪、洋流和风的自然力量来缓慢而连续地重新分配沙子。

沙动力背后的想法非常简单：挖泥船将 2150 万立方米的砂子从北海底部移入一个巨大的、底部宽 2 千米长 1 千米弯曲沙半岛。这个巨大沙渚的设计基于对风、浪和洋流的严格计算。预计在 2030—2039 年这整个 10 年中，该半岛将持续补给当地的海滩和沙丘，而且沙岛的另一个优势是消除因不断挖沙而对海床造成的干扰。

除了实现该项目的地貌目标外，参与沙动力的各方还致力于保障沿海安全，创造休闲区和生态家园，还有最重要的是提高有关沿海管理动态的知识。受沙动力影响的区域是目前世界上监测最好、被最深入研究的海滩。

图 13.4.1　沙动力，2011 年 4 月 11 日。摄影约普·范·霍特（Joop van Houdt）。图片引用已经南荷兰省基础设施和水源管理部许可

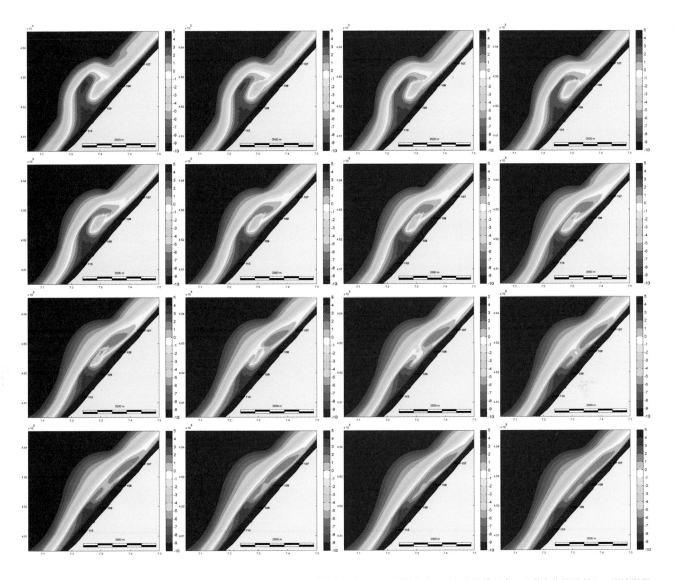

图 13.4.2　海岸形态 20 年间变化模拟。颜色显示海拔高度（深红色海拔最高，深蓝色海拔最低）。图片引用已经彼得·科恩·托农／德尔塔雷斯（Pieter Koen Tonnon/Deltares）研究中心许可

151 图13.4.3 沙动力，2011 年 10 月 13 日。摄影约普·范·霍特（左）。图片引用经由南荷兰省和荷兰基础设施和水源管理部许可

图13.4.4 沙动力，2016 年 7 月 19 日。摄影朱利安·勃罗贝尔（Jurriaan Brobbel）（右）。图片引用经由南荷兰省和荷兰基础设施和水源管理部许可

152 图 13.4.5 沙动力项目动工，2011 年 3 月 3 日。© 哈里·雷肯（Harry Reeken）。图片引用经由南荷兰省和荷兰基础设施和水源管理部许可

158

13.5

能源奥德赛 −2050

北海，荷兰

"能源奥德赛−2050"是一部浸入式的装置艺术作品，主体部分是一个时长13分钟的含有地图、图表和绘图的视频。这部作品提出的问题是：如果荷兰和邻国为了完成2015年巴黎碳排放目标而转向大规模生产可再生能源，将会怎样？能源奥德赛−2050不是一项计划；它是景观设计师带头进行的一次表达。通过使用数据可视化的技术，它向各行各业、关注政策的选民进行了深入浅出的阐述。

能源奥德赛构想用2.5万台风力涡轮机净覆盖5.7万平方千米面积，使2050年时北海国家现有能源的75%都可以转化为可再生能源。这些涡轮机将主要集中在北海国家的沿海风电场，只有拟建于多格河岸的风电场是个例外。多格河岸是一个对生态环境至关重要的沙洲，位于北海中部水面以下50米处。为了产生所需能源，需要在多格河岸设立一个建筑工程岛和巨大的风力电场。

因此，拟议的建设方法将尽可能减少对海洋哺乳动物迁徙的影响，并避免与鸟类的迁徙路径冲突。被鸟类用于进行定位的最靠近海岸的区域会被尽可能避开，风力涡轮机也可以在传感器检测到鸟类靠近时暂停运行。此外，风电场从位置上可以与新的海洋保护区相结合。最后，风电场将被设置在距离海岸19千米以外的地方，这样由于地球的曲率，风电场的可见度和对海岸线产生的视觉影响将减至最小。

图 13.5.1 北海地区某时间点的二氧化碳分布图。红色为最高二氧化碳浓度。© 鹿特丹国际建筑双年展，2016 年

图 13.5.2　阿玛利亚公主海上风电场。该风电场由 60 台涡轮风电机组成,位于荷兰大陆架Q7区,距海岸23千米。© 西贝·斯瓦特(Siebe Swart),2013 年

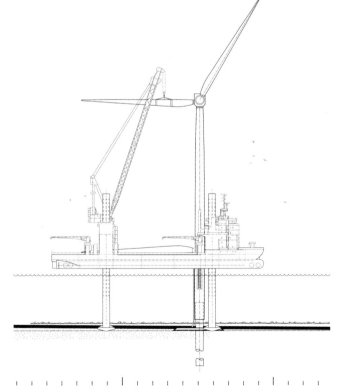

图13.5.3　风电场涡轮机剖面图部分细节(右图及 - 下页图),图中显示了系统各个组成部分的尺寸比例。© 鹿特丹国际建筑双年展,2016 年

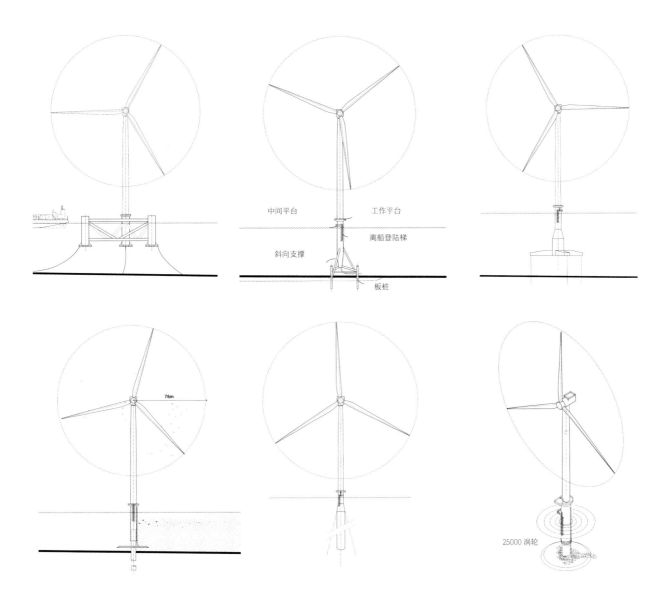

中间平台　　　　　工作平台

斜向支撑　　　　　离船登陆梯

板桩

76m

25000 涡轮

图 13.5.4 北海空间占领图，包括船只航行线路（蓝线），石油和天然气钻井台(红色点和线），捕鱼区和国际航行线(黄线）。© 鹿特丹国际建筑双年展，2016 年

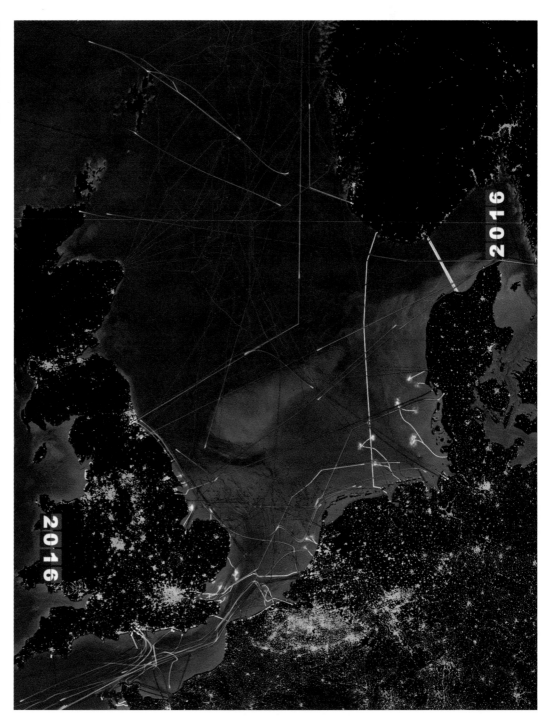

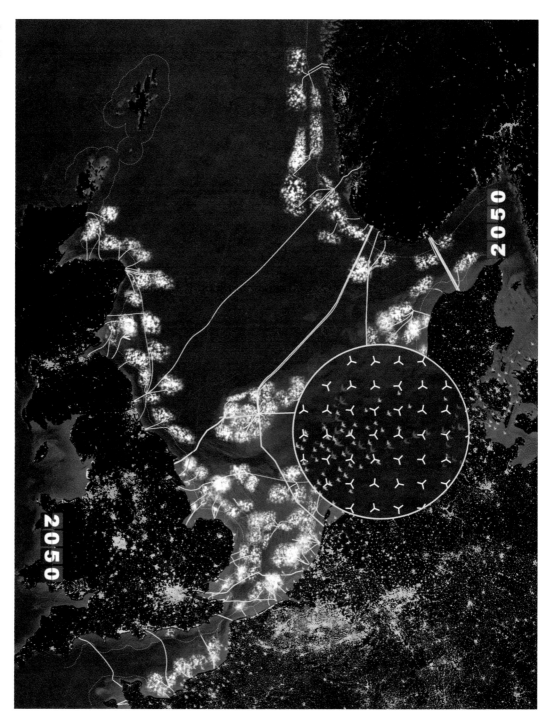

图 13.5.5　2050 年风电
场位置预测图（白色区
域）。© 鹿特丹国际
建筑双年展，2016 年

第 14 章

淡水水域

Fresh Waters

14.1

健康港口的未来

五大湖地区，美国

世界上最大的内陆水域之一——北美五大湖的环境质量是"健康港口的未来"（Healthy Port Futures）项目的关注重点。该项目源自 2015 年疏浚研究协作组织以"五大湖疏浚节"为主题所举办的一系列活动，这些聚焦美国海岸底泥管理的文化和工业生态问题的讨论会、展览和思辨设计研讨会，旨在将淤泥和沉积物重新视作资源，而不把它们当成废物或副产品。

与之类似，健康港口的未来项目关注五大湖周围小型运转港口的淤泥管理。一般情况下，港口管理局和美国陆军工程兵团负责清理泥沙以保持航道畅通，淤泥则

被作为废物，被倾倒或是弃置。健康港口的未来项目在两方面改进了这一流程：一是采用对生态和社会有益的方式综合利用疏浚材料，创造湿地、休闲区等新景观；二是利用被动和可调适的淤泥管理系统调整泥沙流向，从而减少航道的泥沙沉积。

经过一段时间分析之后，健康港口的未来项目目前已经在两个范围层面上实施。在区域层面，该项目正在进行外展服务、调查和研究，试图通过淤泥管理，为更广泛的五大湖地区提供服务。在地方层面，该项目正在推动落实俄亥俄州阿什特比拉（Ashtabula）港口处的试点工程，美国陆军工程兵团和俄亥俄州正在这里联手合作、探索淤泥管理在构建适应当地环境条件的高质量湿地栖息地方面的潜力。这一计划于 2019—2020 年开展的试点工程想要控制泥沙流和防止渗漏，在沿岸系统内恢复泥沙流和沉积模式，若能取得成功，该过程中实践的理念将被应用于五大湖的其他港口。

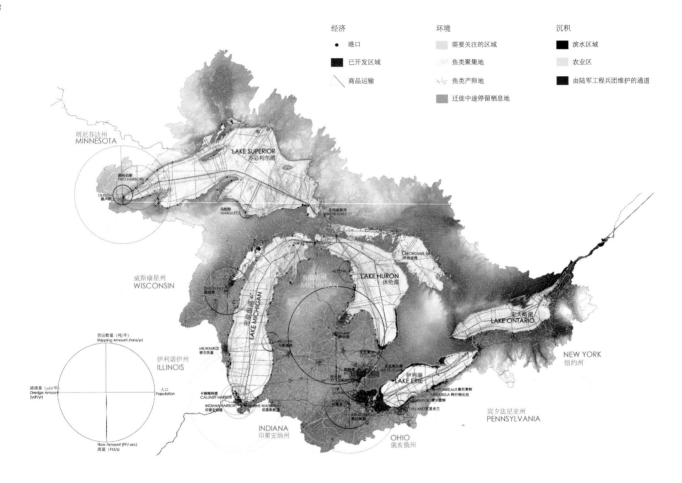

经济
- 港口
- 已开发区域
- 商品运输

环境
- 需要关注的区域
- 鱼类聚集地
- 鱼类产卵地
- 迁徙中途停留栖息地

沉积
- 滨水区域
- 农业区
- 由陆军工程兵团维护的通道

图 14.1.1　五大湖沉积物影响区。该图显示了受五大湖流域沉积物影响的一系列因素。经济和环境考量所构成的挑战推动了淤泥管理区域伙伴关系的产生。图片引用经由健康港口的未来：肖恩·伯克霍尔德（Sean Burkholder）、布赖恩·戴维斯（Brian Davis）和特里萨·鲁斯威克（Theresa Ruswick）许可

图 14.1.2　高效能湿地,位于俄亥俄州东北部小型工业港口阿什特比拉。多数情况下,对疏浚或悬浮泥沙最高效、最好的利用方式是以之建造高效能的沿海栖息地。阿什特比拉正在利用疏浚泥沙设计类似的湿地,通过利用波能和水流提高湿地的生态复杂性。图片引用经由健康港口的未来:肖恩·伯克霍尔德、戴维斯·布赖恩和特里萨·鲁斯威克许可

图 14.1.3　阿什特比拉沉积物影响区。该图显示了阿什特比拉地区与沉积物和淤泥管理紧密联系的各种因素和系统。这一类的图片显示出沉积物对地区所产生的长期影响;淤泥管理不是可以被一次性解决便抛诸脑后的问题。图片引用经由健康港口的未来:肖恩·伯克霍尔德、戴维斯·布赖恩和特里萨·鲁斯威克许可

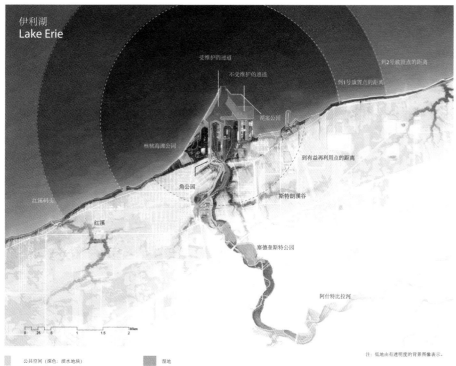

第
14
章

淡
水
水
域

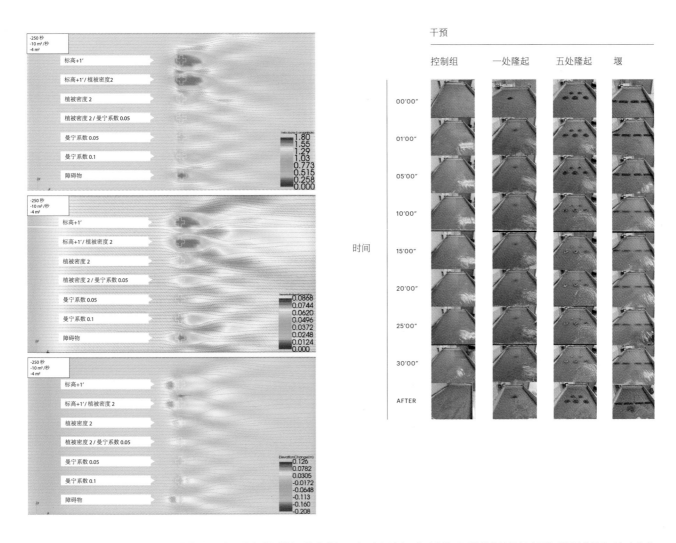

图 14.1.4　模型整合。将物理模型和数字模型在一个系统内进行链接，快速进行原型开发和测试。在对高地不同的结构性特征对于流动泥沙的影响（如右边物理模型所示）进行检查梳理后，将其纳入更加复杂的数字模型。数字模拟（左图）显示不同的水流速度（蓝色为低速；红色为高速）和河床变形情况。图片引用经由健康港口的未来：肖恩·伯克霍尔德、戴维斯·布赖恩和特里萨·鲁斯威克许可

图 14.1.5 根据环境背景进行调整校准的方案。利用模型实验得出的原理，就地的方案可以明晰特定的设计结果在具体环境背景下所带来的潜在影响。本图显示的是在栖息地恶化、需要建设滨水公共空间的区域里使用泥沙收集设备的情况。图片引用经由健康港口的未来：肖恩·伯克霍尔德、戴维斯·布赖恩和特里萨·鲁斯威克许可

第 1 年
场地计划重点

第 10 年
场地计划重点

- 松解"障碍"
  （大约 5 ~ 9 立方单位 / 年）

❄ 未来湿地修复
  （从项目场地平台到结束，移除的无机悬浮大约 6% ~ 9%）

激活的行人通道

场地范围

14.2

给河流空间

荷兰

1953 年 1 月，荷兰沿海地区发生的洪水导致 89 处大坝被冲垮，1800 多人死亡。随后政府启动了国家水体管理现代化计划。这个制定于悲剧之后的计划开启了长达 25 年的全国性大规模建设，大量堤坝纷纷建成。

20 世纪 70 年代和 80 年代的环境运动催生了新的水务管理策略，促进了"生态和经济平衡"，开启了在河坝外建设河边栖息地的进程。然而，尽管政府将防洪视为工作的重中之重，也特别注意了气候变化的影响，相对平静的一段时间过后，荷兰于 1993 年和 1995 年又再次暴发了大洪水。于是在 21 世纪初，为河水提供更多空间的理念首次获得了关注。

2002 年的一项研究表明，莱茵河（Rhine）的流速在达到每秒 1.5 万立方米时就会冲垮堤坝，"给河流空间"（Room for the River）项目的总目标是将堤坝所能承受的最高流速提高至每秒 1.6 万立方米。

荷兰水运局（Rijkwaterstaat，荷兰基础设施与水资源管理部下属执行机构）制定了可用于提升承载能力的九大战略：堤坝改良、堤坝改址、排洪通道、水储存、防波堤减高、退耕还海、泛滥平原挖掘、河床挖掘和障碍破除。

给河流空间不单单是一个项目，而是荷兰境内河流附近 34 个项目的集合。各项目在 2007 年到 2015 年间建成，总成本 23 亿欧元。每个项目都有两个目标。第一个目标是制定抗洪策略，安全地提升荷兰主要河流的承载能力，包括瓦尔河（Waal）、下莱茵河 / 莱克河（Neder Rijn/LeR）和艾瑟尔河（IJssel），这些都是临近德国边境的莱茵河支流。第二个目标是创造更具吸引力的河流景观，这一点也得到了同样的重视，但是成效却更难定义。

荷兰政府景观顾问迪尔克·赛蒙斯（Dirk Sijmons）负责组建团队，确保所有项目都为本地区"空间质量"作出贡献。

专注在如此大的范围内提升当地生活质量，正是给河流空间项目区别于其他前瞻性水资源管理项目的不同之处。

图 14.2.1　2017 年的艾塞尔河三角洲。里夫迪普（Reevediep）支流水道汇入德隆特米尔湖，这是影响艾塞尔河的流域项目之一。图片引用经由荷兰水运局许可

图 14.2.2　建设支流前水位较高时期瓦尔河畔的奈梅亨市（The City of Nijmegen）。© 西亚·范登·胡维尔（Thea van den Heuvel）/ DAPh

图 14.2.3　同一地点，正在建设的河边公园。© 约翰·罗林克（Johan Roerink）—航拍

图 14.2.4　诺德瓦德圩田（Noordwaard Polder），摄于 2015 年 11 月 13 日。图片引用经由荷兰水运局许可

第
14
章

淡
水
水
域

173

图 14.2.5　荷兰各主要河流的"给河流空间"项目所在地地图。图片引用经由荷兰基础设施和水资源管理部（Ministry of Infrastructure and Water Management）/ 荷兰水运局许可 *https://www.ruimtevoorderivier.nl/english/*

14.3

洛杉矶河流总体规划

加利福尼亚州，美国

洛杉矶河道的渠道建设是在 19 世纪和 20 世纪中期的数次严重洪涝灾害之后。1938 年至 1960 年间，曾经蜿蜒曲折的水道被改造成 82 千米长的水泥水道，好将附近山上流下来的雨水引到海洋之中。尽管这条河不时断流，2010 年美国环境保护署还是将其宣布为可航行河流，因此（对这条河的管理）需要遵守 1977 年出台的《洁净水法案》所制定的规章制度。多年来，人们为恢复洛杉矶河的生机活力而艰苦奋斗，OLIN 和盖里建筑事务所（Gehry Partners）公司更新的最新版《洛杉矶河流总体规划》（*Los Angeles River Master Plan*）看上去有望实现这个目标。

20 多年间，洛杉矶的景观设计师米娅·莱勒（Mia Lehrer）、当地规划机构、美国陆军工程兵团等个人和组织都表述过他们各自期待的愿景，该总体规划就是在广泛听取了这些呼声的基础上得以形成。OLIN 和盖里（Gehry）两家公司于 2015 年开始修订 1996 版和 2007 版的总体规划，他们进行了新的河流生态和社会条件调查（包括邻近社区的人口信息以及河流当前的用途），了解了与河流有关的、从雨水输送到水利配送来支持公园、绿色街道和城市农业等 1500 多个项目的情况。河流走廊穿过 10 多座城市。总体规划涵盖了不同背景下水资源的使用：安全——防洪、减少人员伤亡和财产损失；可持续性——收集、清理和使用水库、湿地和蓄水层的水；为大量物种提供栖息地；人类使用，用以改善地区和大众健康状况。河流走廊为成千上万民众提供了休闲、运动和改善健康的机会。总体规划提出，在可以建立或保留生态功能的新建湿地和河流部分地区的邻近社区，在可以兼容的情况下，尽可能为留鸟和候鸟、益虫、陆栖动物和水生生物提供栖息地。最后，拓展的公共用地，通过利用为各种艺术形式提供新颖而急需的文化设施，可以为几十年来不怎么往来的社区提供构建友谊的机会。

洛杉矶河流总体规划
Los Angeles River Master Plan

图 14.3.1　洛杉矶地区洪涝控制设计负责人爱德华·克恩（Edward Koehn）（图左）向同事解释洛杉矶河河道整治的胶合板模型当中的水流运动，1948 年。图片引用经由《洛杉矶先驱观察者报》（Los Angeles Herald Examiner）图片收藏 / 洛杉矶公立图书馆许可

图 14.3.2　1938 年洪水暴发后的洛杉矶河和胜利大道鸟瞰图。美国陆军工程兵团，《1938 年 3 月大洪水暴发后的工程报告》（Flood of March 1938，洛杉矶：美国工程办公室，1938 年）

图14.3.3　洛杉矶河流域。
洛杉矶河流域面积 2142
平方千米，河流从汇合点
到长滩入海口全长 82 千
米。图片引用经由 OLIN
公司许可，原图来自洛杉
矶市政工程，洛杉矶河总
图

图 14.3.4　阿蒂西亚高速
公路（Artesia Freeway）
立交桥向南鸟瞰洛杉矶
河。摄于 2013 年 6 月 12 日，
长滩北区。© 莱恩·巴登
（Lane Barden）

图 14.3.5　洛杉矶河沿途景色。虽然河道完全被渠道化了，但河流沿途既有水泥的部分，也有植被覆盖的软底，入海口处还有潮汐河口。图片引用经由 OLIN 公司许可

175

178

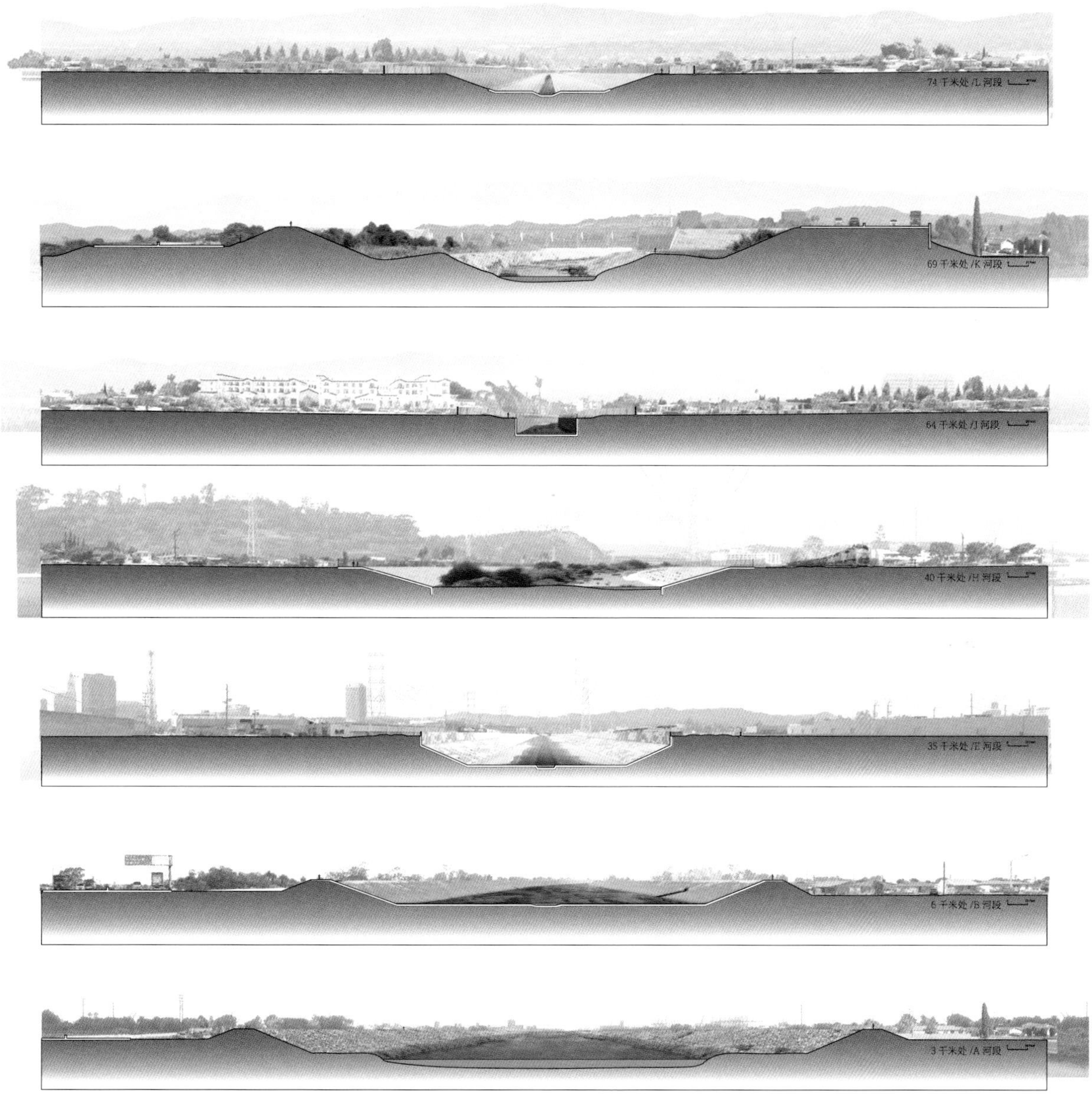

图 14.3.6 洛杉矶河河道构造。根据流经地区的自然地理和水文情况不同，河道的宽度、形状和建造材料也不同。图片引用经由 OLIN 公司许可

图 14.3.7 加利福尼亚州植物区名列全球五大地中海热点区域。洛杉矶河流域处在世界上仅有的几个地中海气候区之一，拥有全球20%的植物物种。洛杉矶河流域拥有3500种植物，其中一半以上为当地原生植物。图片引用经由OLIN公司许可，原图来自洛杉矶河总体规划的市政工程

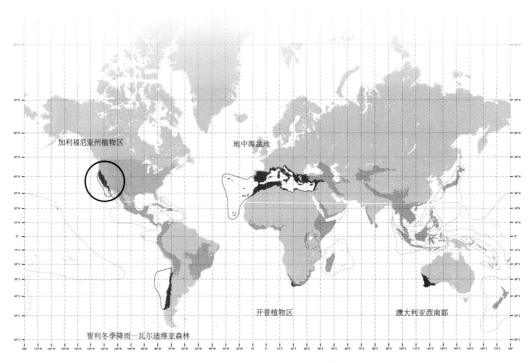

来源：国际自然保护组织，森林多样性热点考察，2004年

图 14.3.8 洛杉矶河方圆1.6千米内的物种观测情况。iNaturalist社区科学观测分析是观测洛杉矶河流经地区生态系统的指标之一。图片引用经由OLIN公司许可，原图来自洛杉矶市政工程

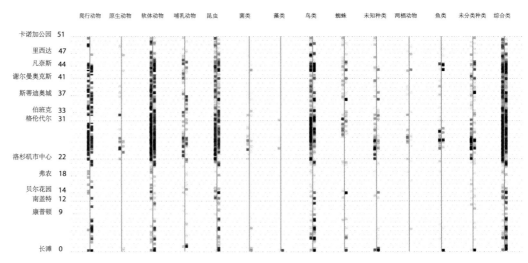

来源：iNaturalist.org，引于2018年4月18日

14.4

微山湖湿地公园

济宁市，中国

中国山东省济宁市"微山湖湿地公园"（Weishan Wetland Park）一期项目于 2013 年完工。附近新城市中心的开发，为建设这样一个面积 39 平方千米的公园提供了动力。这一新城市中心位于微山现有城市位置以南，邻近广阔的南四湖（也被称作微山湖）的东南边缘。新建的南部城镇曾经是一片农业用地，计划在将来成为一座可以容纳 5 万人居住的城镇。

微山湖湿地公园在未来将利用基础设施过滤受到污染的水，有望成为本地区自然为本的大旅游业的支柱。公园所毗邻的南四湖是中国面积最大、污染最严重的湖泊之一，因此湿地公园的净化功能特别重要。南四湖是中国南水北调工程的一部分，该工程是一个将中国南方长江水引入北方较为干旱的黄河盆地的雄伟之作，不过也对生态和社会环境产生了影响。

湿地公园的总体规划围绕建成五大区展开：核心保护区、自然恢复区、有限的人类活动区、开发活动区和乡村社区。各种类型的湿地或得以恢复，或从无到有，目的是吸引不同种类的水鸟和游客来到公园。乘车可以抵达公园的一些地点，但大多景色只能通过当地循环利用的木材和钢铁铺设的高架人行道才能欣赏。

虽然在景观建筑领域，过滤和净化水技术的使用并不新奇，但相关技术在该项目应用的规模，以及与新城镇的融合程度，标志着山东省和整个中国对水的认识发生了巨大转变。截至 2015 年，山东省共计建造了 130 万公顷的湿地公园，恢复了 13 万公顷的湿地。

面对快速城镇化和气候变化，中国正在重新思考水基础设施的作用。中央政府 2015 年出台了著名的"海绵城市"计划，为 16 座城市的池塘、过滤池、渗水公路和公共空间建设提供资金，目的是提升这些城市对洪涝和干旱的恢复力。

微山湖湿地公园
Weishan Wetland Park

图 14.4.2　南水北调东线工程图。图片引用经由 AECOM 许可

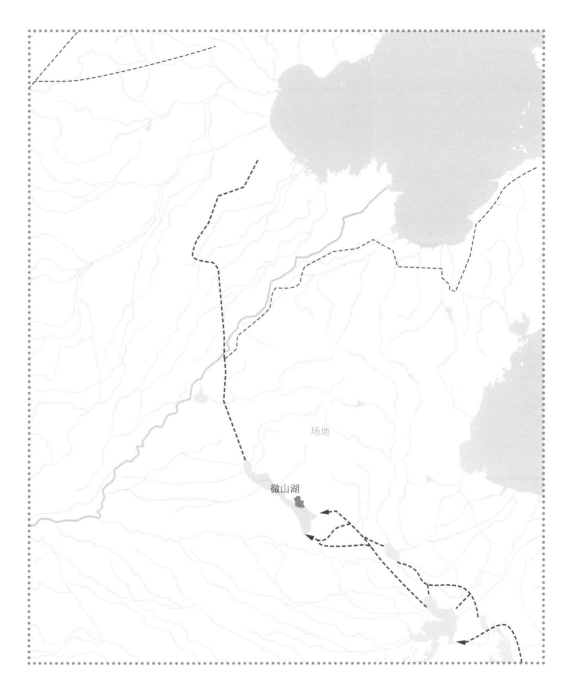

场地

微山湖

图 14.4.3　有机护墙由当地采伐的柳条和白杨木桩建成。编织在木桩旁的柳条春天会发芽，进一步巩固和稳定周围的土层。图片引用经由 AECOM 许可

图 14.4.4　叠层和多元的植被创造了四季不同的户外科学教育的兴趣和机会。图片引用经由 AECOM 许可

14.5

费城绿色计划

宾夕法尼亚州，美国

费城与美国环境保护署的协议于 2012 年得以签订——这是执行《洁净水法案》的结果，这一法案赋予美国环境保护署在雨污溢流破坏城市水流和水源健康时进行监管的权力。费城不是第一个签署类似协议的城市。雨污溢流问题在后工业的美国东北部社区普遍存在，年久失修的雨水基础设施，加上不断增加的不透水路面设施，令市政水务设施不堪重负。但是，与此前面临类似问题的城市不同，费城更关注的是如何通过投资建设绿色基础设施的分布式网络，解决城市面临的污水溢流问题。

之所以会选择这种切入角度，是因为费城当地既有非政府环保组织推动形成的深入人心的社区组织文化，

也有安妮·惠斯顿·斯波恩与费城西部米尔克里克社区合作的先例。

2006 年，"费城绿色计划"（GreenPlan Philadelphia）启动——这是一个关注绿色基础设施的综合性开放空间的愿景。其首席顾问是成立于 20 世纪 60 年代的 WRT 公司，即曾经的华莱士·麦克哈格·罗伯茨 & 托德公司。

费城绿色计划后来成为多年规划进程的一部分，这一系列进程旨在推动费城实施绿色基础设施建设的改革，改善其总体规划、水资源设施运行和市政可持续发展办公室的情况。这些举措生成了两个额外的倡议："绿色工程"倡议，这是建立并发展费城可持续发展办公室的战略规划；"绿色城市、清洁水源"倡议，在大的、具有创新性的费城水资源管理局内启动一系列价格调整和规划改革。在思想进步的市长迈克尔·纳特（Michael Nutter）的带领下，费城绿色计划让这里大面积的市内空置用地网变成了美国最具活力的绿色城市基础设施网之一。

图 14.5.1 雨水管理工具
机会图，显示该市利用综
合和独立污水管道系统
的地区。图片引用经由
WRT 公司许可

雨水管理工具使用机会

■ 当前不透水的表面

综合污水管道系统地区

独立污水管理系统地区

图 14.5.2　宾夕法尼亚州费城阿拉明哥运河河床在建的综合污水管道，摄于 1990 年 6 月 7 日。图片引用经由费城水资源管理局史料许可

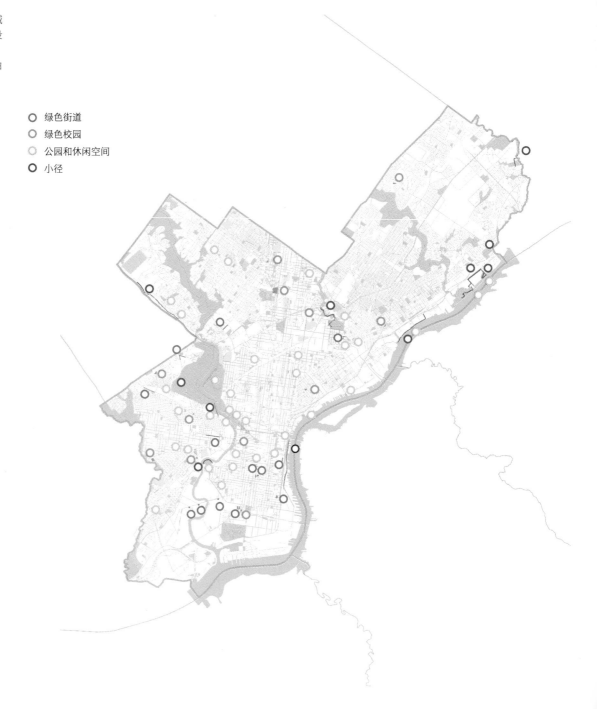

○　绿色街道
○　绿色校园
○　公园和休闲空间
○　小径

图 14.5.4 费城拥有大
片空地，可用来作为城
市雨水管理的一部分。
图片引用经由 WRT 公
司许可

空置区域

空置建构

空置土地

图 14.5.5 费城水资源管理局的各种雨水管理应用。图纸来自WRT 公司。图片引用经由 WRT 公司许可

街区中间部位风暴降水涌出

风暴降水种植

角落部位风暴降水涌出

雨水花园

风暴降水洼地

湿地

风暴降水树沟

绿化屋顶

控制结构

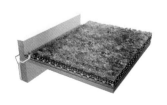

第 15 章

毒性土地

Toxic Lands

15.1

埃姆歇景观公园

鲁尔河谷，德国

德国国际建筑展（IBA）的"埃姆歇景观公园"
（Emscher Landscape Park）项目运行有 10 年之久。
1989 年到 1999 年，这个项目生成了对于鲁尔老工
业区复兴极为重要的经济和环境理念。由于鲁尔地区
长期以来一直以煤炭开采和钢铁制造为主要产业，到
20 世纪 80 年代末，该地区的景观和水域，包括埃姆
歇河（Emscher River），已因严重污染而不再适合
人类休憩。

在国际建筑展结束之时，区域规划机构与多达 17
个市镇——其中许多市镇最初都以埃比尼泽·霍华德
（Ebenezer Howard）"田园城市理论"的工人小镇为

蓝本建立——合作制定了一个多方联动的计划，想要通
过对周边城镇的景观空间进行整体改造来践行国际建筑
展的理念。该计划设想沿埃姆歇河建设一条东西向的绿
色走廊，与已经存在的七条南北向的区域绿色走廊〔这
得益于罗伯特·施密特（Robert Schmidt）在 20 世纪
20 年代颇具先见的区域规划〕连接起来。这片现在被叫
作埃姆歇景观公园的规划区域，旨在通过干预区域景观，
从根本上改变公众观念、提升环境质量，并最终影响该
地区的经济基础。举例而言，以往的矿山运输路线现在
就已被改造成了人行道和自行车道路网。

重新利用和保留废弃工业设施以作为后工业景观的
标志性元素是埃姆歇景观公园一个引人注目的部分，景
观建筑师彼得·拉茨（Peter Latz）设计的北杜伊斯堡
景观公园就是其中最著名的例子。截至 2016 年，埃姆
歇景观公园涉及 20 个市镇，已经实施的项目有 406 个，
恢复景观面积 457 平方千米。

图 15.1.1　北杜伊斯堡（Duisburg-Nord）鸟瞰图，1985 年。© 埃森市（Essen）区域规划联合机构（KVR）

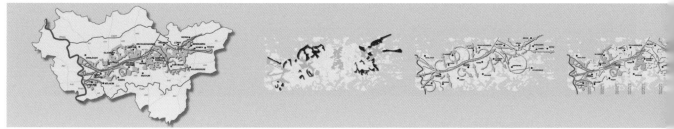

埃姆歇景观公园占地   新埃姆歇谷开发区
已实现的项目   已实现的区域绿色链接
已实现的本地项目   未来区域绿色链接
未来项目   已实现的本地绿色链接
未来本地项目   未来本地绿色链接
已实现的区域公园步道   城市发展轴心
未来区域公园步道   已实施的水域扩张
埃姆歇道   计划的水域扩张
地标   社区边界
未来地标   高速公路

图 15.1.2 埃姆歇景观公园总体规划，2010 年。
© 埃森市埃姆歇景观公园（PRG）

第
15
章

毒
性
土
地

图 15.1.3　北杜伊斯堡景观公园，2015 年。© 埃森市迈克尔·施瓦兹·罗德里安（Michael Shwarze-Rodrian）

图 15.1.4 霍赫沃德煤矿（Hoheward coal mine）。自上而下依次为 1984 年、1993 年和 2005 年废料堆的变化情况，黑尔滕镇（Herten）。© 埃森市区域规划联合机构（KVR）

15.2

斯泰普尔顿

丹佛市，科罗拉多州，美国

"斯泰普尔顿"（Stapleton）是丹佛市规划的一个多功能综合开发项目，于20世纪90年代末开始，预计将于2021年完工。作为项目依照的斯泰普尔顿发展计划通常被人们称为"绿皮书"，这份计划试图推行负责任的城市开发模式，以之取代丹佛大都市区常见的无序扩张且依赖汽车发展的固有模式。

现在我们看到的斯泰普尔顿是将遭受严重污染的褐色地带（曾经的斯泰普尔顿国际机场）改造为健康的住宅和商业区的成果。大约1214公顷的混凝土得到循环，被再利用为路基骨料。在准备阶段，设计团队深入了解了场地和区域地质和水文情况，以便为规划和设计提供指导，举例而言，机场跑道下方原本有一条小溪，设计团队选择让这处溪流重见天日，并对此地景观加以修复，以之作为城市公共开放空间的动脉。开发的城市多功能形态考虑到了以下两个因素，一是这片地方的沙质草原的生态能力，二是为当地居民创建更为便利地入学和使用社区服务设施的目标。为顺利推进项目开发，当地还建立了新的治理、监管和融资机制。

斯泰普尔顿对其他城市开展填充项目的开发商产生了影响，尤其是其他前机场项目，例如洛瑞空军基地（也在丹佛）和穆勒市政机场（得克萨斯州奥斯汀）。斯泰普尔顿率先提出具体的设计方案，以解决具体场地的可持续性、步行可达性和可负担性等问题，这些问题现已成为大多数城市填充项目的主流目标。

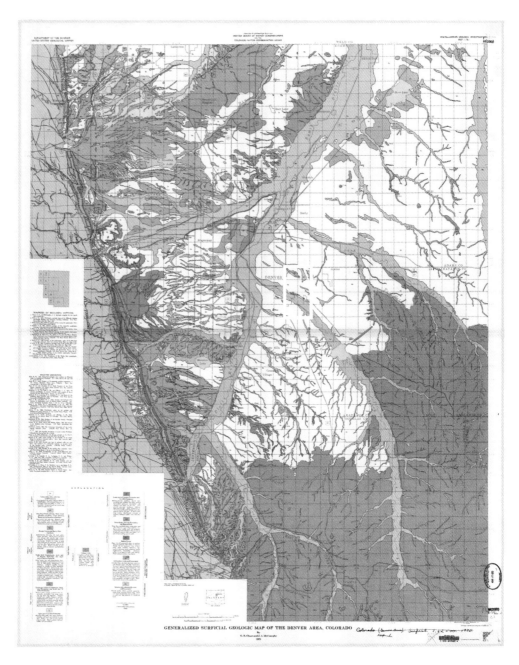

GENERALIZED SURFICIAL GEOLOGIC MAP OF THE DENVER AREA, COLORADO

图 15.2.1 美国地质调查局丹佛市地表地质图，1972 年。浅棕色显示的是南普拉特河，其他颜色显示的是各类地质层。所在地的地表地质及其位置是设计灵感的来源。沙土草原保持水分，有利于深根草本植物生长，从而在开放空间系统内形成繁茂的草原栖息地。美国地质调查局（U.S. Geological Survey）

图 15.2.2 区域自然地理概况。总体规划的第一步是向公众说明该场地位于两个地表地质的边缘，西边土壤很薄，而东边为深沙，二者都有独特的水文和地形模式。图片引用经由奇维塔斯（Civitas）公司许可

图 15.2.3 城市分析图表。简单的图表有助于帮助公众了解场地的基本结构和环境，以及反映总体规划的关键要素。图片引用经由库珀·罗伯茨与奇维塔斯（Cooper Robertson and Civitas）公司许可

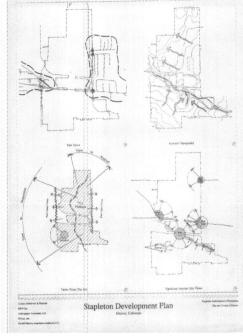

图 15.2.4（左） 风暴降水调节、水质和输送图。总体规划的主要理念是在由植被覆盖的渠道、沼泽和盆地系统内输送、清洁和调节雨水，从而形成相互衔接的开放空间系统。图片引用经由须芒草公司许可

图 15.2.5（右） 公园、休憩场所和开放空间计划。根据总体规划，周边城市格局将与核心开放空间系统互相联通，使每个社区都能享受开放空间。图片引用经由奇维塔斯公司许可

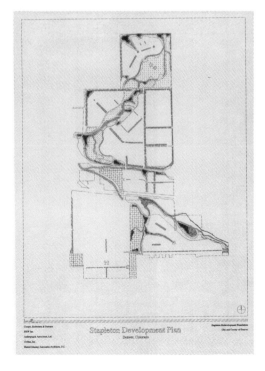

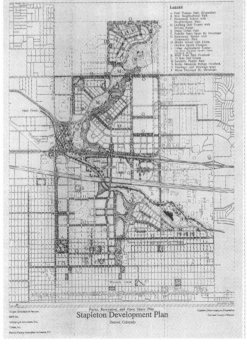

图 15.2.6　包括丹佛市区和前沿山脉的鸟瞰图。斯泰普尔顿已经成为以中央公园为中心，并与韦斯特利溪（Westerly Creek）相连接的混合居住区。
图片引用经由森林城市斯泰普尔顿（Forest City Stapleton）许可

15.3

淡水溪公园

纽约市，纽约州，美国

公众对沼泽地的看法在 20 世纪 40 年代时比较负面，纽约市因此把垃圾填埋场的位置定在了被认为与荒地无异的各处沼泽地。淡水溪填埋场就是其中一例，这处于 1948 年对外开放的临时垃圾填埋场位于斯塔滕岛（Staten Island）上淡水溪河口岸边。纽约市规划部门的关键人物罗伯特·摩西（Robert Moses）推动了淡水溪填埋场的设立，他希望有朝一日能够在此通过填海造地以开发房地产，并修建一条连接斯塔滕岛和新泽西及布鲁克林的高速公路。

尽管遭到强烈反对，淡水溪填埋场被保留下来，并于 1953 年成为永久性填埋场。在 20 世纪 80 年代的高峰时期，这个填埋场每日接收 29000 吨垃圾，每年处理的垃圾平均高达 280 万吨。随着时间的推移，四座垃圾堆的高度从海拔 1 米多上升至约 69 米。直到 2001 年关闭时，淡水溪已经成为世界最大的垃圾填埋场。

詹姆斯·科纳建筑事务所的工作人员及顾问在 2003 年至 2006 年，共同编制了"淡水溪公园"（Freshkills Park）的总体规划。将垃圾填埋场改造为公共开放空间并不是什么新的做法，但是想要在条件如此不利的地方构建一个可行的生态系统需要创新和实验。首先，填埋场被封填，而且布置了甲烷抽放设施。其次，因为设计师意识到从他处运入优质土壤以覆盖广阔的填埋场（近中央公园的 3 倍大）实在不可行，因此转而选择了原位土壤培育方法，精心策划了植物演替过程，对许多种种植策略都进行了检验、监测和调整。目前，淡水溪公园仍处于建设过程当中，预计要到 2036 年方可完工。一旦建成，新的公园将扩大现有的 1200 公顷斯塔滕岛绿地，并与威廉·T. 戴维（William T. David）野生动物保护区相连，从而为这里的社区居民提供充足的休憩活动空间。

图 15.3.1　垃圾填埋场上铺设了多个防渗层，以防止甲烷气体逸入空气，同时阻止水下渗至垃圾填埋体而受到污染。这些防渗层表面有微刺，有助于预防滑移。随后在上面覆盖土壤，并种植草皮，以保持斜坡的稳定性。© 亚历克斯·S. 麦克莱恩 /《山体滑坡》（Alex S. MacLean/ *Landslides*）

图 15.3.2　淡水溪公园景观层。图片引用经由詹姆斯·科纳
建筑事务所许可

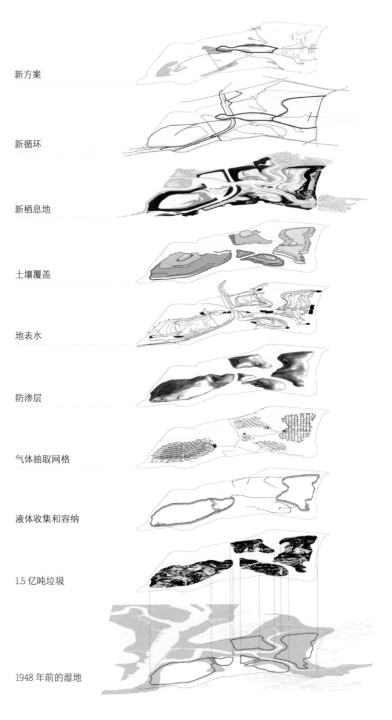

新方案

新循环

新栖息地

土壤覆盖

地表水

防渗层

气体抽取网格

液体收集和容纳

1.5 亿吨垃圾

1948 年前的湿地

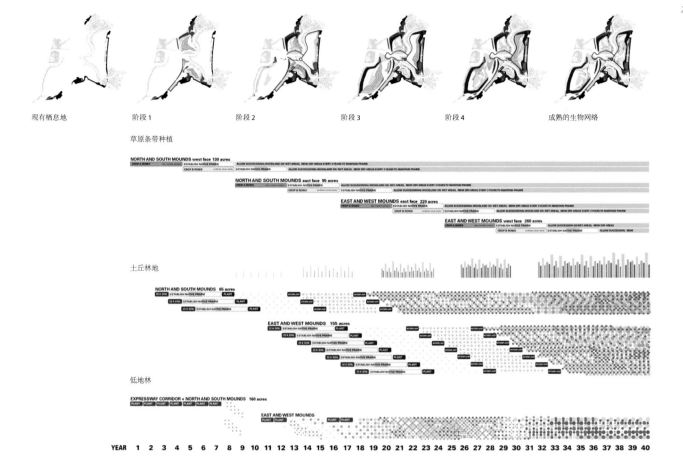

图 15.3.3　淡水溪公园栖息地演变阶段。图片引用经由詹姆斯·科纳建筑事务所许可

草原条带种植：条带种植是一种成本低廉且能够规模化实施的技术，有助于增加贫瘠土壤有机含量、螯合金属和毒素（阻止它们被植被吸收），增加土壤厚度，控制杂草，并增加曝气量。

在不运入大量新土壤的情况下，进行作物轮种制度，以改良现有表层土壤（以橙色和黄色显示）。

耕种过的土壤可以支持原生草原和草甸的生长。在湿润的土丘地区，浅根林地的轮替最终可以带来草地生物群落的多样化（橙色和黄色在后期变为浅绿色）。

土丘林地：在公园开发的早期阶段，要在土丘上种植密集的分层林需要 1 米左右的新土壤。可以先通过原生草地稳定新的土壤，以形成抗杂草的基质，然后再逐步套种树苗。

拟定的土丘林地计划设在低洼和沼泽林附近，旨在扩宽生态走廊，并留住运入的新土壤。

建议在土丘上种植 89 公顷的树林，其中 26 公顷位于北部和南部土丘，23 公顷位于东部和西部土丘上。

低地林：当本地的小树和种植用树苗供应充足时（特别是在公园建设早期、其他区域还在进行植树准备时），在现有的土壤重叠交错带的低洼地和沼泽地种植森林，以形成林地边缘。

图 15.3.4 淡水溪公园总平面图。图片引用经由詹姆斯·科纳建筑事务所许可

图 15.3.5　可以看到在填充后的填埋场的近侧有得到修复的湿地。© 亚历克斯·S. 麦克莱恩 /《山体滑坡》

15.4

伊丽莎白女王奥运公园

伦敦市，英国

占地 110 公顷的"伊丽莎白女王奥林匹克公园"（Queen Elizabeth Olympic Park）是为举办 2012 年伦敦奥运会而设计建造的。它被誉为"历史上最绿色的奥运"场地，是欧洲 150 年来最大的城市公园之一。这一项目将污染严重的场所转化为高性能的生态和休憩空间。对贯穿公园的利河（River Lea）的修复工作是这个项目的核心，该项目同时还制定了生物多样性行动计划，提供了包括林地、人工湿地、芦苇丛和草甸在内

的超过 40 公顷的生态栖息地；修复了 3.2 千米的水道；115 万立方米被污染的土壤得到清洁和再利用；新增了 30 万株湿地植物；还铺设了超过 6.4 千米的河边小道和自行车道。

值得一提的，是该公共空间的设计由哈格里夫斯（Hargreaves）联合设计公司主导，并得到了当地 LDA 设计公司的支持。项目设想分为三个阶段：奥运比赛、转型和遗产。除了为奥运会提供后勤服务外，该项目还被设计为比赛结束后的一个城区。设计者与伦敦奥运会和残奥会组委会合作，设法拆除和缩小宽阔桥面，重新规划空间，并将公园部分区域重新开发为住宅、办公楼和零售商场。截至 2018 年撰写此文时，这座公园仍处于转型阶段，目前已经成为五个区的枢纽。

伊丽莎白女王奥运公园
Queen Elizabeth Olympic Park

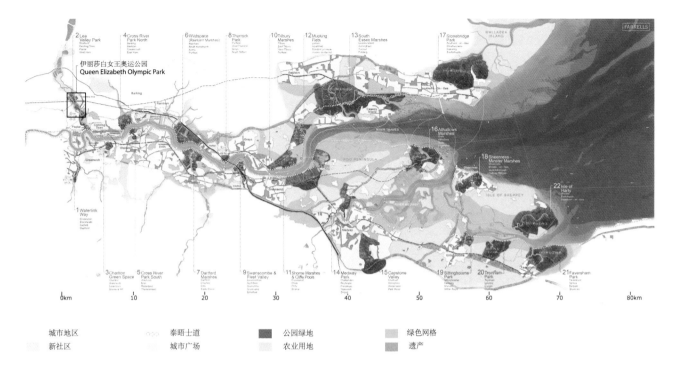

城市地区　　　　　　泰晤士道　　　　　公园绿地　　　　　绿色网格

新社区　　　　　　　城市广场　　　　　农业用地　　　　　遗产

图 15.4.1　设想中更宏大的泰晤士河口公园网络内的伊丽莎白女王奥运公园（位于图的左上角）。© 法雷利建筑设计公司（Farrells）

图 15.4.2　建设前的伦敦奥林匹克公园。© 安东尼·查尔顿（Anthony Charlton）版权所有。图片引用经由伦敦奥运遗产运营公司（London Legacy Development Corporation）许可

图 15.4.3　当哈格里夫斯联合设计公司接受委托时，场地和体育场已经在建设之中（左方案）。基于对人群建模分析（中），设计变更为建设两个不同的公园环境（南部和北部）。通过显著减少道路的铺设，河流被赋予了更重要的地位，这实现了更好的视觉效果，也使其更易于接近，同时为生物多样性栖息地留出了更多的空间，并降低了总体成本。图片引用经由哈格里夫斯联合设计公司许可

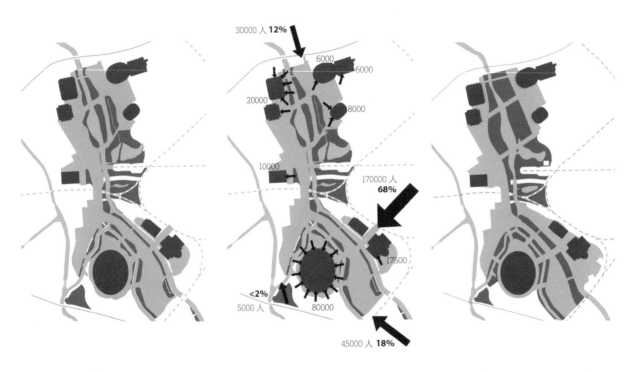

以往方案的硬质景观与绿地的比较　　　　　　人流测试　　　　　　新方案扩大了绿地并把公园作为中心

210

图 15.4.4 伊丽莎白女王奥林匹克公园平面图 - 比赛阶段。比赛阶段的设计图显示有宽阔的道路和桥梁，以容纳庞大的入流。图片引用经由哈格里夫斯联合设计公司许可

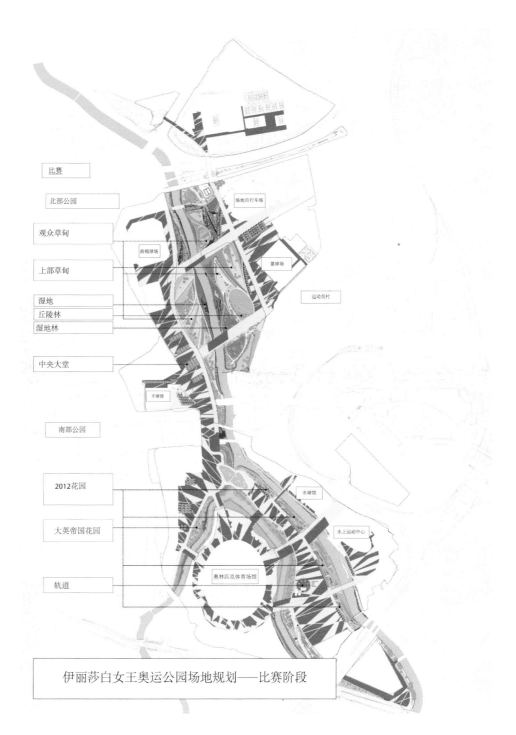

比赛

北部公园

观众草甸

上部草甸

湿地

丘陵林

湿地林

中央大堂

南部公园

2012花园

大英帝国花园

轨道

场地自行车场

曲棍球场

篮球场

运动员村

手球馆

水球馆

水上运动中心

奥林匹克体育场馆

伊丽莎白女王奥运公园场地规划——比赛阶段

图15.4.5 伊丽莎白女王奥林匹克公园平面图-遗产阶段。在遗产阶段，设计图显示道路减少，桥梁变窄，公园和公共空间有所扩大。图片引用经由哈格里夫斯联合设计公司许可

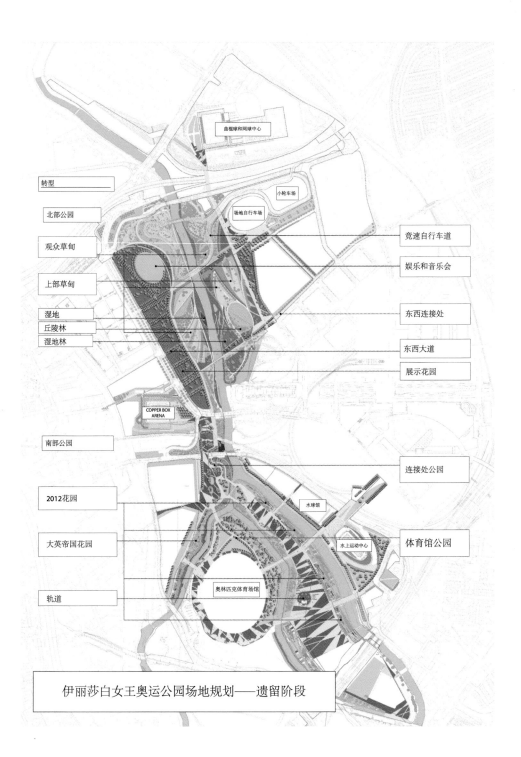

曲棍球和网球中心

转型

北部公园

观众草甸

上部草甸

湿地
丘陵林
湿地林

小轮车场

场地自行车场

竞速自行车道

娱乐和音乐会

东西连接处

东西大道

展示花园

COPPER BOX ARENA

南部公园

2012花园

大英帝国花园

轨道

水球馆

连接处公园

水上运动中心

体育馆公园

奥林匹克体育场馆

伊丽莎白女王奥运公园场地规划——遗留阶段

图 15.4.6　即将竣工的伦敦奥运会公园鸟瞰图，2011 年。© 安东尼·查尔顿。图片引用经由伦敦奥运遗产运营公司许可

图 15.4.7　北部公园奥运会开幕取景。图片引用经由哈格里夫斯联合设计公司许可

图 15.4.8　2012 年奥运会开幕期间的北部公园。图片引用经由哈格里夫斯联合设计公司许可

图 15.4.9　北部公园赛后取景。图片引用经由哈格里夫斯联合设计公司许可

第 16 章

城市未来

Urban Futures

16.1

巴塞罗那大都会区
西班牙

像许多大都会一样，巴塞罗那地区也面临着城市扩张、自然土地退化、耕地面积缩小、水量不足、水质污染、交通拥堵以及气候变化等诸多挑战。哈佛大学景观生态学家理查德·福曼于 2002 年完成的"巴塞罗那大都会区的土地镶嵌图"（Land Mosaic for the Metropolitan Region of Barcelona），就旨在通过预设解决方案并进行综合空间安排来改善自然系统和相关的人类土地使用，从而为大巴塞罗那地区在未来的长远发展奠定基础。

该项目为这一大片区域确立了自然、农田、水、建成地区和建成系统这五个重点视角。福曼用大型卫星图像显示了该地区的每一座建筑物，并运用 40 多张 GIS 地图和文字描述显示了多种区域资源。为了了解当地的地理、人口、文化、自然、生态流动和个体运动，福曼和他的四人专家团队花了近一个月的时间踏遍了该地区的每个角落，观察并记录结果。他们还以景观生态学原理为基础建立了一个工作组织框架。

在一系列逻辑严谨的步骤中，团队首先将一组主要的生态原则（例如保护河岸走廊和实现连通性）确定为项目指导原则。其次，他们将这些以简单的空间模型或图表表示的主要原则与该地区的特定景观模式进行了比照。之后又从每种原则出发，制定出 2~4 种可供选择的方案，并通过简要列出其各自的生态效益和弊端来对这些方案进行评估。第三步则基本上是通过最佳判断的重复迭代，把人们青睐的选项整合起来。完成这些步骤后，团队针对该地区相互冲突的土地用途提供了三种（分别是前景最好的、最扎实的和最基本的）全方位的空间解决方案，每种方案都强调了土地镶嵌下各个部分如何组合在一起，以及如何逐渐实施这种镶嵌组合。这些方案被介绍给地方上的各位领导人，以便他们确定工作重点。

这一过程中生成了一系列灵活的、可以支持自然系统和人类生存的土地模式，包括大片相连、生物多样的自然土地、高品质的溪谷、广阔的农业地区和较小的农业自然公园、更好的供水水库；战略性增长地区和停滞地区、城边具有标志性意义的泛洪公园；工业区和交通地点选择；针对湿地、沟壑和高速公路等通用解决方案；还为该地区未来的灵活性和稳定性打下了基础。

"巴塞罗那大都会区的土地镶嵌图"于 2004 年成文出版。6 年后，加泰罗尼亚政府完成了名为"巴塞罗

巴塞罗那大都会区
Barcelona Metro Region

那大都会地区城市领土规划"（MetropolitanTerritorial Plan of Barcelona）的项目，福曼计划中的许多概念都被纳入其中。同样源自福曼土地镶嵌计划的还有《城市区域》（*Urban Regions*）一书，该书勾画并分析了五大洲从小到大的城市区域的模式（其中就包括巴塞罗那模型在内）。巴塞罗那大都会区的土地镶嵌所建立的这个模型，显示了宝贵的却常常遭到忽视的一个现象，即城市周围土地如何在吸收城市增长的同时保护自然、当地粮食生产、水资源和一系列丰富的人类需求和价值。

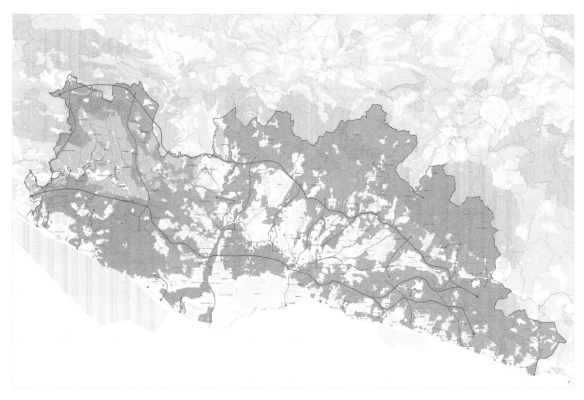

受市级法律保护的空间：Natura2000 网络、PEIN 空间、巴塞罗那议会的公园和城市地区的其他联合会

对自然和农业区域的特殊保护

对葡萄园的特殊保护

连接斑块状栖息地的景观走廊

受城市化威胁的景观走廊

河流走廊

图 16.1.1　巴塞罗那大都会区城市领土规划。加泰罗尼亚政府（La Generalitat de Catalunya）

图 16.1.2 出自文克·E. 德拉姆斯塔德（Wenche E. Dramstad）、詹姆斯·D. 奥尔森（James D. Olson）和理查德·福曼，《景观建筑及土地利用规划中的景观生态学原则》，1996 年。一书中"补丁、边缘与边界"一章 © 哈佛大学研究生院及哈佛大学理事会，2018 年。图片引用已经许可

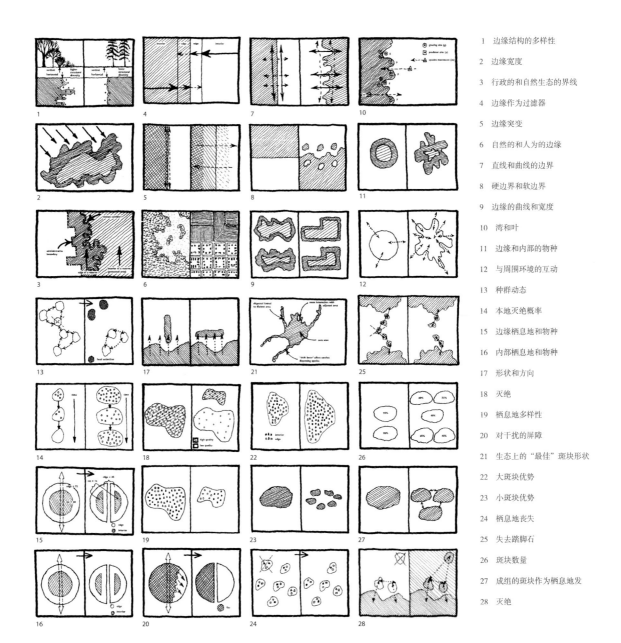

1　边缘结构的多样性

2　边缘宽度

3　行政的和自然生态的界线

4　边缘作为过滤器

5　边缘突变

6　自然的和人为的边缘

7　直线和曲线的边界

8　硬边界和软边界

9　边缘的曲线和宽度

10　湾和叶

11　边缘和内部的物种

12　与周围环境的互动

13　种群动态

14　本地灭绝概率

15　边缘栖息地和物种

16　内部栖息地和物种

17　形状和方向

18　灭绝

19　栖息地多样性

20　对干扰的屏障

21　生态上的"最佳"斑块形状

22　大斑块优势

23　小斑块优势

24　栖息地丧失

25　失去踏脚石

26　斑块数量

27　成组的斑块作为栖息地发

28　灭绝

218　　图 16.1.4　巴塞罗那大都会区航拍照片，2001 年。摄影马克·蒙特勒翁。
图片引用已经巴塞罗那区域城市规划局许可

图 16.1.5　巴塞罗那，2009 年。© J. 奥利弗—邦乔赫（J. Oliver-Bonjoch）

16.2

麦德林
哥伦比亚

麦德林市严重的贫富差距反映在城市河谷地带的住房类型以及（广义的）建筑环境当中。富人往往生活在城市中心服务良好的富人区，而穷人则在外围陡坡上自建居所。这座城市自 2003 年以来经历的转型引起了国际关注，同样也正是在这段时期，这座曾经是世界上最危险的城市逐渐恢复了和平。

2004 年，麦德林市在最贫穷的一些社区中确定了一些像图书馆、学校和公共场所这样的"发展节点"，并迅速用公共交通将它们连接起来。建造于陡峭山谷之上的缆车、自动扶梯和桥梁，连通了这些街区与城市的大都市公交系统，此外，新开展的公共空间项目也为渠道化后的河流带来更多活力。"麦德林河公园总体规划"（Medellín River Parks Master Plan）沿河打造了线型系列的公共空间，这条河将城市一分为二，也是城市最古老的形成元素所在地。公园的一期建设将一部分高速公路掩埋在新公园的下方，河上建起的桥梁连接了这座曾经分裂的城市的两部分。

这些项目是城市规划在理念上和实践上转变的产物，而有关这一转变的描述最早出现在 1998 年的"领土管理规划"（Plan de Ordenamiento Territorial）当中。这份文件基于联合国已有的为城市边缘地区的非正式社区提供基本服务的项目。目前该文件仍然在使用，2017 年的更新里增加了对城市核心的可持续性、步行性、便利可及性以及活力的重点关注。麦德林最贫穷的居民在实际和象征意义上得以步入城市，并得到了城市向民众承诺的文明和服务。

尽管麦德林在为其周边的非正式社区提供服务上已取得了成功，但非正式居住区最开始是如何产生的，以及是否可以对其发展进行规划，这两个问题也将关系到未来将迁移到快速城市化的城市中的数百万人口。最近完成的"BIO 2030"计划就旨在解决这些更深远的问题，这份重要的战略规划想要通过阿布拉谷（Aburrá Valley）10 座市镇之间的合作来构筑未来增长。该计划由政府机构与麦德林大学金融技术学院（EAFIT）的亚历杭德罗·埃切韦里（Alejandro Echeverri）教授领导的城市与环境研究中心（Urbam）合作制定，全面记录了整个河谷的地质、水文、生态和碎片化的状况，并以此为基础，对不同的发展进行了详细的设计。与之类似，景观建筑和城市设计教授戴维·古弗尼尔（David Gouverneur）和克里斯蒂安·韦特曼（Christian Werthmann）等人也与学生一起开发了涉及规划非正式住区所面临的社会、生态和政治挑战的新项目：古弗尼尔的"非正式框架方法"为自建社区在占领土地之前提供了框架；韦特曼的团队则以 Urbam-EAFIT 的工作为基础，为这些社区尽可能减小地震和山体滑坡的风险，以及最大化使用基础设施提供了详细的建筑施工技术支持。

图 16.2.1　从拉克鲁斯（La Cruz）看麦德林。© 约瑟夫·克莱格霍恩（Joseph Claghorn），汉诺威莱布尼兹大学景观设计学院（Institute of Landscape Architecture, Leibniz Universitat Hannover）

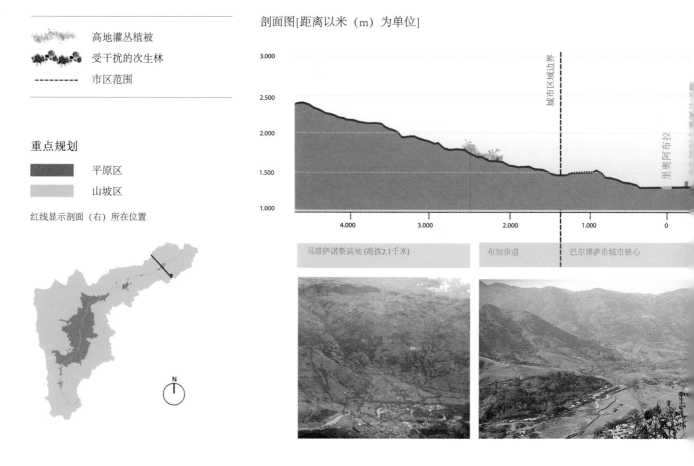

图例：

高地灌丛植被

受干扰的次生林

- - - - - - - - 市区范围

重点规划

平原区

山坡区

红线显示剖面（右）所在位置

剖面图[距离以米（m）为单位]

马塔萨诺斯高地(海拔2.1千米)　　布加步道　　巴尔博萨市城市核心

图 16.2.2　阿布拉谷剖面图。麦德林的阿尔卡迪亚（Alcaldía），阿布拉谷大都会区，城市与环境研究中心及麦德林大学金融技术学院，2011 年。
© Bio 2030，麦德林规划负责人，阿布拉谷。麦德林：城市与环境研究中心及麦德林大学金融技术学院

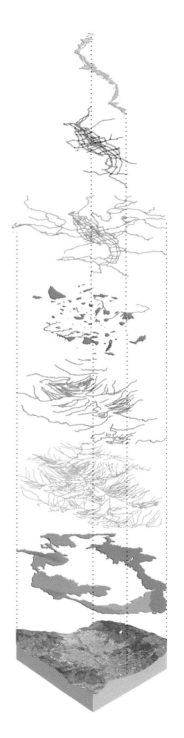

河流环境廊道

区域连通干线

公共交通系统

聚集和娱乐区

峡谷生态廊道

水文学

纵、横向生态廊道

城市区域边界

2.000 3.000 4.000 5.000

瓦莱西托斯步道 两个峡谷

第16章 城市未来

图16.2.3 阿布拉谷系统。阿布拉谷的建造系统与自然系统，包括公共交通、休闲区域、水文和生态走廊。麦德林的阿尔卡迪亚，阿布拉谷大都会区，城市与环境研究中心及麦德林大学金融技术学院，2011年。© Bio 2030，麦德林规划负责人，阿布拉谷。麦德林：城市与环境研究中心及麦德林大学金融技术学院

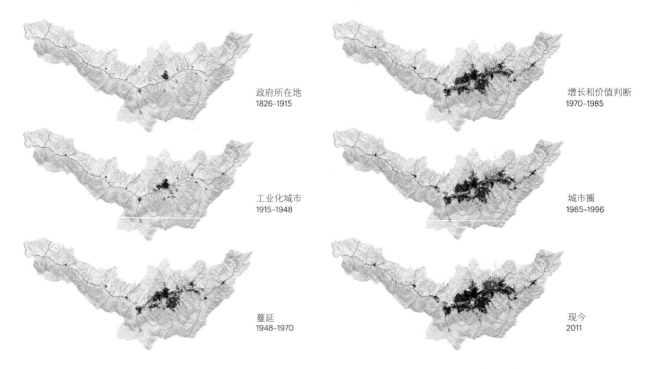

政府所在地
1826-1915

增长和价值判断
1970-1985

工业化城市
1915-1948

城市圈
1985-1996

蔓延
1948-1970

现今
2011

图 16.2.4　阿布拉谷的发展。麦德林的阿尔卡迪亚，阿布拉谷大都会区，城市与环境研究中心及麦德林大学金融技术学院，2011 年。© Bio 2030，麦德林规划负责人，阿布拉谷。麦德林：城市与环境研究中心及麦德林大学金融技术学院

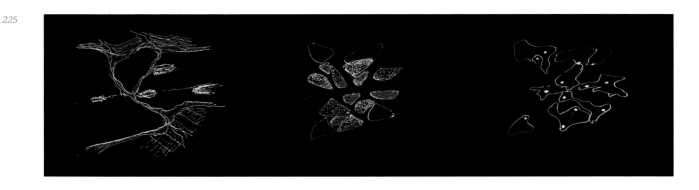

图 16.2.5　非正式框架的概念设计组成部分：走廊（最上），小块土地，管理者（最下）。走廊是指相连的景观元素，比如栖息地、水文地理、公共空间或车流。小块土地是为了自建居民区和支持开展社区、城市及都市服务（这些服务是非正式城市无法提供的）所需的土地。管理者指的是支持走廊和小块土地转型的非营利组织、社区组织或政府机构，这些组织机构同时保持非正式性，不占用敏感地带或公共领域。绘画戴维·古弗尼尔，图片引用已经许可

图 16.2.6 麦德林的新居民在陡峭的斜坡上建造的房屋。修建通道和挖掘陡坡破坏了植被，从而增加了山体滑坡的危险，2015 年。为了解决这个问题需要使用斜坡稳定技术（右2）。© 马库斯·汉克（Marcus Hanke），汉诺威莱布尼兹大学景观设计学院

227   图 16.2.7 非正式定居区的"移动地面"
       试点项目：合作型微耕，稳定陡坡，人
       工造林以及预警系统。© 汉诺威莱布
       尼兹大学景观设计学院

228   图 16.2.8 麦德林河公园总体规划包含
       了 8 个阶段、超过 17 千米的公共空间
       建设。红色标出的区域是一期工程，建
       于 2016 年。《设计》（Design），作
       者塞巴斯蒂安·蒙萨尔韦（Sebastian
       Monsalve）和胡安·戴维·奥约斯（Juan
       David Hoyos）。图片引用已经许可

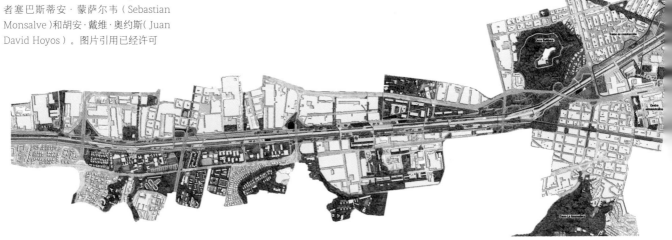

图 16.2.9 建于 2016 年的麦德林河公园一期工程鸟瞰图。摄影亚历杭德罗·阿朗戈·埃斯科瓦尔（Alejandro Arango Escobar），图片引用已经许可

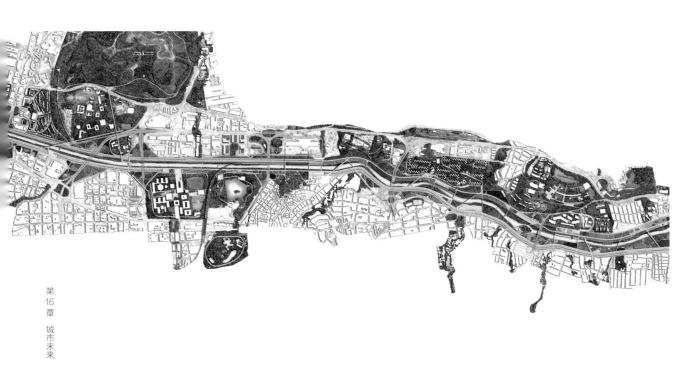

16.3

威拉米特河流域

俄勒冈州，美国

美国国家环保局于 1996 年启动了一项为期 5 年的科研工作，旨在支持基于社区的环境规划。由于当时俄勒冈州"威拉米特河流域"（Willamette River Basin）的公民团体已经在尝试解决复杂的环境问题，威拉米特河流域因此被选作该计划的重点对象之一。环保局成立了太平洋西北生态系统研究组，由来自包括俄勒冈州立大学、美国农业部森林服务局、俄勒冈大学和华盛顿大学等十个不同机构的 34 名科学家组成。

到 2050 年，威拉米特地区的人口预计将增长 170 万，总人口数量几乎是 2002 年的两倍。此项研究的重点在于探讨如何在适应人口增长的同时保护自然资源。该研究组认真分析了威拉米特河流域的人口、土地、水和其他生物之间的复杂关系，以及土地使用和土地所有权政策在不同时期和不同的政治管辖区中的累积影响。该研究针对的四个主要问题如下：在过去的 150 年中，人类活动对威拉米特河流域地区产生了哪些影响并促成了哪些改变？在今后的 150 年中，人类使威拉米特河流域发生的改变应该控制在怎样合理的范围之内？这些改变预期将对环境产生怎样的影响？什么样的管理策略将对保护自然资源产生最大的积极影响？

研究组探查了威拉米特河流域地区当前的地貌、水资源、生物系统、人口、土地用途和土地覆盖的状况，并将这些信息与（我们可以掌握的）欧洲殖民时期之前相对原始的生态系统进行了比较。之后通过公民主导的合作过程，选出了三个威拉米特河流域地区的未来发展方案，确保大量可行的政策选择和多重利益相关方的视角都被纳入考量：（1）计划趋势情景（政策保持不变）；（2）发展情景（环境保护政策放松）；（3）保护情景（政策更加重视生态系统的保护和恢复）。然后预测了这三种情景对威拉米特河流域地区可能产生的环境影响，尤其重点关注威拉米特河及其支流的状况、取水用水以及陆地野生动植物的情形。

这项研究的成果包括土地征收（通过简单的付费购买和保护地役权），以及对洪泛区森林的实地恢复和渠道的重新连接。2008 年，俄勒冈流域增进委员会为"威拉米特特别投资合作伙伴"（Willamette Special Investment Partnership）计划拨款用以支持重建该流域主干和部分支流的河道复杂性和长度，以及重新连接具有历史意义的曲折走廊（即河流自然路径）中的洪泛平原。这些举措降低了水温，增加了鱼类物种丰富度和河岸森林面积，并减少了入侵植物的覆盖。

威拉米特河流域
Willamette River Basin

图 16.3.1　橡树底野生动物庇护区（Oaks Bottom Wildlife Refuge）和罗斯岛（Ross Island）鸟瞰图。背景是俄勒冈州波特兰市（Portland, Oregon）的城市天际线。图片引用已经城市绿色空间研究院（Urban Greenspace Institute）迈克·霍克（Mike Houck）许可

第16章　城市未来

231

图 16.3.2　成为欧洲殖民地之前的时期。深绿色代表针叶林，棕色为橡树稀树草原，黄色为湿草原和草地。图片引用已经《威拉米特河流域规划图册》（*Willamett River Basin Planning Atlas*）主编戴维·赫尔斯（David Hulse）许可

图 16.3.3　计划趋势情景 2050 年展望图。深绿色区域代表针叶林，蓝绿色为阔叶树和混交林，粉色为建设区域（居住区，商业区，公路等），灰色为农业地带。尽管与 1990 年的基线相比，2050 年的景观环境变化和预计带来的环境影响不会超过 10%，但将导致陆地栖息地和水生生物丰富性的流失。图片引用已经《威拉米特河流域规划图册》主编戴维·赫尔斯许可

图 16.3.4　发展情景 2050 年展望图。深绿色地区代表针叶林，蓝绿色为阔叶树和混交林，粉色为建设区域（居住区、商业区，道路等），灰色为农业地带。根据预期，该模式导致的陆地栖息地的流失规模将是计划趋势方案的两倍，同 1990 年的基线对比将流失 39% 的野生物种并损失 24% 的农田。图片引用已经《威拉米特河流域规划图册》主编戴维·赫尔斯许可

图 16.3.5　自然保护情景 2050 年展望图。深绿色地区代表针叶林，蓝绿色为阔叶树和混交林，粉色为建设区域（居住区、商业区，道路等），灰色为农业地带，橙色为橡树稀树草原。这一模式恢复了殖民地以来流失的 20%~70% 的陆地和水生栖息地。尽管这一模式仍然会减少农田（与 1990 年相比减少 15%），然而减少的农田将转变为自然植被而非计划趋势模式和发展模式下的城市和乡村开发。以上三种模式均不会降低水量消耗水平（与 1990 年的基线对比，三种模式都将增加 40%~60% 的用水量）。图片引用已经《威拉米特河流域规划图册》主编戴维·赫尔斯许可

16.4

前海水城

深圳市，中国

前海湾坐落在珠江三角洲，位于深圳以西，临南海。该区域恰好是在以深圳为主的东西轴线和广州到中国香港的南北轴线的交汇处，是珠江口的一个关键点。"前海深港现代服务业合作区"（Qianhai Shenzhen-Hong Kong Modern Service Industry Cooperation Zone）于2010年经中国国务院正式批准设立，旨在通过建设商业示范区增强中国内地与香港在金融、物流、和信息技术服务等方面的密切合作。

2009年，詹姆斯·科纳建筑事务所在全球竞争中脱颖而出，中标赢得"前海水城"（Qianhai Water City）总体规划的设计权。该规划覆盖了1822公顷的土地填埋区，其总体规划以所谓的"水指"为特征。水指是线性公园，旨在通过一系列的梯田和池塘收集、储存、过滤和净化雨水。这些公园将现有的水体扩大并延展，划定了公共空间的主要区域，以及未来的城市化范围。

根据设计，河水廊道之间形成的五个开发区有着不同规模和类型的街区结构，旨在增强步行性并促进建筑类型和用途（住宅、商业或其他）的丰富混合。五个区由三条可供机动车通行的环形大道汇通，每个区的中央交通枢纽都与珠三角—深圳—香港城市带的区域交通圈相连，而且城市地铁、城际铁路以及深圳至香港机场之间的一条特快铁路都在公交枢纽中交会。

桂湾公园是第一个在建的河水廊道，预计将在2021年开放。其设计自然地运用了现有的潮汐走廊，在连绵不断、棱角分明的地形中创造出各种水边栖息地。此处的河水廊道可以防止洪水泛滥并同时起到存留和清洁雨水的作用。

当所有河水廊道都完成后，它们将为公众提供从每个区域的中心步行即可到达的大型带状公园。前海水城总体规划的景观空间定义了整座城市的结构、特征、健康和物流。

前海水城
Qianhai Water City

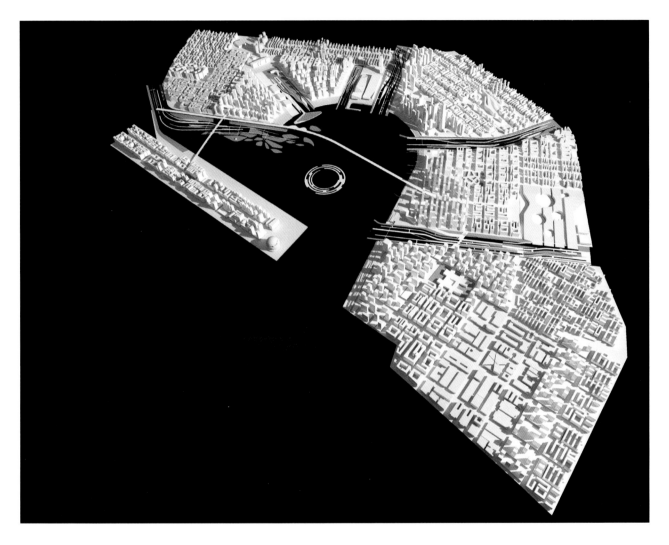

图 16.4.1 前海水城实体模型。线状绿色区域呈现河水廊道形状。图片引用已经 JCFO 设计公司许可

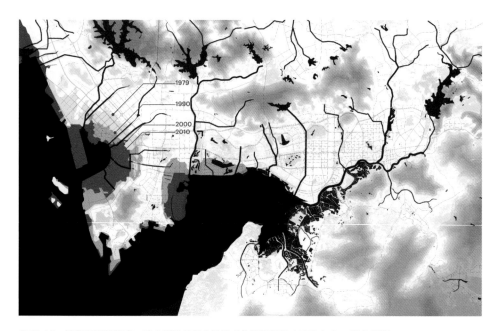

图 16.4.2　前海海岸线演变。蓝色最浅的部分是最老的填海部分（1979 年）；蓝色最深的是最新的填海部分（2010 年）。其他的填海地区完成时间在 1990 到 2000 年之间。图片引用已经 JCFO 设计公司许可

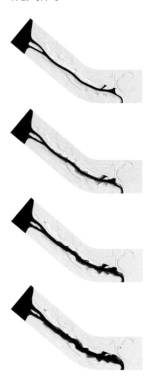

图 16.4.3　桂湾河水廊道潮汐研究。低潮（上图），高潮，年度极高潮，200 年一遇高潮（下图）。图片引用已经 JCFO 设计公司许可

off
off

236

① 中央通道　　　　⑩ 秋千平台
② 咸水湿地　　　　⑪ 天空海滩
③ 淡水湿地　　　　⑫ 棕榈市场
④ 前海湾　　　　　⑬ 前海眺望岛
⑤ 滨海高速　　　　⑭ 露天剧场
⑥ 红树林迷宫　　　⑮ 运动中心
⑦ 森林步道　　　　⑯ 户外教室
⑧ 林地步道　　　　⑰ 海湾草坪
⑨ 湿地花园

图 16.4.4　桂湾公园河水廊道计划。图片引用已经 JCFO
设计公司许可

图 16.4.5　照片显示的是设计大赛之前的排水渠道。图片
引用已经 JCFO 设计公司许可

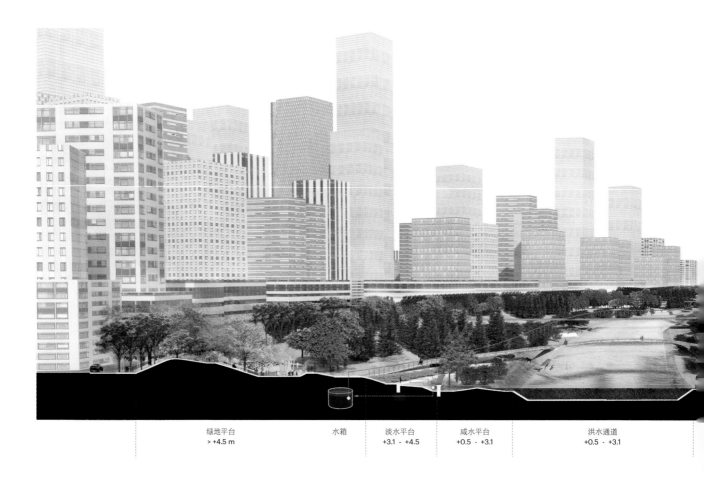

绿地平台 > +4.5 m	水箱	淡水平台 +3.1 - +4.5	咸水平台 +0.5 - +3.1	洪水通道 +0.5 - +3.1

第
16
章

城
市
未
来

图 16.4.7　河水廊道层次包括行人网络（最上图），林荫、湿地和排水渠，软表面，以及所有层次的综合（最下图）。图片引用已经 JCFO 设计公司许可

16.5

憧憬犹他
盐湖城地区，美国

预计到 2020 年，犹他州盐湖城地区的人口将达到 270 万，比"憧憬犹他"（Envision Utah）组织 1995 年成立时的人口多 100 万。而到 2050 年时，预计将有 500 万居民居住在该地区。该地区的增长和土地开发在很大程度上受包括沃萨奇岭（Wasatch Mountain Range）、大盐湖（the Great Salt Lake）、犹他湖（Utah Lake），还有周围的沙漠和联邦拥有的土地等自然条件的约束。

"憧憬犹他"这个组织成立的初衷是为了将公共和私人实体聚集在一起以协调该地区的活动、城市增长和发展。来自企业和政府的各种各样的社区领导者聚集在一起，组成了非营利组织"憧憬犹他"，该组织致力于推动自下而上、无政治党派偏见的协商决策过程，帮助犹他州人民规划未来。"憧憬犹他"组织跨越行政边界，联合了 10 个县，沃萨奇岭前后沿线的 90 个城镇都被涵盖其中。

"憧憬犹他"组织了一系列研讨会以加深社区对现有趋势和挑战的理解，从而帮助利益相关者制定了四种可选的未来愿景。方案 A 显示了如果某些社区继续现有的分散发展模式，整个地区将如何发展；方案 B 展示了如果州和地方政府遵循其 1997 年市政发展计划，该地区将如何发展；方案 C 展示了如果众多新的发展项目都集中在步行和轨道交通便利的社区，且社区附近有就业、购物和娱乐的机会，该地区将如何发展；方案 D 展示了如果方案 C 向前更进一步，将几乎一半的新增长集中于现有的城市地区，那么整个地区将如何发展。经过广泛的公众宣传——市政厅会议、广播、电视和报纸广告，以及新闻发布会和巡回宣讲，方案 C 和 D 的策略和成果获得了公众的青睐，"高质增长战略"（Quality Growth Strategy，QGS）就是建立在这两种方案之上。

高质增长战略有六个主要目标：（1）改善空气质量；（2）增加流动性和交通出行方式选择；（3）保护重要土地资源，包括农业、敏感的自然地区和具有战略意义的开放土地；（4）节约水源和保持水资源的可用性；（5）为各种类型和收入水平的家庭提供住房机会；（6）力争公共和基础设施投资效益最大化，从而促进实现其他目标。

高质增长战略成为大沃萨奇地区地方、政府和私营部门规划者的指导工具。其成果包括单户住宅平均占地面积减少了 22%，新增了 225 千米的铁路运输，超过 40% 的新公寓建在火车站的步行距离以内，用水量显著减少，节省了基础设施的资金成本和维护成本，并保留了先前计划用于开发的土地。

与犹他州其他地区一样，大沃萨奇地区持续保持快速增长。在进一步展望的需求下，"憧憬犹他"利用高质增长战略的发展流程为整个犹他州促成了另一愿景。"你的犹他，你的未来"这一"2050 愿景"得到了广泛支持，它确立了对未来规划至关重要的全州目标和战略。

图 16.5.1　盐湖谷（The Salt Lake Valley）是犹他州人口密度最高的地区。河谷的地貌和气候使其空气质量面临特有的挑战。尽管空气质量每年持续提高，但是有时会经历阶段性反复。图片引用已经"憧憬犹他"许可

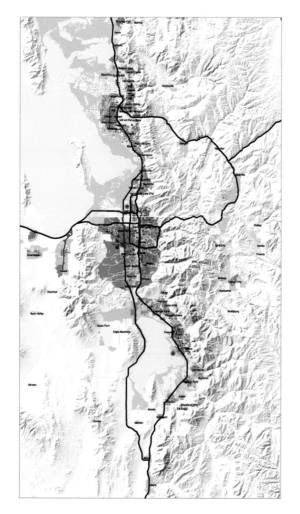

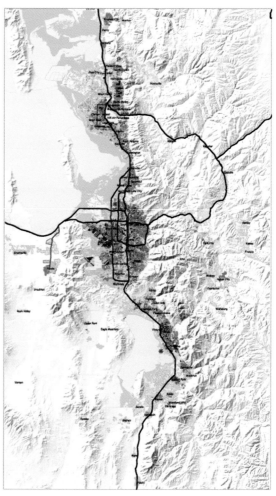

图 16.5.2 方案 A 显示了如果某些社区现有的分散发展模式
持续下去，整个地区将如何发展。图片引用已经"憧憬犹他"
许可

图 16.5.3 方案 B 展示了如果州和地方政府遵循其 1997 年市
政发展计划，该地区将如何发展。图片引用已经"憧憬犹他"
许可

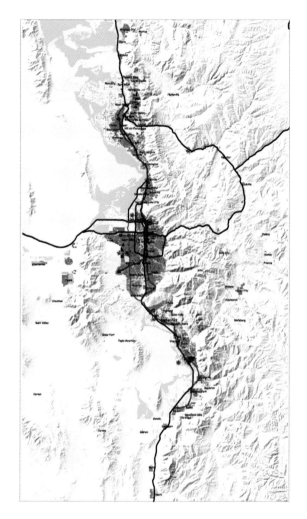

图 16.5.4　方案 C 展示了如果众多新的发展项目都集中在步行和轨道交通便利的社区,且社区附近有就业、购物和娱乐的机会,该地区将如何发展。图片引用已经"憧憬犹他"许可

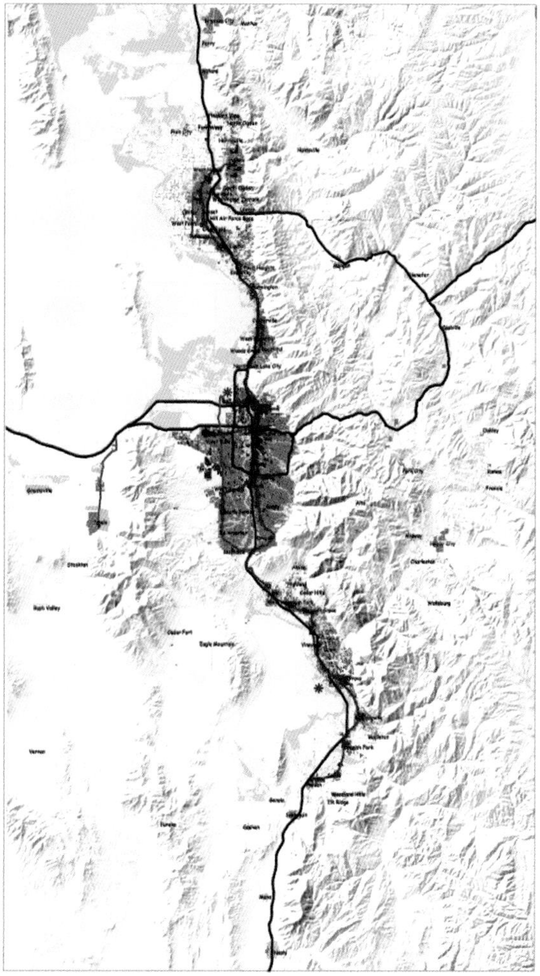

图 16.5.5　方案 D 展示了如果比起方案 C 向前更进一步,将几乎一半的新增长集中于现有的城市地区,那么整个地区将如何发展。图片引用已经"憧憬犹他"许可

项目：
评论

第 17 章

星球视觉与寻找真实的基底

艾伦·M.伯杰（Alan M. Berger）与乔纳·萨斯坎德（Jonah Susskind）

20 世纪 60 年代后期，伊恩·麦克哈格和他的同事开始抵制在当时甚嚣尘上的特定郊区开发，而这正标志着美国环保思维的诞生。当婴儿潮逐渐退出历史舞台，一个关注星球管理的时代悄然而至。从那时起，全球人口增加了一倍以上，人类造成的环境灾难不断加剧。[1] 20 世纪以来，我们的社会经历了高速的增长，然而近几十年间人类定居点导致环境变化的速度还要更快。随着城市新区的快速建设，大片可耕作土地消失不见。在其他一些地方，清洁空气、饮用水和自然栖息地等基本资源也因为气候变化的持续影响而受到种种限制。为应对这些状况，国际社会已制定了包括《京都议定书》（the Kyoto Protocol）和《巴黎协定》在内的多项综合性多边条约和执行政策，旨在减少全球温室气体排放并确保地球上生命的长期存活。[2] 尽管如此，与此同时，用以维持城市增长的发展过程将继续依赖全球资源的开采网络和农业现代化，而这必然会让麦克哈格预见的那些问题愈演愈烈。麦克哈格准确预测这些

情景的洞见，他说服别人相信我们即将面临危机的能力，以及组织资源以改变社会发展轨迹的努力——都令人叹为观止。他坚持不懈的钻研、丰富的想象力以及表达复杂思想的能力，使他能够了解即将到来的生态危机所带来的影响，并使之纳入主流文化议程。

自那时起，很少有问题能够比气候变化获得更多的关注、辩论或担忧。气候变化在当前和未来所产生影响的规模之大和范围之广，催生了"星球视觉"这种新的角度——这是一种通过立足全球审视人类经历的分析框架，也是对于地球面对人类影响时那份脆弱的逆向感知。地球易受影响且可被改变的观点产生了正反双面的影响。一方面，雄心勃勃的环保倡议开始设计更大规模的干预措施。[3] 从在亚马孙流域推进成本小、效益好的新型人工造林策略，到中国实施的增加年降雨量的天气调控项目，这些精心策划的计划已经成为新型多边合作和扩大管理机制的重要试验场。[4] 另一方面，规划师和景观设计师历来擅长的是把握当地特质，星球视觉提供的则是一个从当地具体情况和区域特异性中抽离出来的宏观视角。卫星图像和数据模型通过图形还原的新模式对地球及其多样的陆生系统进行了抽象化处理，一些规划师、设计师、开发商、政策制定方及其他任何人因此都能以"达成共识"的名义把一些棘手的问题过度简化。

这种"双刃剑"（扩大管理加过度简化）

的影响便是规划师和设计师会继续身陷那个屡见不鲜、自我设置的陷阱，即承诺过高和成果过低。由于公众对气候变化紧迫性的认知，诸多先后生成的被动反应型的项目提案都在寻找一劳永逸的解决方案，这些方案往往严重低估了大规模环境和经济系统最基本的复杂性，因而使陷阱变得更加危险。想要使空间规划和设计继续在气候变化的情景预测中发挥作用，我们必须保证不断增大的项目规模不会抹杀对区域和地方差异性的认知。为此，本章将重点介绍两大区域倡议：北海"能源奥德赛—2050"计划和非洲撒哈拉与萨赫勒地区（Sahel）的"绿色长城计划"。从这两个计划当中，我们可以看到项目规模如何因星球视觉的两面而演变，新一代全球势在必行的举措和传统设计应用之间的紧张关系也就此显现。半个世纪前的麦克哈格已经敲响了警钟，并推动了生态学研究指导原则的建立，如今，这些项目再次提出警示、告诫世人在当下这一物质和资本横流、废弃物四散以及环境惨遭破坏的空前时期，什么才是最重要的。

能源奥德赛

2015 年 12 月，195 个国家签署了《巴黎协定》，承诺将采取行动把全球温度与前工业化时期相比升幅控制在 2℃以内。该条约是自 20 世纪中叶《环境保护法案》（Environment Protection Act）以来前所未有的一次重要努力，将成为国际政策和全球产业的关键转折点——或许更是人类对环境风险和责任的文化性认知的关键转折点。由于这项挑战规模庞大并且需要全球高度协调以找到解决办法，若干个旨在解决共同核心任务的国际联盟已经成立，都希望能尽快、全面地减少碳排放。

21 世纪极其复杂且分散化的网络预示着人类定居模式的发展方向，全球在此经济中欲摆脱对化石能源的依赖需要近乎超凡的能力。欧洲领导人已经同意在 2050 年前将碳排放大幅减少 80%~95%，而能源奥德赛——这一由设计师主导的倡议有望发挥重要作用、为政策制定者和公众揭开减排过程的神秘面纱。

该设计研究项目受 2016 年主题为"下一轮经济"的鹿特丹国际建筑双年展（the International Architecture Biennale Rotterdam，IABR）委托进行。这个沉浸式的多媒体项目旨在通过降低环境风险和聚焦共享经济机会，重新构建关于欧洲碳排放目标的讨论。这个项目最终以一段解说视频的形式呈现在我们眼前，片中长达 14 分钟的动画模拟了北海能源转型的实施战略，解说词中提到，这个区域将决定着欧洲"在可再生能源之战中的胜败"。[5]

这项提案的核心内容是到 2050 年安装约 2.5 万台风力涡轮机，即平均每周安装 15 台涡轮机。解说词中首先描述了该项目存在的一些挑战："我们的故事发生在世界上被使用最为频繁的海域。这里的渔业和航运线路纵横交错，有定点自然保护区和军事区，林立着众多的石油钻井平台，并且拥有无数条石油和天然气管道及若干个风力发电厂。此外，北海还被用作吸纳工业污染和余热的碳汇地。"[6] 如果这个提议被认真考虑，其在许可、安装、运营和维护领域中涉及的基本挑战将可谓是前所未有。不过，就像解说词中最后所讲的那样，这一计划是可以实现的。[7]

能源奥德赛-2050 计划并不是一个总体规划，相反，它是由景观设计师创建的交流架构，旨在推动公众和政策制定者的观念发生深刻转变。作为一种公共关系工具，该项目想要通过单一而全面的未来愿景促进各方之间产生共识。它使用图表对世界进行了可视化处理，是对复杂思想刻意的简化和抽象，使之变得可行。然而，尽管解说词中确实指出了一些基本的挑战，但这个视觉场景其实没有涉及大多数真实世界里存在的外部挑战——逻辑领域的某些障碍或政治上难以逾越的难关。人们看不到全球变暖、海平面上升和自然灾害的实际影响，以及资源和社会负担的分配不均。这个提案似乎还忽略了一个事实——即便存在国际条约，碳排放水平仍在不断上升。

此类项目预示着空间设计师作为媒体制作人的角色在不断演变，对这类抽象形式的文化需求凸显了治理和沟通在日益复杂化和"媒介化"的世界中存在的挑战。该项目的共同发起人之一，荷兰政治学家和规划师马尔滕·A. 哈耶尔（Maarten A. Hajer）认为，今天的政策制定者们必须具备通过动态叙事媒体进行"表演"的能力，以便有效说服各类公众。[8] 因为全球碳排放目标的实现需要得到各方的普遍支持，设计师们可能会发现他们越来越多地承担起沟通的工作，即借助各式媒体来探讨跨国气候治理的问题和战略。从以往来看，这意味着通过深度的编辑剪辑对各方动态发展现象进行再包装，这种做法在短期内颇为有效，但其长期有效性却令人生疑。大规模场景建模是否具有足够大的说服力，能维持一个由关键人员组成的稳健联盟，并经得住政治、技术和民众代际变化的考验？这些被认为具有权威性的可视化项目将在多大程度上支撑起详细的实施框架，并在现实世界的领土重构中助力解决实际操作的种种难题？或许，最重要的是，谁才是这类项目的主要受益者——是地方上的能源消费者（如本案例），还是更广泛、间接的全球公民？

正如伊恩·麦克哈格在《设计结合自然》一书中所说的那样，"社会面临着诸多纷繁复杂的问题，以至于需要我们以最大的努力和热忱去收集必要的数据、进行分析和提出意见。"[9] 在这些文字编撰出版之后的 50 年里，我们可获得的数据和掌握的数据分析工具已经增加了一个数量级。规划师和设计师已经能够利用这些工具，在更大的地理范围内捕捉新的专业机会，然而自 20 年前预测式的"环境景观绘图"问世以来，鲜有革命性的解决方案再次出现。[10] 在未来，这类项目要想取得长期成功可能要取决于它们如何实现从单一的全面愿景转化为更细化的地方性倡议，因为这些倡议的蓬勃发展恰恰是因为其多元性，而非单一性。

绿色长城

正如我们今天所知道的那样，星球视觉起源于有关地球改造的平行历史。在很大程度上，人类能够（并且确实）从根本上改变地球的任何文化认知都基于殖民地球化的前提。在非洲殖民时期，法国和英国的林业工作者认识到撒哈拉沙漠正在侵蚀其南部边缘地区的农田，因而首次提出建立一个大陆防护林来应对。[11]20 世纪 50 年代，英国林务员理查德·圣巴伯·贝克（Richard St. Barbe Baker）曾游说政府建立一个绿色屏障，以遏制沙漠的不断扩张。自 20 世纪 70 年代开始的、长达 20 年的干旱使得人们认识到防护沙漠扩张的重要性，非盟于 2007 年批准了绿色长城计划（the Green Great Wall Initiative，GGWI）。根据该计划，非洲将建设一条长约 8000 千米、宽 15 千米的林带，横跨从塞内加尔（Senegal）到吉布提（Djibouti）的整个非洲大陆。[12]

该计划的核心前提自 20 世纪 20 年代以来几乎没有太大的变化，当时法国林业工作者创造了"沙漠化"一词，它常被用来形容非洲的沙漠和旱地因过度放牧和砍伐森林等糟糕的区域土地管理而不断向外蔓延至历史边界以外的现象。这种说法在撒哈拉以南非洲获得了非常大的影响力，并被用来为世界各地（包括美国、中国和中东地区）的大型防护林项目争取公共资源。[13]

目前，已经有 21 个非洲国家政府同意参与这一项目，其所获得的机构融资也已超过 40 亿美元。[14] 这种沙漠化叙事将环境力量与人类干预的创造力对立起来，有助于获得这类国际支持，但也导致人们对沙漠生态的理解过于简化。这种说法从根本上忽略了气候变化的作用、自然发生的干旱循环、渐进的物种迁移，以及历史上在该地区定居的无数代人的土著管理实践。

如果说旱地环境有什么持久不变的特征，那一定是其极端变化性。这些在地球陆地面积上约占 40% 的生物群落，基于降雨、丰草、干旱和野火的自然循环，经历着显著的季节轮替和年度变化。就萨赫勒地区而言，这些多年度的周期因受气候变化和人口增长影响正在不断地延展和重构。[15] 然而，几个世纪以来，本地社区已经学会了如何容忍和利用这种区域性差异，沙漠也为他们提供了机会和生计。绿色长城倡议成功打造了一种形象——一条横跨非洲大陆、蜿蜒起伏的绿带（区别于 1954 年贝克描述的殖民时期的本来面目）——这一观点明晰无误、深入人心，但在实际行动中想取得建树却困难重重。

自该倡议启动以来，由于缺乏地方性支持和管理规划，在萨赫勒地区种植的所有树木中大约有 80% 已经死亡，另外一系列误导性政策还导致了对地方资源的侵吞。[16] 尽管这些挫折常被用来证明该倡议背后非洲治理体系存在的总体性问题，它们同时也凸显出在没有科学界或当地专家直接参与的情况下，在辽阔的各式领土和千差万别的文化间实施单一景观管理战略的缺陷。[17]

不过，尽管这一项目一开始经历了一些失败，但整个萨赫勒地区还是不乏森林覆盖率增加的成功案例，尤其是在尼日尔（Niger）。[18] 然而，这种新增长并不是源于任何自上而下超国家级的景观工程项目，而是得益于基层农民主导的传统林牧混交方式（即林木和灌木与农作物和牧场相互套种的做法）的推广。从 2007 年起，绿色长城计划开始对框架进行大幅调整，以响应这些成功的地方举措。新框架不再过于强调绿色屏障的一体性，而是聚焦于形式各异的土地利用实践，以期实现最初绿色屏障理念之下的绩效目标。[19] 这些当地土生土长的做法

有助于确保长期管理目标的实现，并且可以给有所增加的人类居住用地提供持续保障。

麦克哈格写道，"按照社会所秉持的对自然的观念可以更好地理解城市、郊区和乡村。"[20] 以萨赫勒地区为例，在地图上绘制一条模糊绿线的这一简化的逻辑反映出西方殖民者对干旱地区生态环境认知上不足，且对当地土地管理实践潜意识里并不信任。[21] 声称这样一个简化框架足以成为景观基础设施的规划工具，这也暴露出设计师和政策制定者当环境风险近在咫尺时的狂妄自大。麦克哈格坚持规划要将资源密集型发展的愿望和区域景观系统的动态敏感度相结合。如果想要在更大范围内实现这种平衡，并解决迫切的气候变化问题，麦克哈格的方法必须得到扩展、强化及创造性的再设计，以适应更细微的差异、细节和复杂性。

重回复杂性

麦克哈格会收集和叠加空间信息以确定最适合的土地用途划分，这个过程一般始于对环境科学及客户需求的相对直观的理解。通常制作这种叠层图也使他能够针对特定问题对解决方案进行微调。有些客户对场地了解有限，麦克哈格的叠层图可以为他们带去更多复杂的信息，揭示出一种对广大区域系统及其与规划中

图 17.1 尼日尔传统农林复合经营鸟瞰图，2004年，格雷·塔潘（Gray Tappan），美国地质调查局（U.S. Geological Survey），EROS数据中心

的城市发展之间关系的更有分寸的认知。自《设计结合自然》首次出版以来的数十年间，卫星视觉、大数据和数字地图软件迅速发展，使我们能够认知更广大的环境系统，认知的精确度也有所提高。对于规划师和设计师而言，这可以说是打开了通向新学科领域的一扇门，但也从根本上改变了他们的专业角色和客户关系。如今，尽管全球性的问题日益复杂，但政策制定者必须直截了当地向世人展示出解决方案，才能获得财政支撑和政治筹码。这常常会给规划和设计专业人员带来压力，导致他们回到经验主义叙事的方式，过度简化"地区—人类—环境"系统的实际动态。

麦克哈格曾指出过创造过程和演化本身的明确定向，他将其描述为"从简单到复杂，从单一到多元，从不稳定到动态平衡。"[22] 这一观察成为麦克哈格讲课和著作的基本要素，并且凸显了生态视角对规划师和设计师的价值。他写道，"对我来说，生态观的裨益显而易见。同样清楚的，是拥护生态观将引发深远变化。"[23] 确实，在日益迫切的环境问题的框架下，这种生态观已经显著扩大了规划师和景观设计师的作用，让他们能在广大地区里施展本领。现如今，《设计结合自然》要求他们积极参与不断扩展的气候治理领域，且充分考虑气候科学的复杂性和生态不确定性。如果设计师继续在应用研究、科学景观知识和地方参与这些方面不懈努力，则新的测量和展示工具可以增强新一代的全球管理能力。针对大型项目，设计师们必须找到凝聚共识的方法，不能搞一刀切或宣称有灵丹妙药。否则，星球视觉的双刃效应将继续阻碍一切有意义和持久的创新。

第 18 章

被盐沼拯救

托马斯·J·坎帕内拉（Thomas J. Campanella）

纽约市布鲁克林区的海洋公园社区地处格里森河（Gerritsen Ceek）北岸、牙买加湾（Jamaica Bay）西部边缘的一处潮汐河口，是一片绿树成荫的电车郊区（*电车郊区指的是依赖有轨电车为主要交通方式而发展起来的郊区——译者注*）。在 17 世纪 30 年代荷兰人在此定居之前，卡纳西印第安人（Carnarsie Indians）曾在这片土地上生活过 1000 多年。令人难以置信的是，直到 20 世纪 20 年代中期，纽约市的街道已经是纵横交错，这里还保留着布鲁克林最后的农业景观。我长大的那条街原本就是一片卷心菜地，然而几年之内，都铎式房屋（Tudor homes）就在这里拔地而起。海洋公园这个名字（海洋公园社区也由此得名），甚至在真正有公园建起之前，本身就已经反映了宏大的计划和梦想。它曾是纽约市第一个机场的选址之一［后来机场建在附近的弗洛伊德·本内特（Floyd Bennett Field）机场］，并且差一点就被选为 1932 年纪念乔治·华盛顿诞辰 200 周年博览会的举办地——而这一企划的最终结果要等到 1939 年，世界博览会在纽约的法拉盛召开。

关于海洋公园的规划远不止于这些。设计师查尔斯·唐宁·莱（Charles Downing Lay）——他是大名鼎鼎的安德鲁·杰克逊·唐宁（Andrew Jackson Downing）的表弟，也是小弗雷德里克·劳·奥姆斯特德（Frederick Law Olmsted Jr.）在哈佛大学的第一批学生——曾呼吁将 728 公顷的原始盐沼地改造成凡尔赛宫式的人造景观。根据查尔斯·莱的规划，海洋公园的面积会比中央公园和展望公园加起来还大，将成为一处健身场所和大型城市休憩地——拥有 200 块网球场地、80 块棒球场地、室外地滚球和草地保龄球球场，三个奥林匹克游泳池、一个溜冰场、一个动物园、一个高尔夫球场、一间赌场和足以容纳 3 万观众的剧院。格里森河本身将被分成长达 3.2 千米的运河和用于赛艇和单人帆船比赛的港口。罗卡韦湾入海口（Rockaway inlet）将建设一个新的海滩并在附近设有换洗设施。桂冠上的明珠则坐落在 U 大街的北侧——这里将有世界上最大的体育馆，可以容纳 12.5 万名观众，是当时的洋基体育场容量的两倍。

具有讽刺意味的是，虽然查尔斯·莱提议的公园计划可能会将河口景观夷为平地，但他本人却对盐沼地赞不绝口。"潮间带的沼泽之美"，他在 1912 年为《景观建筑》（*Landscape*

Architecture）杂志撰写的一篇文章中写道，"凡是住在附近的人们，看着它的景色随四季更替无不目酣神醉。纵然山峦壮丽，令人敬畏，都无法与之媲美。在这里，天空成为人们生活中如此重要的一部分，唯海洋与之比肩，没有什么地方比这里蜿蜒的溪流和不规则的池塘更具线条之美。"他也熟知盐沼地的生态复杂性。他写道，"潮汐沼泽是一种微妙平衡的生态有机体，它拥有自己独特的动植物群落，起起落落的潮汐给这里的植物带来土壤、肥料和水分。" [1]

这一切都无法阻止策划破坏这片纽约市为数不多的潮汐湿地。幸运的是，海洋公园的建设因大萧条而推迟。等到 1934 年菲奥雷洛·拉瓜迪亚（Fiorello LaGuardia）宣誓就任纽约市长，他手下的公园委员会主任罗伯特·摩西认为查尔斯·莱的计划不啻一个代价高昂的生态灾难。摩西把这个计划扔进了废纸篓，并要求设计人员将公园的改造工程就限制在周边的球场和 U 大街北侧已填满的河道（如今的海洋公园，紧挨着菲尔莫大道和东 33 街）。"至于其他地方"，他告诉员工说，"让海洋公园大致保持原貌我就很满意了。"尽管 20 世纪 60 年代弗拉特布什大道（Flat bush Avenue）附近的大片湿地被填充后建起了一个高尔夫球场，但格里森河口在经过诸多改造方案后却奇迹般地躲过一劫、被保留了下来。[2]

尽管如此，到 20 世纪 70 年代，这条小河变成了一个令人悲伤和望而却步的地方——报废的汽车被弃置在泥滩上，坏掉的洗衣机躺在沼泽里生锈。格里森海滩附近的孩子们开着越野摩托车在小路上飞驰，到了秋天几乎每个周末都会燃起一场大火，十几辆消防车呼啸着冲进社区。诚然，格里森河风景秀丽，有很多野兔、环颈野鸡、鲈鱼和浅水处的马蹄蟹，但它也是一个边缘混乱之地，只有孩子和无家可归的流浪汉才会光顾这里。

然而相当讽刺的是，正是这个被人忽视的河口拯救了抛弃它的社区。2012 年当飓风桑迪来袭时，风暴前汹涌的洪水涌入格里森河。格里森河涨到大约海平面以上 3 米的位置，河水逼近 U 大道边缘，不过一直没有溢出来。如果水位超过这个阈值，海水将会毫无阻碍地涌入内陆的 R 大道，淹没（包括我家在内）成千上万户家庭的地下室。幸好这一切都没有发生，因为格里森河这里一直没有铺砌地面，也没有开挖成"景观设计师莱"（摩西这样称呼他）设计的那种人造景观。这么多年以来，它基本就处于一种自然的状态。

事实上，在风暴来袭前，河口的大部分区域刚刚经历了一次修复。格里森河生态修复工程由美国陆军工程兵团（这是一家以清排而不是重建沼泽地闻名的机构）牵头，并与纽约市公园管理局合作展开。修复工程包括清理河口大面积的芦苇——这种入侵性的物种占据了本就营养不足的土地，排斥了其他物种的生存——用罗卡韦湾的挖泥船来扩建怀特岛（White Island），总共建造了超过 16 公顷的潮汐沼泽和海岸草地，并种植了各种各样的原生草。如今，格里森河已经成为永久性的野生自然保护区，并且是纽约都市区修复的最大的沿海湿地生态系统。这项修复工作进行得非常及时，2012 年 8 月 14 日举行的开幕仪式标志着工程的完成，仅仅 11 周后，该地区 300 年来的最强飓风——桑迪便强力来袭。也正是因为如此，当时格里森沼泽能够处于比较好的状态，可以实现一些比如缓冲波浪、减慢浪涌速度、充当水库以吸纳大量涌入的海水之类的潮汐河口的基本功能。

这些功能是飓风桑迪来袭前后数年内针对纽约脆弱的滨水区提出的多项创新方案的核心。灾难可以催生计划、纠正错误并对城市布局和基础设施进行向来必要的改善。可是大多数计划，比如说 1666 年伦敦大火后六项重建计划，以及卡特里娜飓风后新奥尔良的无数次计划——都注定要被弃置，因为关于城市灾难的一个永恒的真理，是城市或多或少会按照灾难前的模样进行重建。³ 然而，纽约采取了切实的行动，以保护这一水域免受下次大风暴的袭击。

飓风桑迪之后最具雄心的计划部分便是

大 U 形项目（*项目英文名称为 BIG U，BIG 在这里一语双关，既是建筑事务所的名字，也是宏大的意思——译者注*），它是由 BIG 建筑事务所（Bjarke Ingels Group）和纽约市共同牵头的多方合作的防洪系统，重点关注从哈得孙河西 57 大街到东 42 大街这段长约 16 千米的曼哈顿滨水地带。2013 年，美国总统奥巴马手下的飓风桑迪重建工作组发起了名为一项"设计重建"竞赛，大 U 形就是其中的获奖作品之一，这一计划后来的制定和实施从美国住房和城市发展部获得了超过 3 亿美元的支持。

大 U 形将滨水区划分为一系列的自治防洪区，这些被称为"舱室"的小区域构成了一个连续的防洪体，保护曼哈顿地势低洼的脆弱地区免受海水倒灌。通过兼收罗伯特·摩西和简·雅各布斯这两位名家对纽约城市身份不同的解读，该项目兼顾了物理和社会基础设施。每个舱室——东河公园、两座桥梁和唐人街，以及通往巴特里的布鲁克林大桥——都配备了固若金汤的防洪装置，同时还响应了社区讨论中提出的意见建议，提供了一系列的公共娱乐设施。

东河公园占地 25 公顷，是大 U 形计划的第一阶段，现作为下东区沿海韧性项目正在开发当中，它的特点是蜿蜒的"桥梁护堤"，通过坡道和"绿色桥梁"连接街区网格。这样的护堤设计旨在阻挡风暴潮涌和上升的海水，同时为当地居民提供新的开放空间和娱乐设施。这是一种看上去普普通通、实际上暗藏玄机的隐形基础设施，表面上只是个耐盐碱的公园景观，其实当中的护堤可以为13万名居民提供保护。"你不会将它视作隔离城市生活与水的防洪堤"，比亚克·英厄尔斯（Bjarke Ingels）在2014年解释说，"当你去那里走走，你看到的是风景、亭台，但所有这些都是保护曼哈顿免于洪水侵袭的隐性基础设施。"4

曼哈顿南段也将采取类似的策略，在那里，会有更多护堤形成贯穿巴特里地区的高地纽带。正如现在的巴特里椭圆广场（Battery Oval，一块位于巴特里的椭圆形草坪——译者注）取代了摩西时代克拉克和拉普阿诺（Clarke and Rapuano）公司设计的景观一样——它常因其所使用的强行透视法而著称——巴特里椭圆广场将被"连续性的防护高地景观"所取代，其通风管道和其他轨道交通基础设施（更不用说东海岸那些价值不菲的地产项目）将免受洪水淹没。高地的一端将与"倒置水族馆"（Reverse Aquarium）相连——这可谓是一种"乐观主义建筑"，既可以作为防洪屏障，又能使游客远眺港口，以观察每日繁忙的海港吞吐和变化。5

该计划并非完美无缺。分割海岸线是一个诱人的想法，但也让人想起了旨在让泰坦尼克号永不沉落的船体设计所存在的悲剧性缺陷。这艘远洋巨轮沉没的原因是，没有人预料到多个舱室会同时破损，然而当泰坦尼克号撞上巨大的冰山时这种情况真的就发生了。根据平行逻辑，大U形只能在每个岛屿两侧的每间舱室都正常运转时才能实现既定功能。考虑到像纽约这样政治一团糟和令人忧心的城市通常的运转情况，大U形的防渗船体需要进行很长一段时间的准备才能迎接一场风暴的挑战。在那之前，每一个完工的舱室只不过是一个令人愉悦的绿色游乐场，在雨中等待着那一天的到来。施工期非常漫长，特别是如果按照承诺的那样让雅各布斯一派的利益攸关方和社区高度参与进来，更会如此。民主是个好的东西，但它往往会阻碍事情的进展，摩西就深知这一点。

在理念上与大U形比较接近的是位于布鲁克林的DLAND工作室和建筑研究办公室的"新城市地面"联合项目。这一项目曾在由纽约现代艺术博物馆举办的颇具预见性的展览——"潮水方兴：纽约滨水工程"当中展出。"新城市地面"设想在曼哈顿低洼的滨水区建设一个与现有的街道和雨水网络相连的生态基础设施，这体现了伊恩·麦克哈格的景观设计理念，是"对城市设计的彻底反思"。它主要由两部分组成：一个多孔的高地街道网络，以避免雨水造成本市声名狼藉、时好时坏的合流排水系统过载。另一个是沿滨水区建设"累进式河沿"，以便吸纳大风暴期间的街道径流和海水倒灌。河沿本身将由高地公园带组成，其下方是淡水湿地和咸水盐沼。[6]

受邀参加纽约现代艺术博物馆"潮水方兴"展的还有令人难忘的名为"牡蛎—织构"（Oyster—tecture）的布鲁克林红钩海滨方案。该项目由景观和城市设计公司 SCAPE 提出，建议在近海建造一个由"绒绳"编织网制作的活礁石，以支持各种鱼类和其他海洋生物的生存。通过播种牡蛎和贻贝，牡蛎礁会逐渐扩展成一个足够坚固的结构，从而能够减弱海浪和风暴潮。同时，通过其他软体动物群落的生物过滤过程，每年还可以清理数千万升被污染的海水（一只成年牡蛎每天可以吞入 190 升的水）。牡蛎礁在纽约港的分布曾经非常广泛，它们和珊瑚礁一样，在保护海岸线免受海浪冲刷和风暴侵袭方面发挥着至关重要的作用。牡蛎也曾是纽约市颇受人们欢迎的一道美味，直到 20 世纪 20 年代末未经处理的污水与河道疏浚工程破坏了这片广袤的河床（布莱顿海滩大旅馆供应的超甜的牡蛎是在格里森河中的含盐水域养殖的）。受 SCAPE 牡蛎—织构提议的启发，后来又有了"设计重建"竞赛中另一项获奖方案——斯塔滕岛拉里坦湾（Raritan Bay）"活着的防波堤"项目——它由 975 米的水下防波堤组成，沿托滕维尔海岸线（Tottenville

Shore）播种牡蛎。所需的牡蛎可以由"十亿牡蛎"项目（Billion Oyster Project）提供，这是一个旨在保护海岸线并修复拉里坦湾一度盛产牡蛎的河床的基建项目。该项目已经获得 6000 万美元的联邦资金，目前正处于实施的早期阶段。

总的来说，这些项目代表着文化上的重大转变，改变了过去一个多世纪工程兵团一直推动的那种握紧拳头保卫城市、人与自然对立的防灾方式。所有这些都是"生态型海滨"战略的变体，旨在减轻海平面上升和日益频繁、日益严重的风暴所造成的沿海洪水的影响。从本质上说，这类计划寻求采用沿海地区的生态基础设施，往往辅之以更加传统的硬结构防御方案，从而增强或重塑基于自然的系统和结构，以保护海岸线免受极端潮汐和风暴潮的破坏。

这种解决沿海地区韧性问题的方法——协调、合成和疏导——是对过去依靠硬体结构保护城市免受海洋侵蚀的传统方法（修建堤坝、海堤、防洪闸、防水墙、护岸和码头）的绝对颠覆。事实上，亚哈船长（*小说《白鲸记》的主要人物之一，立志追捕一头白鲸——译者注*）已经把标枪放在一边，开始和这头麻烦的鲸鱼进行谈判。当然，这并不是说不再需要锋利的鱼叉。没有哪个头脑正常的人会建议拆除保护新奥尔良或上海免受洪水侵袭的堤坝。然

第18章 被盐沼拯救

而，固定的且缺乏灵活度的硬体结构，往往需要很高的建造和维护成本，而且最终难免会导致灾难性的故障。它们还会带来意想不到的副作用。20 世纪 30 年代，工程兵团在罗卡韦半岛西端修建了一条长长的岩石防波堤，挡住了沙子沿海岸向西漂移的自然过程，但在微风点（Breezy Point）这个地方却很快形成了浅滩和海滩。

大自然知道如何保护自己。2016 年全球对海岸线栖息地的研究发现，红树林可以使海浪高度降低 31%，珊瑚礁可以使其降低 70%，盐沼的作用则可达到 72%。可是应用结合景观进行设计的理念，在其他地方复制这样的系统往往与人们的直觉相悖——我们是想降低洪水的风险，怎么反倒先要把洪水引进来？西部山区的森林里就出现过类似的一幕。20 世纪 80 年代初，还是一名大学生的我有几年的夏天一直与美国林业局和土地管理局的消防队待在一起。那个时候，新一代林务员和生态学家刚刚开始对由来已久的灭火政策和做法提出质疑，荒地火灾管理才开始改变。传统上人们对待森林火灾的态度是一场正义与邪恶的较量。我们被告知"火灾是敌人"，并且救火是"最后的道德战争"。所有的火都必须被扑灭，即使是偏远的荒野地区由闪电引起的火灾也是如此。当然，这种顽固的、对生态一无所知的信条造成了灾难性的林下植被的累积。

火是西部森林生态系统自然进化和循环往复的一部分。像花旗松和黄松这样和火一起进化而来的树种都有着厚厚的树皮，它们能将新生层与最炽热的火焰隔绝开来。有些树种需要被快速和轻微地燃烧才能繁衍，比如说美国黑松，其晚熟的球果在高温下会裂开。如果将火灾排除在森林生态系统之外，久而久之，就会形成一个火药桶，终将不可避免地引发致命的大火，就像 1988 年黄石国家公园发生的那场大火一样——大火燃烧得如此炽热，以至于烧毁了所有的植被，场面失控，十分危险，而且代价高昂。如今，林业工作者利用在指定地点放火的方法来以火避火，通过战略性地重新引入森林生态系统的自然部分（即火），先发制人地减少可燃物。

自创立以来，美国景观设计行业已经经历过三次道德伦理高峰。第一个当然是奥姆斯特德时代，驱动力是一种高尚的、甚或家长式的为人民服务的理想。这种理念在 1920 年被遗弃了，因为当时大多数的设计师更乐于为有钱有势的人建造花园。之后在"新政"期间出现了第二个高峰，这一职业的公共服务使命得以重建。在那个充满英雄气质的时代里，美国各处都兴建了大量的公园和风景干道。然而第二次世界大战后，景观设计行业的从业者沦为高速公路建设商、城市翻新修建者及住宅开发商们的仆佣，他们把我们带上了灾难性的郊区扩张之路、摧毁了我们的城市。在这之后，当然，现代主义出现了，不过势微力薄，仅局限于新一代精英的花园之中。直到 20 世纪 60 年代，在结合景观进行设计的新愿景的指导下，伊恩·麦克哈格将这一职业推到了第三个顶峰。

本章所介绍的这几个项目表明，我们可能正处在第四个顶峰到来的前夕。的确，很难想象景观设计师什么时候能够处于一个更有力量或更重要的地位，以确保我们城市的未来活力乃至生存。如果说弗雷德里克·劳·奥姆斯特德和他那一代公园建造者们把城市从城市自己手里救了出来，我们当下时代面临的挑战则是保卫城市免受海洋侵蚀。如何有效应对海平面上升、越来越频繁和强烈的风暴及全球气候变暖引起的其他威胁，是否能够找到可持续性的对策，这已经成为我们这代人的"登月计划"。而且，正如这些项目所示，景观设计师有资格成为独一无二的引领者。

第 19 章

设计结合变化

罗布·霍姆斯（Rob Holmes）

《设计结合自然》一书从泽西海岸（Jersey Shore）开始讲起。这本书的第一篇方法论研究——"海洋与生存"因预见性地谈到了当代景观设计对沿海城市化、风暴和软性基础设施等问题的关注而声名远播。伊恩·麦克哈格在其中重点介绍了沙丘地貌在保护沿海社区免于受到风暴潮影响方面起到的作用，他通过一系列关于风、沙、沙丘上的草及其他植物种类的抽象化片段，描述沙丘的形成过程，还用较小的图表展示了海岸漂移、侵蚀和防波堤对海滩的影响。他还指出了这一景观的动态特征——"泽西海岸……不断卷入与海洋的竞争；它的形状是动态变化的"——并建议重新组织沿海开发，好给沙丘以空间和时间让其自行演化。[1]

几十年后，2012 年的飓风桑迪又让设计师们重新回到泽西海岸。作为沿海适灾韧性工程结构的一部分，保罗·刘易斯（Paul Lewis）带领的普林斯顿团队提出了"两栖郊区"的理念，计划将道路升级为"具备多项长

处的护堤"，同时允许水通过隧道进入郊区进而实现"可控的渗透性"。[2] 这个想法与麦克哈格的建议高度符合，都认为沿海社区不仅要保护沙丘，还要以荷兰堤坝为模型。[3] 此外，"设计重建"竞赛中有一个由 WXY 建筑事务所和 West 8 多学科团队共同设计的"蓝色沙丘"（Blue Dunes）方案，建议在海岸线建造新的沙丘屏障岛。[4] 还有一个由 SCAPE 景观建筑事务所制定的重建项目——"浅滩"（The Shallows）方案，计划要对巴尼加特湾（Barnegat Bay）的湿地进行疏浚。[5] 这三个项目都旨在通过重新构建沿海地区开发和自然演化进程之间的关系，以适应海平面不断上升带来的生存危险：两栖郊区能够适应水位的变化；蓝色沙丘建造了可以随着海风和波浪的变化而变化的新地貌；浅滩则意在加强湿地和工业疏浚周期之间的互利关系。这些项目均主张建设更加软性的基础设施，进而减缓人类居所和海洋之间的紧张关系，和麦克哈格的关注点如出一辙。

稳定与变化

不过，这种观点上的延续性掩盖了他们更深层次的差异。尽管麦克哈格在《设计结合自然》一书中曾多次使用了"过程"一词，他也认识到了海岸景观的短期和长期变化，并且非

常希望发掘沙丘作为软性基础设施的潜力，但麦克哈格的自然观，尤其是其对设计结合自然的设想，未免过于僵化，不太能兼顾人类活动范围不断扩大的情景。当然，这很正常。因为当麦克哈格撰写这本书时，现代生态科学尚未成熟，还处在大加速的前夕。[6] 在那之后，生态学的发展已经清楚地显示出：变化是景观的显著特征，人们也愈发清晰地认识到：人类对地球系统影响所导致的变化正在提速。这两点正改变着景观实践。

自《设计结合自然》出版之后的几十年时间里，生态学家对生态现象的概念认知出现了根本性的转变。[7] 之前的生态学家曾把地球描绘成朝向"平衡与稳定"前进的、能够自我调节的"自然的平衡""这对生态学理论和实践都产生了影响"，而新范式的特征则是"生态系统的非均衡性、异质性、随机性和层次性。"[8] 景观设计师和相关专业人士很快意识到，这种转变对设计实践有着巨大的影响，不但体现在新目标和新方法上，还包括对变化之作用的强调。[9]

这一转变带来的重要影响涉及如何把握对景观总体趋势的理念认知，以及由此引发的如何设定生态系统干预手段的目标。麦克哈格的"千层饼"法所假设的各要素之间的确定性关系并不总是存在[10]，而且要素间的矛盾也不一定在一段时间后就肯定可以得到解决。然而，这种描述

上的确定性却构建了麦克哈格那一批环保人士对自然稳定与平衡的认知，导致当时的大部分人将这些特质奉为目标。[11] 如今，结合了现代生态学洞见的景观设计理论有着更精细的目标，青睐动态适应而非稳定性，推崇多样性而非平衡性。[12] 包含适应性管理等科学原则的设计实践会更为强调跨越场地名义边界的生态过程的流动性，并将过程作为设计的工具和对象。[13]

与此同时，人们越来越意识到不仅仅生态系统具有不均衡、不确定性和变动性特征，支撑生态系统的、更大的、全球级的运转过程也是如此，比如生物地球化学循环、侵蚀和沉积物运移，或天气和气候演化过程。[14] 另外，这些过程不仅总在变化，其变化不仅一直影响着人类[15]，更重要的是，现如今随着城市化的推进，这种变化已经渐渐被锁定在了加速反馈循环之内。例如，森林砍伐将城市化和全球气候变化过程结合在一起，城镇人口对木材的需求、土地清理和气候变化加速了这一进程。同时，森林砍伐会产生温室气体排放，加速气候变化，并给城市人口带来更大压力、进而消耗更多资源以弥补这种变化。所有这一系列的影响使人类成为推动地球变化的真正载体。[16]

在麦克哈格撰写这本书时，这些影响还没有变得如此清晰，因而他也并没有阐述这一状态的影响。如今，在蓝色沙丘建造新的岛链，以及浅滩中将疏浚弃土转化为湿地的设计均已

超出了麦克哈格设想和倡导的自然范围。同样，在构建新型自然环境方面（将环境与人类系统交织在一起），大沼泽地（the Everglades）、索尔顿湖（the Salton Sea）、密西西比河三角洲（the Mississippi River Delta）、加利福尼亚海湾三角洲（California's Bay-Delta）及其他许多地方正在实施的大型生态修复项目也远比"修复"一词蕴含的意义更大。对该种能力的认知既赋予了设计师保护自然的道义责任，又要求他们负责构建自然，即使他们（常常明智地）选择不这么做。[17]

不过，没有意识到这一点的并非只有麦克哈格一人。尽管景观变化是必然的，但城市化管理，包括城市规划、物流、基础设施工程和政治领域都不太会考虑到这一点。[18] 典型的预期是认为建筑物和基础设施下的景观将保持不变，但这种事情从来也没发生过，今后也不会发生。因此景观的动态性和人们对稳定性的要求之间就有了矛盾，并造成了以下冲突：在受到景观变化不均等影响的人与人之间的冲突；稳定性结构和风、水、土壤和岩石等移动力量之间的冲突；寻求连续性的经济体和不断迁移的景观之间的冲突。

这些紧张关系不能通过人为消灭变化而得到缓解，因为从海滩、堰洲岛到三角洲和河流等景观地貌不仅会发生变化，而且依赖于变化。稳定景观无异于摧毁景观。我们需要学会将设计与变化结合起来，依时而变，才能规划好周边的城市化。

这其实并不是一个新颖的动议。[19] 景观设计理论家们很早就认识到变化的核心地位，但直到近几年才对变化加以更多的关注。[20] 景观城市主义，这一自麦克哈格以来最具凝聚力的、重点讨论关注的是景观建筑师在城市化局面中所使用的方法的景观建筑理论体系，就在其理论中将通量、过程和不确定性作为核心问题进行思考。[21]

不过，有什么证据能够证明这一理论正在对实际操作产生着影响呢？假设设计结合变化需要新的方法，就像麦克哈格的项目需要叠层和千层饼法一样，那么这些新的方法是什么呢？本卷中要讨论的三个项目将对此作出回答，这些项目都涉及麦克哈格在"海洋与生存"一章所提出的有关基础设施、城市化和沿海环境问题。

摒弃景观解决方案论

"解决方案论"（solutionism）一词的流行始于评论家叶夫根尼·莫罗佐夫（Evgeny Morozov），他用这个词来形容一种在他看来应该归咎于硅谷的"智力病态"。在那里，人们根据当代技术解决问题的能力而预先设定问题。[22] 一般来说，解决方案论将提出解决方案的能力前置，并用以界定问题。这导致人们往往从可解决问题的角度来看待这个世界，而忽视了有些不构成问题，或者不可以被解决的事情。

对于景观设计师而言，"解决方案论"意味着倾向于将景观等同于一系列可以被解决的问题。尤其当以往的景观设计实践被证明有能力响应迫切需求之后，这种论调似乎就更具有说服力。比如，景观设计师能够为排水和调蓄等土木工程系统提供生态环境优越、美学上乘的选择，因此我们就经常将城市用地简化为纯粹的雨污问题，即使是涉及城市改造绅士化和平民迁移等更为复杂的情况时也是如此。此外，由于景观设计师领导实施了对湿地作为软性基础设施的重新评估（这是好的，也是必要的），我们又常常在讨论任何沿海问题时都把湿地当作百试百灵的万能药。之所以我们很容易受到这种框架的影响，是因为这种思维通常非常强大：如果我们可以解决某问题，尤其是如果我们能够比其他人更好地解决该问题，那么我们就能够说服他人付费给我们来解决该问题。

不过，纵使景观领域的"解决方案论"似乎对我们的议题有推动作用，但还有两点原因使它不利于景观设计师。第一，将我们工作都纳入所谓"凡事皆有解决方案的框架"中，无意间模糊了我们和理工科领域之间的能力差

异，而理工科目前正主导着海岸地形、城市化和基础设施建设。这些领域讲究实证主义，以效率为导向，并且非常务实，然而设计作为一个过程，是反复的、有争议的并且不是简单直白的。设计中的解决方案由于会受到框架重建的影响、因而总具有临时机动的一面。[23] 设定问题——即将情景中某些组成部分设为给定条件、同时将其他组成部分当作变量的框架搭建的行为——这个过程至关重要，且并非一劳永逸，始终还有需要重新调整的可能。[24]

因为"解决方案论"将框架中的问题收窄至景观设计已经证明能够解决的问题，所以它看不到景观设计的上述优势，也对景观设计先例在新领域的不适用性视而不见。强调我们在重新搭建架构时具备设计师的专长十分关键，因为当我们能够证明我们的景观设计学科具备其他学科没有的能力时，那些希望超越传统专业领域的景观设计师才会发挥出最大的主动性。

与此相关的，是解决方案论框架未能认识到景观设计对动态和复杂情况的具体适应性，在这些情况中变化产生的影响是不可预测的、不稳定的且在政治上存在争议。对立的利益群体寻求的结果互不相容，同时气候和相关环境进程因人类行动而失衡和加速 [25]——这正是需要设计结合变化的环境。换句话说，当代的认知文化越来越模糊，而环境不确定性却愈发加

剧。在这种不稳定性构成的混沌状态下，过于简化问题设定相当危险，简单明了的解决方案也并非那么确定无疑。[26] 当价值观成为冲突的主要载体时，湮灭价值观的方法不会奏效。而此时设计的反复性、可揣摩性和非简单明了的特征反倒成了设计师的优势，设计师能够综合各种条件，并在没有解决方案的情况下采取明智的行动。[27]

作为"沿海韧性结构"研究的一部分，阿努拉达·马图尔和迪利普·达·库尼亚领导下的宾夕法尼亚团队在弗吉尼亚州诺福克市开展项目时，在对风暴和海平面上升的处理上与以往设计师采用的传统方法迥然不同。他们不作问题假设，而是先关注对这一境况进行归纳的具有代表性的语言选项。这种批判性的关注源于一个空间隐喻——"流转海岸"，即如果不将海岸绘制为陆地和海洋的分界线，而是采用"海洋延伸至大陆"的"基于时空梯度的动态和多孔的海岸"这样的概念，人们对海岸的看法会有怎样的不同。[28]

为了构建这种情形，他们从绘图开始，用一系列的图纸来描绘"高地手指"，即河流、小溪、浅湾中的水流汇入弗吉尼亚海岸的切萨皮克所形成的高低交错的地形。他们还对詹姆斯敦（Jamestown）和波阔森（Poquoson）的瀑布线式河岸陡坡进行了一系列的非现场

研究，从而将"流转海岸"这个空间隐喻根植于地区的独特性。然后，该团队从这些非现场地点转向两个测试场地。这两个场地的地形都具有基础设施和开发项目交错混杂的特征，存在被升格为人造"手指"（见图19.1）的可能。这些新隆起的地脊利用区域地形产生了一种替代堤坝、防水墙和屏障的方案。

与传统的防洪设施不同，这些土方工程并不是为了"解决"洪水问题。相反，设计师寻求的是在诺福克（Norfolk）创造出不同的临水而居的生活。这些廊道引导水落归槽、接受、形成新的生态地貌，并成为未来城市化的组成部分。它们不设想永恒，而是在有限的生命周期内与气候情景联系起来。这就可以为未来几十年重启诺福克的规划留下可能性。他们舍弃了一个给定条件——即城市会无限期地保留现有面貌，将其换成了另一个假设：洪水会来的。

避开落入"解决方案论"的窠臼不仅是要强调即使没能解决任何问题的景观设计实践也同样存在价值，而且还想说明存在许多行动方式，我们不能先入为主地将此前的解决方案应用到相关的问题上。解决方案论的反面不是接受或消极对待挑战，而是采取批判性、反思性和有意义的实践。

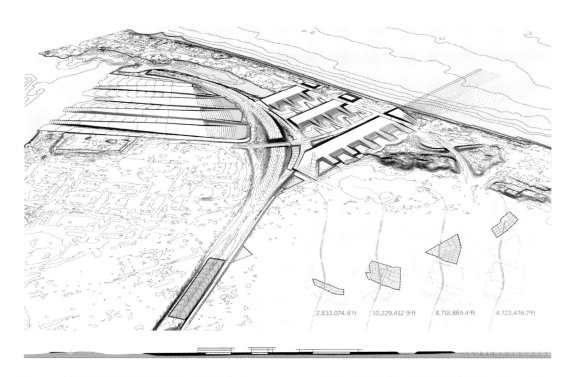

图 19.1 高地手指将雨水和潮汐流引入威洛比海峡（Willoughby Spit）梯度交错的水道。图片引用经由马图尔和达·库尼亚许可

用好、用活绘图法

马图尔和达·库尼亚的作品还展示了避免解决方案论的许多设计所共有的关键要素，即将绘图作为重构工具。绘图能够在避开非解决方案论的一类办法的前提下，同样出色地表现动态景观。在景观设计绘图方面，詹姆斯·科纳在早期曾撰有可谓自《设计结合自然》以来最具影响力的绘图作品，他认为超常规和异常清晰的表征策略促进了绘图的生成潜力。[29] 当然，即使是比较传统的绘图也有助于破除假设，

揭示固定条件的偶然性，并挑战价值观。[30]

沿海韧性结构项目能够开展得益于一系列始于 10 年前的前序工作。由工程师盖伊·诺登森、景观设计师凯瑟琳·西维特（Catherine Seavitt）和建筑师亚当·亚林斯基（Adam Yarinsky）领导的多学科团队探索了关于气候变化对纽约—新泽西上湾的影响，并将研究结果汇集成了《在水上：栅栏湾》（*On the Water: Palisade Bay*）一书 [31]，进而激发了现代艺术博物馆的"潮水方兴"展览的举办。在这次展览中，潮水方兴的设计团队——

包括由亚林斯基的公司 ARO 领导的设计团队、景观设计师苏珊娜·德雷克（Susannah Drake）及 DLAND 工作室，他们对纽约市附近的海岸变化进行了一系列的推演。飓风桑迪过后，多项研究、竞赛、展览随之跟进，除了沿海韧性结构和设计重建之外，还有"规划纽约"等。**32**

因此我们可以说，《在水上》一书引领了后期大量设计工作，而且在这些项目的迭代最优解处，往往都以一种非解决方案论的方式对沿海气候变化进行了考量。为什么这本书能产生这种影响呢？《在水上》包括两个主要部分：河口基础设施中投机性的干预措施提案，以及可以更加清晰准确地表明上湾气候变化挑战规模和其他各项细节的多学科制图工作。几位作者利用地理信息系统（ArcGIS）收集了大量数据，经由整理后生成了纽约—新泽西大都市区的无缝数字化"topobathy"［*topobathy 是一个结合了两个词的术语："topography"（地形学）和"bathymetry"（探测学），指的是对陆地和海洋地形的研究——译者注*］图层，这些数据和建成基础设施及人口数据共同成为数字洪水模型的基本输入，从而使飓风洪水风险得以被量化和空间化。该项目组仔细研究了上湾整个海岸线的断面和主要特征，绘制了一份"边缘图册"，扎实地填补了此前数据的空白。

《在水上》的绘图在表现形式上虽然比较传统，但它们清晰地描述了各种可能性，如洪水淹没街道、让房屋受损并使得社区陷于险境。后来，当飓风桑迪来临时，这一切都变成了现实。绘制在图上的威胁成了极具紧迫性的现实问题，海岸传统定居点可以无限延续的主流假设被打破了，桑迪飓风过后的设计工作因此得到了政府和私人资助者的支持。**33**

这并不是说绘图会决定性地产生某种设计方案。本书提供的两个关于曼哈顿下城的设计方案，DLAND 和 ARO 的"新城市地面"项目和 BIG 集团的"大 U 形"项目都可以回溯到《在水上》的绘图——前者参加了"潮水方兴"展览，而后者则是设计重建展览上的作品——但是两者属于截然不同的应对方案。"新城市地面"弱化曼哈顿下城的边界，呈现出公园、湿地和沼泽等渐进过渡的面貌。这与"大 U 形"很不一样，因为后者是想在岛屿周围部署一个边界清晰的 U 形护堤。"大 U 形"承诺建设一道挡水墙来保护华尔街和金融区，而"新城市地面"可以视为迈向更大的软化边缘群岛的第一步（特别是考虑到它和《在水上》河口宽阔的岛屿、防洪堤、陡坡和湿地的直接关系，因为亚当·亚林斯基在这两个团队都担任领导角色），这些弱化的边缘民主地分布在上湾，所以当洪水来临的时候，它对所有人都是平等的。

不同的模型

"大 U 形"和"新城市地面"之间的这种反差不仅体现了框架和价值观的重要作用，也反映出对具备拷问未来变化能力的设计方法的需求。如果没有这样的方法，那么寻求可预测性的政客、公众和规划师则几乎总是更青睐修复自然的静态方案，而不是以动态视角进行的设计。

根据变化与景观和城市化之间的关系建立模型，这些工作通常由科学家和工程师使用不同复杂度和精确度的数学模型、物理模型和计算模型来完成。但这些模型很少动态地融入设计过程。主要原因是此类模型耗费资源，想要容纳过多选项，则不太现实。这将建模排除在设计之外，因为设计要求反复、密集且快速地考虑替代方案。

如果景观设计师希望增强其设计方案和未来变化的互动，那么他们将需要本地化的建模方式。这些方式至少应该具有两个关键特性。第一，它们应该比典型的理工模型具有更快速的迭代，这样建模就不会妨碍对各种稳健可能性的探索。第二，它们的目标应该是理解形式作为有因果关系的轨迹。形式需要被建模，而不仅仅是作为物质和空间的静态配置，而是作为具有可理解轨迹的动态物质，这既体现在内部配置（随着时间的推移形式的倾向）方面。

也体现在外部关系（一个形式如何因其自身的轨迹受到外部力量的影响，同时也改变其他形式的轨迹）方面。[34]

未来的模型将如何发展，现从各种新型工作中都可见端倪。[35] 在本卷介绍的诸多项目中，肖恩·伯克霍尔德（Sean Burkholder）和布赖恩·戴维斯（Brian Davis）在疏浚研究合作（Dredge Research Collaborative, DRC）设计的聚焦五大湖地区的健康港口的未来项目脱颖而出。[36] 伯克霍尔德和戴维斯正在与一个由建模师和工程师组成的团队进行合作，成员包括明尼苏达大学圣安东尼瀑布实验室（Saint Anthony Falls Laboratory，专门从事物理水文建模研究）的师资力量和美国陆军工程兵团的专家。他们开发了一个三步走的建模流程，大体涵盖了从景观设计师最广泛和最迅速的工作发展到工程兵团最缓慢但最精确的工作的过程。

这个过程的第一部分是以设计为导向的物理建模，它将对项目的走向直接发挥作用，因此其用途有别于多学科设计项目中的一般模型。[37] 也就是说，建模在此被用来反复甄别和形成设计方案，而不是对其他建立在别的标准基础上已经完成的设计方案进行评估。这种建模赋予景观设计师更大的主动权。如果景观设计师不参与建模，那么他们在设计过程中的地位要么是在建模的下游，要么就是在建模的上游。处于下游会限制景观设计师的设计起点，从而降低了景观设计师自主评估形式和价值关系能力。处于上游可能会使景观设计师完全自主地选择设计起点，但剥离了从有因果关系轨迹的反馈中选择起点的过程。相比之下，理解并使用动态模型的景观设计师能够调查某些形式的表现，这使得他们可以融合传统景观设计的关注点（比如项目规划、材料和空间），并同时考虑到动态景观设计中比较迫切的问题（比如水的运动、沉积物堆积和植物物种行为）。[38]

这种兼容并蓄的能力，特别是对于新颖方案的接收能力，对于设计与时俱进的方案而言至关重要。当代环境变化的速度、体量还有在很多情况下对人类构成的威胁，这些都需要我们对人类居所重新思考。由于环境加速变化时很多局面纷繁复杂而且可能是零和博弈的，这种思考必须避免解决方案论，并鼓励那些挑战现有问题框架的设计实践。绘图法在摒弃固有解决方案思维的景观设计方面可以发挥重要作用，因为它通常被作为构建情境并提供选择的工具。当具备新的框架时，设计师们需要在先例不足的情况下启动替代方案评估的程序。新的建模形式就是这样一个过程。设计结合变化将需要不断细化学科工具，从而将理论见解转化为令人信服的程序、项目规划及提案。

第 20 章
混合思想

卡特勒恩·约翰-阿尔德（Kathleen John-Alder）

伊恩·麦克哈格相信，好的故事会像好的设计一样给生活赋予意义，特别是能够从道德目的影响人类行动的故事更是如此。他有一个习惯，就是重复他最喜欢的故事，并将它们变为生态公理。

他最喜欢并且经常重复的轶事之一是从1961年夏天的一档电视节目《我们的居所》（*The House We Live*）中人类学家洛伦·艾斯利那里听到的。作为这档节目的主持人，麦克哈格邀请艾斯利讲讲人类成为地球上占优势物种会对环境产生怎样的影响。受邀而来的艾斯利先是对进化史进行了长篇叙述，描述了生命如何起源，又如何在历经各种偶然、灾难和不可想象的创造可能性后，逐渐形成了一个动植物生命网络。在此之后这一交互系统又怎样产生了人类思维、科技和城市文明。然而讲到这里，他提醒我们，这个世界现在正危机四伏。现实和想象中越来越复杂的机械构造就是证明，这种构造使人们与"生于斯长于斯的地球"失去了联系。

他进一步警告说，人类的思维不受物理边界的约束；因此，必须将科学和技术的进步与我们作为生物体的认识保持平衡，因为与其他所有生物一样，我们融入世界并对世界产生影响。根据艾斯利的说法，不这样做可能会很可怕，因为自然世界对人类行为的回敬"往往比预期的更可怕"。然后，他观察到，现代城市的混凝土公路和建筑物呈现静脉状分布是一个完美的例子，说明当一个生物体放弃约束，暂时逃离生命的活生生的网络时，会发生什么。艾斯利说："如果你飞过任何一个广阔的区域，你的所见几乎可以当作看到真菌在橙子上蔓延一样。"[1]

2016 年 6 月，当我第一次接触到能源奥德赛-2050 项目时，就想起了麦克哈格和艾斯利之间的谈话，以及艾斯利关于人类行为和空间模式和橘子上蔓延的真菌的那个比喻。那时，我正坐在宾夕法尼亚大学的欧文礼堂（Irvine Auditorium）里，聆听着受邀出席景观设计基金峰会的著名理论家和实践者们的演讲。迪尔克·赛蒙斯是第一组四位发言人之一，在他刚刚开始讲到题为"景观设计：未来新的征程"（Landscape Architecture: New Adventures Ahead）的千字宣言时，从太空拍摄的一部关于北海夜色的电脑动画出现在观众席前的大屏幕上。那画面美得令人叹为观止，但也隐隐让人不安。[2] 屏幕上是深蓝色的北海，现有石油和天然气设施的位置用淡红的线被勾勒出来；欧洲和英国周围的陆地是黑色的；几乎看不见的黄色斑块表示城市化地区的位置。突然，明亮的白线在画面中浮动，它们代表着赛蒙斯对景观设计新征程的构思，即建造可再生能源基础设施。继续听下去，我了解到他对可持续未来的探索，包括要在北海安装 2.5 万台风力涡轮机，每台涡轮机将产生 10 兆瓦的电力。这些设施将覆盖 57000 平方千米的海域，到 2050 年其发电量将满足该地区 90% 的需求。我还了解到，该计划是为响应 2015 年的《巴黎协定》及所提出的采用绿色能源、减少温室气体排放和限制全球气温上升这三重任务而制定的。图像左上角和右下角的数字时钟记录了设想中的空间如何随时间推移而变化。

数字时钟上的时间飞逝，动画逐渐临近《巴黎协定》到 2050 年实现净零碳排放目标的日期，水面上出现了一片片的白光，那是新的风力发电厂，它们的规模成倍增长，且强度越来越大。沿着海岸的蓝色光标志着能源分配中心的位置，它们也随着时间的推移而成倍增加。基础设施不断发展，明亮的蓝色能量束从分配中心爆发出来，在水面上纵横交错，形成了巨大的发光网络。水体的颜色也从钴蓝色变为波光粼粼的灰色。在演讲的高潮部分，绿色网格覆盖了城市中心。它的脉动栩栩如生，与依赖

风能电网的人类有机体昼夜规律保持一致。该项目有着极强的环境保护意识，一旦雷达探测到成群的候鸟出现，它们迁徙路径上的风力涡轮机就会停止工作，以保证候鸟的安全通行。电网监控的精度是如此之高，这样必要的关停甚至不会带来一丝的不便。

电脑动画在屏幕上一边播放，赛蒙斯一边进行了同步讲解。他指出空间设计、模式识别和建模等专业技术使景观设计师能够将复杂数据合成为务实和极具想象力的方案，从而解决多个问题。此外，这个技能组合可以用来设想未来场景，在相互冲突的政治、经济和环境议题之间凝聚共识，因此赋予景观设计师塑造国家和公众意志的力量。就能源奥德赛-2050 这个项目而言，这些能力使赛蒙斯和他的同事们推动不同利益相关方达成了共识，包括荷兰经济事务部、阿姆斯特丹、鹿特丹和泽兰港务局、煤炭和核能生产商 RWE 集团、电力传输公司 TenneT，疏浚承包商范·奥德（Van Oord）、荷兰皇家壳牌石油集团，以及两家致力于环境保护的非政府组织——欧洲气候基金会（European Climate Foundation）和自然与环境组织（Natuur & Milieu）。他自豪地称，动画中显示的视觉场景统一了这些团体各自的议题，并且进一步指出，该集体共识已经打破了导致《巴黎协定》列出的行动陷入僵局的"失败主义魔咒和空想危机"。他说，就在过去一

周里，北海国家的部长们已签署了一项合作协议，承诺将这片海域未开发的潜能转化为可持续的能源基础设施。[3]

赛蒙斯还讲到，能源奥德赛反映了荷兰化学工程师和诺贝尔奖获得者保罗·克鲁岑的行动所呈现的人类世论述。早在 20 世纪 80 年代，克鲁岑关于氯氟烃相互作用的模型显示，这些在工业生产过程中无意被释放到空气中的化合物会破坏臭氧层，并对地球大气层产生危险。随后他便积极抵制此类材料的生产，最终促成了 1988 年联合国《蒙特利尔议定书》(*Montreal Protocol on Substances that Deplete the Ozone Layer*) 的签订和对氟碳化合物的禁用。[4] 受此鼓舞，赛蒙斯效法克鲁岑，相信未来人类行为可以转向替代能源，并着力将此信念化为行动。因此，他并不寻求停止工业化。相反，他试图改变工业生产过程，以减少剥削和破坏。他认为，没有任何迹象表明这种战略对环境有任何伤害。当务之急是要继续前进，不断进行试验和创造，同时保持思想的可塑性、流动性和行动的开放性。他认为，在人类世的新环境现实中，我们无法再回到过去两个世纪工业化进程前的童真年代或自然平衡状态。

我注意到，赛蒙斯的话语中还包括有目前大多数设计师所熟悉的技术术语和景观城市化的浓重生态烙印的表述。这些论述包括以下观察：景观设计领域是城市化的有效媒介；

将人类活动与自然过程分开是不可能的；战略干预胜过监管控制。礼堂前面的屏幕上闪烁着的能源和材料的模式，强化了这种世界观和 20 世纪中期发展起来的生态系统模型之间的一脉相承的关系。特别值得注意的是，构成拟议设施的流量、事件和要素（能源子系统）彼此之间可以相互协调，并能针对新环境作出适应性调整。

从认识论的观点来看，赛蒙斯凭借技术精确度和工程权威展示的这一人类思想和科学冒险的逻辑杰作，象征着唐娜·哈拉维人与自然赛博格的极致（不含讽刺和动植物）。[5] 然而我开始怀疑，这份宣言的进步立场到底是历史进步的变革象征，还是如哈拉维和艾斯利警告的那样，是一种想要将能源生产作为一种良性社会再生产系统的野心勃勃的妄想。换句话说，能源奥德赛是欺骗性地延续了入侵行为，并一手炮制了其声称要修复的人为气候问题？还是一份公开承认过去的侵略，并着手应对气候变化威胁的解决方案？或是两者兼而有之？屏幕上展示的世界肯定还有着过去形成的、有待进一步调查研究的领土主张、地缘政治策略和军事战略等等。在这方面，最成问题的乃是这个项目把客观分析和自由意志的战略愿景交织在一起的叙事方式。如赛蒙斯所言，参与项目的各方之所以愿意这样做是因为他们会在某种程度上从中受益。不过，他在谈到团队成员间经济和政治权力分配时回避了实体公平性问题，可是，手握现成基础设施或货币资源的实体显然拥有更强的谈判地位，他们说不定还可能会控制对话。

我后来又看了看赛蒙斯的其他作品，发现他曾于 2014 年发表过《景观与能源：设计转型》（*Landscape and Energy: Designing Transition*）。[6] 作为能源奥德赛的前身，这项关于城市土地利用的研究解释了如何通过对现有设施的改造，从而建立一个面向净零碳排放的基础设施。以鹿特丹为例，它在城市屋顶安装太阳能电池板，将建筑外立面改造成绿色墙体，工业余热进入家庭供暖系统，毫无经济价值的树木被变成了生物燃料，而湿地则改建为风力涡轮机岛。[7] 在风力涡轮机多余电能利用方面，它借鉴了荷兰工程师卢卡斯·列文斯（Lukas Lievense）20 世纪 80 年代初开发的方案，将水泵入近海水库，然后风平浪静时，再由水库释放水以驱动风力涡轮机运转来维持能源生产。[8] 根据列文斯的方案，25 米高的水库大坝顶部将建有一条公路。赛蒙斯没有选择建造道路，而试图将水库打造成一个"生态水上休闲场所。"[9] 成群的鸟儿在光滑的风力涡轮机叶片间飞翔，皮划艇在水面上滑行，2020 年，这里会呈现出一种典型的风电岛的景象。能量流的图示读数，和对电厂千瓦时的追踪调查，记录了该空间运作的节能总量。毋

庸赘言，这类项目首先考虑的是电网冗余、反馈监测、故障安全机制和同步作业，对审美价值或视觉美学的关注则在其次。人们认为，这些附带需求是通过城市功能的改善、舒适度和健康水平的提升，及极端天气事件的减少来实现的。

毫不奇怪，《景观与能源》提出的空间重构是基于这样一个假设：自由意志既是一个道德命题，又是一个协商解决方案。这篇文章反问道，"世界将走向何方？我又希望它走向何方？"[10] 在回答这个问题时，赛蒙斯认为要实现对环境负责的能源生产，景观设计师应娴熟运用政治机制和化石燃料经济的自由市场"诡计"。根深蒂固的政治和经济团体为自己的利益而游说，景观设计师也必须这样做。为防止有人怀疑他的严肃态度，他引用了战略家尼可罗·马基亚维利（Niccolò Machiavelli）的话：

> "没有什么比在混乱状态下建立新秩序更困难、更危险和更令人质疑的了。对于创新者来说，一切从旧秩序获得利益的人都是敌人，而那些期望从新制度中受益的人不过是些温吞的帮手。"[11]

由赛蒙斯、马尔滕·哈耶尔和 H+N+S 设计事务所为 2016 年鹿特丹国际建筑双年展制作的完整版视频还配有风和海浪的声音及戏剧性的音乐。[12] 这和景观设计基金会的动画很不

一样，后者按照十分钟演讲时间的要求进行了剪辑，而且没过多提及赛蒙斯的领导力宣言。一位带有牛津和剑桥腔的女士担任旁白。

鹿特丹双年展版本的视频一开始是弗拉基米尔·普京、安吉拉·默克尔、巴拉克·奥巴马和习近平在 2016 年世界地球日签署《巴黎协定》的画面。这个开场将能源奥德赛定位为这一重大政治成就及其资源管理、世界秩序和合作力量愿景的重要遗产。此外，这个视频还包含了现有航线、石油钻井平台、水下管道、军事设施和海洋保护区的海洋空间图，它指出风力发电厂并不是一种激进的强制措施，而是此前政治和经济协议的合理延伸。

在视频的结尾部分，显然赛蒙斯和他的同事们认为他们对未来能源的大冒险是进步的主要标志，展示了如何通过管理和控制手头的资源来可持续地保护环境，使之对人类有利。与传统自然经济理念相一致，其建议的核心在于通过最低的有机成本实现最大的有机效用。[13] 为了降低技术能力和资源开采方面的顾虑，该研究还讨论了由于可能存在的一定规模的误差而招致的风险管理情景。最终结果是一个复杂的能源生产和利用过程，在这个过程中，人类活动增强了自然形态和功能。这一宏伟计划，尽管规模更大，仍可与多年来为保护海岸线和荷兰人民免遭自然的无情蹂躏而设计的沙丘引擎、河流改造和

风暴潮屏障预想的结果相类比。不管怎么说，这是荷兰最好的地形改造——理性，有条理，管理得当，并带有一点商业资本主义和市场机会主义色彩。

鹿特丹双年展上的这个视频还含有对比照片，将拟议的基础设施装置和海洋生物图像并列展示。这个项目极富想象力的团队早就为每项可能招致反对的环境挑战设想出合理且有益于生态的结果。其中包括：风力涡轮机石制地基可以提供新的栖息地，建立新的海洋保护区、划定禁海区，从而抵消涡轮机占用的数千平方千米的海域，以及使用最大限度减少施工对海洋生物影响的打桩系统。在此之前，人们对该项目目标和远景战略都有充足的信心，但现在却陷入了不确定的境地。项目团队承认这个项目将会改变洋流、温度、营养成本和沉积物的分布，进而会改变动物食物来源和生活环境。这些变化本质上并不是什么坏事，但的确意味着生态赢家和败者。同样地，海洋空间图显示，专门用于风力涡轮机的海域加上海洋保护区规模的不断扩大，将改变捕鱼模式，这也是捕鱼业为何不加入赛蒙斯愿景团队的原因。更令人担忧的是，这张地域图还表明该项目对渔业模式的改变可能还会对北海之外广袤海域的生物多样性产生负面影响。相对于推进《巴黎协定》和将全球气温上升控制在2℃的总体目标来说，这种可能的情景似乎微不足道。不过它确实提

醒人们注意这样一个事实，即从其本质来看，这个项目将会带来意想不到的变化和不可预见的后果。

当我思考这个项目悬而未解的诸多问题时，我开始意识到能源奥德赛是环境保护论至上的一个例子，但这并不是说其目标建立在怀旧主义世界观和返祖性拒绝进步的基础上。我还意识到，确实比较讽刺的是，从哈拉维的角度看，这个项目并没有解决现代主义工程面临的权利矛盾关系和生物物理平衡问题，相反，尽管它披着更具象征意义的可持续发展和数据密集型外衣，但它所提出的解决方案却依旧会以进步的荣光来让这些不平衡持续。

这正是潜伏的风险所在。正如赛蒙斯在其领导力宣言中所指出的那样，他充分认识到该项目的固有风险。尽管如此，他仍然拥抱风险，并大胆地将相互冲突的意识形态和基础设施糅合成具有高度复杂性的混合有机体，由于它能够快速地适应变化、成功复制并产生新的社会特征，这个有机体注定拥有自己的生命。在一系列既藐视又拥抱传统的行动中，他欣然承认，思维的敏捷性会不可避免地创造出一些东西，使我们的思想越来越远离纯粹的幻想和天真的梦想。

这样一来，他与哈拉维和艾斯利所指出的、现代性对权力和完美的幻想背后的存在主义焦虑迎面相撞。尽管如此，或许正是出于这个原因，能源奥德赛计划选择用精巧的工程和反馈机制来缓解这种焦虑。它还表明，要维持我们就是世界主宰者的幻想是多么的困难，而科技将继续推动我们迈向更高尚、更加可持续的环境探险之旅，以保留我们视为与生俱来的现代的舒适和便利，不过话虽至此，我们在这个阶段还有其他选择吗？

这让故事回到了人类定居和活动的模式，还有关于地球和橙子的那个比喻。但这一次，请想一想第一版《设计结合自然》封面和封底上，那张让人联想起全球入侵的太阳和地球的醒目照片。[14] 除了传达出麦克哈格设计项目所涉领域之大，这些图像还赋予他的论点一种神秘、惊奇、恐惧和怀旧的感觉，从而促使我们参与这个世界——我们的居所——并承认我们的行动所带来的后果。

能源奥德赛-2050 接受了这种说法所指的道德责任，但对神秘、恐惧和怀旧持否定态度。这是该项目的力量和优势之源，也是设计结合自然在当今相较过去而言实现惊人突破的地方。不过，同样真实的，是这两个项目都确认了这样一个信念，即理念和行动具有相关和因果关系。因此，最好在制定计划之前确定好风险和收益。看到事物之间的联系和渴望提出创造性解决方案的愿望是生态公理，它过去将设计与自然紧密地联系在一起，现在仍然如此。

第 21 章
临危设计（新兴与消亡共舞）

尼娜－玛丽·E.利斯特（Nina-Marie E. Lister）

愿这世间万物

为我们保留

其美丽秘密的字眼儿

我们多少次梦里相遇又重来

——珍妮·洛曼（Jeanne Lohmann）[1]

一根古老的红橡树枝高悬着，向安大略湖面上伸展，在其久经风雨、满布褶皱的灰色树皮之间，金色的眼睛到处闪烁。细碎的阳光照耀着它明亮的橙色小花，看起来像萤火虫在斑驳的叶光下翩翩起舞。金眼地衣与它的伴侣微藻保持着重要的共生关系，风和水将微藻传播到沿岸沙滩成排的树上：有时是通过波浪冲击或拍打树木，有时则是简单的水蒸发。地衣与五大湖的关系如同地衣与寄主树的关系一样，既永久又短暂。对于地衣这种最稀有的生物而言，在人类世，生命奄奄一息，在新兴的魔力和消亡的留白之间徘徊。

在这个从湖泊到树木及其枝干相互交织的

环境中，金眼地衣（图21.1），连同其他更卑微形式的地衣一起，可以说既孕育了崇高，也代表了崇高。这不仅体现在它们现状的脆弱相互交织、相互依存，还体现在它们的未来，共生的命运。它们栖息地的微观复杂性，以及真菌和藻类之间的共生关系，是共同进化和（临时）合作中新兴的奇迹。[2] 地衣体的共生之美和物态之美，及其在近乎不可能的条件下仍然蓬勃发展的能力，揭示了地球生命层次丰富的多样性，以及多样性背后的多重性和复杂性；而伴随着种种多重性和复杂性而来的，是当前和自然一起、在自然界中进行设计的迫切需要。这种设计的迫切性绝不是夸大其词，它使人类物种的工作变得更加清晰；人类，"既非常脆弱，又是这相互依赖的星球上最强大的行动者"[3]，正在以空前的、难以预计和想象的规模在时间和空间上改变这个星球的未来。

地衣体现了错综复杂、相互依存、自然萌发而又濒临危险的关系，是生态复杂性的缩影。因此，地衣对于景观环境设计及其相关行业的未来工作既是比喻又是范例。更重要的是这些嵌套关系对于设计（和设计师）提出了挑战，使其在构思和启动集体机制用以保护和管理地球的生物多样性及景观环境的复杂性时，必须考虑如何处理这些关系。无情的事实是，地球有没有人类都将继续存在，而最终受到威胁的是人类的生存，以及我们赖以生存地球上大多数生物的多样性和复杂的生态系统。人类世当前正经历着转变，从中兴起的是一个我们尚不可知的世界，但几乎可以肯定的是这个世界将面目全非、贫困当道，和任何现代意义上的沃土、宜居和"可管理"的社会构想都背道而驰。

经过工业经济的统治和城市进程的发展，生态关系和景观环境栖息地受到冲击，在最糟糕的情况下，它们变得支离破碎，遭到了严重的剥夺与破坏；即使是在最好的情况下，它们也改头换面，对于曾经的居民，无论是人类和非人类，它们都已变得无处可寻或是无法辨认。由于失去了多样的景观环境类型和栖息地，全球大多数生物多样性，包括已知和未知的，都面临着不可否认的风险。在日益增长的城市化及其他力量的推动下，全球每年因为土地转型损失数百万公顷的自然和农业用地。再加上人为引起的气候变化，这些力量对全球生物多样性造成了前所未有的、不可挽回的毁灭性的打击。人类世是地球上第六个大灭绝时代：从几乎是每天都在进行中的消亡到大规模灭绝，世界生物多样性的财富正在流失殆尽。[4] 尽管对于地球拥有多少物种人们还没有形成共识，但令人痛心的事实是大多数物种将在被发现之前就消失。[5]

那么，如何减缓物种消失，补救、恢复和保护世界上已知尚存的物种和地貌呢？尽管一个多世纪以来人们一直积极地努力保护栖息地和物种，然而无论是在社区还是整个洲际范围，大多数国家的物种保护工作都并不成功，更谈不上减少物种流失了。[6] 与之相反的，是景观环境建筑一直以人类为中心，在将可以为人所用的多样性融合入快速城市化的结构这一点上更有成效。这些努力带来的益处在本书的第 14 章和第 16 章，由具有社会和文化进步性的费城绿色计划和哥伦比亚的麦德林河公园这样的案例可以证明。通过在多样化的城市社区中启用一系列嵌套式多功能景观环境服务和支持，从雨水渗透到行人通行、城市农业和树冠改善，这些设计项目是及时且必要的干预。这些设计为各个社会和经济阶层增进了福祉，并且提高了不同规模城市的宜居性，并且激发了人们对自然的更多依恋——而自然正在这些社区中迅速消失。然而，关于那些定义了某个地方特征和构成的无数生命形式，这些设计却只字不提；它们为人类及其他种群提供了健康的多样性，但其自身却已危在旦夕。

人类活动所产生的深远而复杂的负面影响远远不是一门学科可以矫正的。仅是生物多样性所带来的挑战这一点，其规模和复杂性就要求人类本身在专业和文化领域以及从业者协作这些方面更加多样化。然而迄今为止，保护生物多样性的责任几乎完全由西方科学家、环境政策和立法者承担。设计师和艺术家群体，无论是否具有多样性，几乎从来都没有参与到这项已经成为全球性的共同努力当中。尽管50年前伊恩·麦克哈格就号召要进行"结合自然的设计"，景观环境设计学者和从业人员的工作却几乎一直完全专注于人类和城市空间的状态。[7] 虽然在过去的20年中，他们的工作得到了前所未有的重视，他们规划、设计和建设了标志性的风光旖旎的公园，重塑了滨水区的功能，激活社区公园和城市中充满活力的公共空间（其中很多案例都在本书中得到分析与呈现），然而在我们这个时代最重要的设计挑战中，却完全看不到景观环境设计的身影。这一重大挑战即是：在这个气候变迁的世界中为生物多样性进行设计，从而保护生命本身。尽管环境人文学科的研究得到了蓬勃的发展，但在人类世濒临灭绝的边缘，景观环境设计师沉寂的声音是如同被消音般的死寂，我们自己一手造成的寂静春天似乎为时不远。

如何解释他们在这个关键时刻的缺席？设计是一种独特的、具有定义性的人类活动。的确，从众多人类世的衡量角度来看，我们的政治经济产业体系是由设计师启用和构建的。他们传承的精神应该是在快速变化和转型的条件下为新的应用提供沃土，为创新提供机会。然而，当最需要设计师干预和解决该经济政治产业系统的意外后果（从气候变化到生物多样性丧失）时，他们又在哪里呢？

看待这一难题的另一个视角是认为设计学科的缺席正好开辟了一处空白，供人们发掘新

图 21.1 大湖区的金眼地衣。金眼地衣在加拿大被列为濒危物种。原生于安大略湖的金眼地衣，目前仅剩下最后一批存在于距多伦多200千米的一处省级公园内。多伦多是加拿大最大的城市，其不断增长的都市区目前有500万人口。图片引用经由塞缪尔·R.布林克尔，（Samuel R. Brinker）许可。

机会和产生新合作。这种情况为创意人才发挥新作用奠定了基础，加上创新型经济活动，可以塑造和新兴自然的新型关系，这种关系即将到来。[8]

从保护自然资源的科学到社会生态设计

在过去的一个世纪中，人类在世界范围内将各种形式的资源和土地保护方法付诸实践，包括建立用于狩猎和捕鱼的保护地和水域，用于户外休闲的国家和州立公园，以及近期出现的大规模景观环境保护，用以保护和促进大型迁徙肉食动物、其所捕食的猎物和其他有价值的野生动植物的繁殖和觅食。这种管理型的自然保护方法的起源深植于人们长期以来一直持有的二元和等级观念：即自然是神圣而崇高的，而人类则是粗鄙的、病态的；人类不宜在自然的花园中玩耍，但有资格（甚至是注定）掠夺它。[9] 这些大型公园的建设尽管在与当地社区和本土居民合作方面取得了进展，但仍遵循 20 世纪主流资源保护范式，而且大多数公共项目位于北半球的西方工业化国家。[10] 国际自然保护联盟（IUCN）认证的所有保护区中，有一半属于国家公园、纪念碑或物种管理区。[11]

主权国家及其各成员州负责创建、维护国家和州立公园及保护区，而与此同时其他类型的保护机制的数量也在逐渐增加，其中包括私有的受保护土地，如非政府组织拥有和管理的土地（例如，美国自然保护协会和加拿大自然保护协会）。其他还包括私有的营利性野生动物保留区，比如目前在东非和南非常见的大猩猩森林和野生动物园。类似的模式在印度尼西亚（例如，红毛猩猩保护区和鸟类保护区）和澳大利亚（灌木遗产和沿海保护区）也正在兴起。IUCN 的报告中就指明了私人保护区增加的全球趋势，并且承认，尽管私人保护区难以被评估和跟踪，但其作为生物多样性流失的快速应对方法具有重要优势，因为同国家和州的程序比起来，通过私人买卖或租赁获得土地并对其加以保护要快得多。然而另一方面，虽说私人保护区可能带来重要的自然保护效益，但是土地收购具有社会影响，尤其是在贫困和弱势社区中，如果将这些社区的土地转化为私人保护区，贫困和弱势群体则将面临失去土地的风险，而 IUCN 明确表示不支持这种行为。[12]

一些私人保护区通过合法的多样性保护措施为当地经济利益提供了重要支持，他们把保护区经营成生态旅游目的地，提供野生动物观赏和自然景观环境体验。另一些则纯属是矿产或木材资源开采区，或者狩猎保留区，旅游狩猎者所射杀或捕获的猎物可以作为奖励或纪念品带走。这种方式的保护区是以牺牲当地居民和野生动物群体长期可持续发展的利益为代价的。[13] 证据表明，当自然保护工作以生态系统为重，秉承合作战略积极促进当地社区和公民参与合作，并且合作双方共同获取长期的社会经济利益，这样的生物多样性保护工作才更具成效。[14] 合作性自然保护还必须容纳和接受传统知识和实践，因为主流的生态系统管理对传统的知识和实践时常加以排斥。通常，自然保护生物学仍然是用于建立和管理自然保护区的主要专业知识，然而，人们日渐认识到，本土或地方文化和精神价值观念以及当地特有的做法，在取得长期的自然保护成果方面可能同等重要甚至更加有效（和适用）。哥伦比亚圣马尔塔（Santa marta）的内格拉线神圣海岸（The Linea Negra Sacred Seashore）就是一个例子：环境恶化的河口被交还给当地土著居民，由他们利用古老习俗进行恢复和共同管理。[15] 另一个类似的例子是在西班牙圣地亚哥德科韦罗（Santiago de Covelo）的名为"共同之手"（Common Hand）的社区土地项目，当地农民和牧场主参与了一项林地恢复项目，对土地采用牲畜放牧和木材采伐的可持续轮换，实现生态、社会和农业的共同利益，并同时恢复原生生物多样性。[16] 在这样的背景下，景观环境建筑在合作性自然保护的新兴空间中发挥着具体而重要的作用，包括实现项目基础设施的可视化，设计替代方案和结果，空间化显示生态系统收

益等等。尽管这是一种新兴的小众形式，但如果负责公园或社会服务的政府机构以及非政府组织能引入景观环境设计师的参与，扩大合作性自然保护项目规划和使用的范围，将事半功倍。

根据 2010 年爱知（Aichi）会议和生物多样性相关目标，全球《生物多样性公约》现在包含更广泛的合作性自然保护机会。[17] 这些合作机会旨在对传统自然保护地区的管理起到补充和加强的作用，它们对包括本土居民和当地社区在内的多种管理和治理结构加以认可，同时也暗合在合作的各个环节和背景下对景观环境设计的支持。同样重要的，是《生物多样性公约》现在也明确认识到"其他有效的、基于当地的自然保护措施"的重要性，其中包括一些特定地区，虽然不是公认的保护区，但是在当地相关的生态系统服务和文化、精神价值长期的治理和管理中实现了有效的生物多样性保护。[18] 这种自然保护以外的扩大补充机制为景观环境设计师开创了重要机会，他们可以在资源利用、旅游开发和社会生态等各种背景下与人类定居点合作，而在这些社区里生物多样性保护可能是主要成果，也可能是社区获得的一项相关收益。

合作性自然保护战略不一定仅限于在小范围内实施。非洲的绿色长城项目即是以自然保

护为目标的一个杰出的、几近不可能的合作范例：在世界上最恶劣的栖息地，这一项目得到了世界上最贫困人口的合作支持。绿色长城计划是一项大规模的线性自然保护措施，它全长超过 8000 千米，宽 15 千米，由塞内加尔一直延伸到吉布提，是由二十个撒哈拉以南国家组成的联合行动项目，旨在通过积极和有针对性的植树，并结合旱地农业和林区管理策略，以减缓气候变化所引发的荒漠化进程。绿色长城计划不只关注生物多样性本身，更注重于通过联合行动实现健康土壤和改善农村发展。[19] 绿色长城计划为合作性自然保护提供了一个充满希望的实例，这个重点关注社区改善的项目在几乎不可能的环境中克服了种种困难和挑战，跨越了不同的背景和空间规模，并最终连带实现了生物多样性的保护（尽管其本身并不是项目主要目标）。作为一项跨国项目，绿色长城展示了合作战略的力量。项目完全以当地社区之间和社区内部开展的合作行动为基础，而这些社区将从合作行动本身的成败获取最大利益或是承受最大损失。这项计划目前已经完成了将近 15%，在过去 20 年中为该地区提供了发展动力，而且还将继续保持下去。

与绿色长城类似，黄石育空地区保护计划也实现了跨国界的国际自然保护合作，只不过它以一种地貌特征为基础并重点关注野生动物。这个项目想要连接和保护世界上少数仅存

的完整大陆山脉生态系统之一，以此为野生动物提供漫游的自由，而在当今大多数自然景观环境中这样的漫游都是不可能实现的。黄石育空项目以北美落基山生态系统为中心，从美国黄石国家公园到加拿大育空地区，跨度 3218 千米，面积 130 万平方千米。项目的使命是"希望的地理"，它采用伞式方法来协调和支持众多当地组织和社区，实现他们保护和连接落基山脉的大型自然栖息地和其中标志性的野生动物及其赖以生存的生态系统的共同目标。[20] 绿色长城和黄石育空项目都是在生物群系层面上开展的项目（生物群系指的是横跨洲际、文化和国家的自然环境），因此，它们需要依靠有效的伙伴关系以及社区和流域之间和之内的有意义的合作。然而，作为以生态系统科学研究为主导的自然保护项目，其有效性可能会受到主流做法和传统的限制。还原主义的科学原则产生了一种被称为"生态系统管理错觉"的现象，这种"错觉"式的研究模式把人类同"自然"分离开来，使人类处于"环境"之外。[21] 这种模式对于项目的复杂性和不确定性没有丝毫的灵活变通。逃避这种模式"令人窒息的拥抱"则意味着放松控制，使用不完美的数据测试新办法，并邀请新的合作伙伴和声音来共同参与项目设计。[22] 然而在实践中，在有明确的机构职责与地区界限的项目治理模型下，这样的转变并不容易。

277

因此，尽管有些项目也会与科学家和规划师合作，却很少有大型的自然保护项目会邀请景观环境设计师共同参与制定政策和设计策略。自然保护规划和设计也并不是景观环境设计师专业培训课程的一部分。然而很明显的事实是，景观环境设计师可以在自然保护项目中发挥重要作用，他们可以提供系统视觉效果，制定策略，同项目合作者交流和建立关系（和信任）作为自然保护实践的基础。景观环境设计师受过系统训练，作为引导者、动画师和视觉艺术家，他们可以想象各种未来，为不同的场景画出视觉效果，并且为了实现这些前景他们可以采用新颖的方式，利用多学科团队，使用跨学科方法甚至可能是被人嗤之以鼻的做法，或者是与看似不可能的伙伴展开合作。设计可视化过程可以使社会生态系统拥有清晰的形式和功能，从而帮助社区了解其复杂性；也可以在人群中创造共同的价值观并凸显长期韧性的益处。设计师通过揭示生态系统的工作方式及其为社区带来的好处，厘清了自然保护所必需的社会文化和政治条件，提升了生态资产在项目框架中的重要意义。随着生物多样性的丧失以及气候变化对其产生的加速影响，在最佳的科学方法和有效的政策之余，环境景观设计技能可能也会变得更加重要。的确，在不确定性很高、风险确实存在、迫切需要决策而又没有时间等待更好数据的关键时刻，设计思想和创造创新可能是生物多样性仅有的希望。

如此紧急的时刻即将来临。绿色长城，黄石育空和其他大规模的国家和国际保护活动虽然是在基层社区开展，但却得到了联合国和国际自然保护联盟的全球化研究的支持与指导。[23] 自然保护联盟诞生以来，颁布和实施了各式各样的生物多样性以及相应的自然景观环境保护政策和目标，包括《生物多样性公约》在 2020 年保护至少 17% 的陆地和内陆水域生态系统的目标 [24]，以及生态学家 E.O. 威尔逊雄心勃勃旨在保护世界上 50% 自然景观环境免受开发影响的"一半地球计划"。[25] 自 1992 年在里约热内卢召开地球生物首脑会议签署《生物多样性公约》以来，已有 196 个国家签名加入了公约，世界 15.4% 的土地和内陆水得到了保护。[26] 毫无疑问，生物多样性保护已经取得进展，然而生物多样性丧失的速度却远远超过了我们在栖息地和恢复地取得成果的速度，而且一些最偏远和最荒凉的景观环境在生物多样性保护方面最为落后（请参阅表 21.1）。从理论上来说，自然保护目标（无论其数量或百分比）都是生硬的工具；在实际运用上，它们需要政策指导和设计干预，来帮助地方社区和主权国家加强行动和发挥想象。不论我们设定和采用的目标如何，所面临的挑战分布并不均匀：地理面积最大的国家不可避免地承担着更大的保护义务[27]，而世界上生物多样性最丰富的地区或生物多样性的"热点"地区则与世界上发展最快的城市化地区直接冲突，它们中许多是最贫穷的地区。[28] 仅凭这一点，就需要设计师与生物多样性一起战斗、为生物多样性进行设计，需要新的方法、多样化的声音、激进的战略以及不寻常的联盟。从地点修复到野生环境重建的措施，从绿色通道到绿色基础设施，从公园到保护区，一切证据表明我们需要通过不同规模和文化的联系和合作，发展一项激进的、以生物多样性为中心的自然景观环境保护全球战略。[29]

为了启动这种激进的战略，我们需要规模多样和背景不一的新型、多样化和互补性的自然保护策略。我们可以从已知的、有着良好前景的干预措施入手，尤其是那些支持功能性（生活）景观基础设施的相连设计网络。[30] 植物，动物和人赋予这些网络生命。这些活体基础设施不仅需要发挥生态功能，还需要作为实体连接城市区域那些残余和退化的栖息地，作为生物多样性的通道。无论是"新城市地面"（纽约现代艺术博物馆项目）中的多孔、边缘柔和的基础设施解决方案，还是"大 U 形"（纽约）和其他"重建设计"（新泽西州，飓风桑迪之后）倡议中穿插的工程加固结构，都有很多机会将基础设施与生物体混合（例，完善的珊瑚礁结构原型、活体墙壁和屋顶、绿色桥梁和生态

湿地）。这些项目揭示了自然景观保护措施可以支持并利用的一系列更广泛的生物多样性。作为重要的连通性生境，土地和水上基础设施可以成为连接本地公园和其他景观环境避难所的重要"生命线"，对于那些人类不常见、不太关注的生物种群，比如传粉昆虫、鸣禽、蝙蝠和两栖动物等等，这样的基础设施至关重要。随着我们的景观环境变得更加城市化，这些设施将为生物种群提供通道、食物来源、碳吸储库和栖息地。本书中讨论的几个具有生态意义的项目［例如，埃姆歇景观环境公园（德国），给河流空间（荷兰），沙动力（荷兰）和设计重建］是实现生态表现力（指可以展现和促进生态系统功能的设计景观环境）方面的著名先例，它们为文化与自然的融合提供了新的见解和巨大潜力。举例而言，埃姆歇公园对工业用地的适应性再利用是最早利用自然（植物）将灰色基础设施转变为绿色的地区项目之一，它将人们对该地区的认知从纽带转变为绿色带。这一设计通过社交、休闲、生态和文化项目将重建的景观环境联系在一起，并且重新利用和定向了景观环境场址的历史，而不是简单抹去这段历史。荷兰给河流空间的设计项目规模更大，也采用了同样的模式转换指导思想。项目从根本上摆脱了防洪的观念，而是转为洪水管理原则，接受了河流洪泛的事实并以此为基础重新设计规划和管理政策，为三大河流进行景

面积最大的国家及其保护地区和水域 表 21.1

国家	排名	国土面积（平方千米）	保护区面积（占国土面积 %）	保护水域（%）
俄罗斯	1	16874836	10.42	3.23
加拿大	2	9955033	9.69	0.87
美国	3	9490391	12.99	41.06
中国	4	9361609	15.61	5.41
巴西	5	8529399	29.42	26.62
澳大利亚	6	7722102	19.27	40.56

注：保护区总面积的统计数据无法反映出自然保护继续进步的若干重大障碍；值得注意的是，美国，作为世界上最具影响力的国家之一（也是国土面积第三大国家）并未加入《生物多样性公约》。同样，尽管加拿大是该公约的第一个签署国（国土面积第二大国家），但它是（六个大国中）自然保护工作最落后的国家，而且不太可能实现其对生物多样性公约 2020 年内实现 17% 自然保护区目标的承诺。《生物多样性公约》网址为 www.cbd.int。
来源：联合国环境项目世界自然保护监测中心，受保护的星球（网站），"世界自然保护区数据库中的保护区资料"，2018 年 10 月，www.protectedplanet.net。

观环境设计。该项目的设计基于适应性、生物灵活性和工程系统，在河道的蜿蜒之处雕琢出景观环境空间，拓宽了河道并增加了自然的洪泛平原。这些项目都具有混合基础设施的特征，同时为新的生态系统的出现，以及其与我们之间关系的变化发展提供了空间。

大片野生自然区正在变得稀有，然而它所蕴藏的磅礴力量和未来的前景究竟如何，取决于我们共同的想象力。在地面上，残留的野生地区之间所具有的生态潜力被忽略，但很快它们可能成为我们将构思付诸日常实践的场所。设计和重新连接残留的野生区域碎片将变得极其重要：从城市边缘到郊区的水廊，从农业用地到狩猎、放牧和收获保留地；从废弃的城市场所到后工业化空间的建造、再造而成为兴起

的新型混合生态系统。这些星星点点错落而成的景观环境将形成互相镶嵌的野生生态，从保护区到再生区，形成下一波的自然保护和恢复，这也许是我们对生物多样性的最大希望。整个世界需要对城市、郊区、乡村乃至野生地区的全貌有着系统性理解的设计策略。[31] 每个景观环境设计师的局部工作并不震撼：将碎片拼凑在一起，培育碎片之间的组织连接；然而聚集在一起，这项设计挑战将关系到整个地球的存亡。

因此，自然保护联盟扩大了生物多样性保护的范围，包含了针对更大范围的保护区和其中的人口的战略。[32] 具体而言，《生物多样性公约》呼吁建立起相互连通和融合的空间[33]：这是我们所处时代的设计挑战，景观环境建筑

必须崛起，将野生的环境部分（重新）编织到景观环境的未来中。毕竟，我们与地衣并没有太大的不同，都依附于所处的环境。地衣在其动态的合作伙伴关系中充满生命力，然而它们又岌岌可危地依赖于其所在地的结构和流动。同样，从浮游生物到花朵的传粉媒介和真菌，从甲虫到所有鸟类，人类也最终依赖于与这些多样生物共同的发展关系。我们被锁定在一场变幻的舞蹈中，与我们共舞的是无数复杂的生命形式，既有我们已知的，也有新的和刚刚出现的。在人类世的边缘进行设计就是要学习如何以不同的方式去观察、去生活——在被杰迪代亚·珀迪（Jedidiah Purdy）称为"一个美丽的、毁灭的、有韧性的、脆弱的世界"中，这个世界"威胁、启发和疏远了我们。"[34] 气

候变化悖论以及随之而来的生物多样性丧失，既是人为设计而形成的问题，也可能是人类面临的最大的设计挑战。现在我们急需改变设计方法，需要出于适应、谦卑和同情进行设计。我们必须将谦逊之心投入于自然的材料、景观环境的语言 [35]，以及富有同情心的设计中，使其适应变化、增加价值、建立性能、展现美感，并从经验中获得意义。处在时代的边缘，现在正是需要我们同所了解的自然一起进行设计的时候：我们要用设计来（重新）肯定自然文化，来尊重地球及其中从谦卑到雄伟的各种生命形态和自然景观环境，因为这些生命形态和自然景观环境是我们赖以生存的基础，它们为我们提供的"服务"远远超出我们的想象所及。

第 22 章
景观设计和民主前景

戴维·W. 奥尔（David W. Orr）

知识和治理的碎片化使得人类与自然世界之间的鸿沟不断扩大，伊恩·麦克哈格提出利用生态设计弥合此间差距。[1] 他将不断扩大的鸿沟归咎于将世界严格切分成各学科间隔的还原主义；并认为经常意见相左的政府部门背后的官僚主义是造成各学科间隔的主要原因。而这两种主义皆为人们"相信人类有权对地球为所欲为"的这一企图快速侵占地球思想的表现。[2] 在麦克哈格看来，我们所处的时代之所以会面临越来越多的问题、困境、危机还有"长期危急情况"，就是因为人类的狂妄将我们变成了——

地球上的恶霸：强势、邪恶、粗暴、贪婪、粗心、对其他事物漠不关心，在前进发展的过程中不断地制造废物并且还在地球身体上不断留下伤口、肿块、破损、脓包，自己逐渐淹没在自己的排泄物中，然后最重要的一点，我们只知道自恃比所有生命都更优越，却对世界的运行方式极度无知。[3]

——麦克哈格通常不会惜字如金，他也不是一个没有宏伟志向的思想家。正如他在 1970 年发表的论文中所指出的那样，他的目标不仅是"重构建筑"和景观建筑，还在于重构"整个社会"。[4]

为此，他创造了一种具有连贯性、系统性的方法，使科学，尤其是生态学能对区域范围的城市设计和土地使用决策产生影响。对麦克哈格而言，设计师的目标是成为"催化剂"或"酶"，催化出更为智能的生态、更具韧性的社会。设计结合自然之外的其他做法是"任性、恣意或古怪的，而且当然是无关紧要的"，他写道：从事这些工作的人"应该被戴上手铐、剥夺执照，直到他们了解世界的运行方式。"[5] 国会、公司、银行、媒体和白宫内敌视生态的人也可以被用类似的方式对待，这些人不了解世界作为一个生物物理系统如何运作，也不了解这种知识对于他们的工作和理解他们正在毁灭的事物为什么很重要，但他们却以此为傲——我要是从这一点发散开来，那就说得太远了。

麦克哈格在宾夕法尼亚大学度过了自己最好的时光，当时恰逢环保运动兴起，而他也是其中一股强大的力量。1970 年，《国家环境政策法》出台，随后又通过了旨在保护空气和水、濒危物种、河流和荒野的重要环境法律。在那个时代，人类在自然界中的作用似乎有发生重大变化的可能，而且无论多么棘手的问题似乎都可以得到解决。虽然如此，在麦克哈格看来，解决问题需要整合各学科和政府机构的努力，避免重复工作和不必要的冲突，并增强真正的生态规划和预判的能力。正如麦克哈格所说，"当人们认识到整合与结合构成最大的挑战，同时也为成功提供最大的希望时，最大的进步便会到来。"[6]

在我看来，上述几句话是麦克哈格众多精彩警句中最为重要的内容。整合和结合意味着建立一个各部分相互匹配、互动和谐、互惠互利的系统。相应地，生态设计师的工作始于对这种相互联系的认知，以及我们对从景观到生态系统再到生态圈各个层面的影响的认知。然而，系统思考和生态设计将威胁强大的利益集团，因此这些利益集团倾向于选择小问题，局部计算以及更狭隘的道德考虑范围。简而言之，生态设计以及各种整合和综合的工作会与石油、煤炭和天然气行业及其盟友的目标背道而驰，无论代价多高，这些利益集团依然打算扩建高能耗、高碳排放、无限拓展、技术驱动的社会。

这种破坏型经济形态的政治和金融权力在很大程度上解释了为什么自1980年以来，这些年间生态设计和系统思考的理念并没有被社会总体接受。尽管我们取得了成功（实际上成功例子有很多），而且我们也付出了巨大努力（这些努力也确实令人钦佩），但在拯救宜居星球这一点上，我们的努力却失败了。直接原因包括迅速恶化的气候动荡、海水酸化以及生物多样性丧失，追本溯源，这一切都是人类影响领域扩大所致。通过决心和努力，一些破坏可以在一定的时间范围内得到修复，但大部分破坏都是不可逆的。尽管人们非常希望不是这样，但事实就是如此。[7]

相应地，像麦克哈格这样持有生态学观点的人注定要"在这个伤痕累累却误以为自己很健康，也不希望听到他人不同声音的世界上踽踽独行。"[8]自20世纪40年代阿尔多·莱奥波德写下这些话以来，生态设计师做了很多好的工作，但总的来说，这些工作与我们目前面临、我们的后代将在数百年的"长期危急情况"中面临挑战的范围、规模和紧迫性并不相符。

那么，问题是有哪些工作可以让设计师和规划者立即认真地开展以改善人类的前景，而不仅仅是哀叹我们面临的危险。最重要的事实，是相较于生态学自身，对于生态学对治理、法律和政策的影响，我们的理解要少得多。换言之，我们尚不清楚如何将生态学和地球系统科学转化为支持和维持麦克哈格设想的设计革命的法律、法规、公共机构和经济安排。所以说，要对我们所处的困境进行任何适当的回应，就必须首先充分理解涵盖生态学和地球系统科学的政治经济学以及使生态设计成为默认做法的

组织能力。⁹

想要实现观念和优先次序上的巨大变化，我们需要认识到以下事实：土地、空气、水、森林、海洋、矿产、能源和大气的使用和处理不可避免地具有政治性，与谁在何时何地以何种方式获得什么有关。"谁"包括所有具有公民资格的人，未出生的人和目前被排除在我们道德社群之外的人。"什么"包括从自然界转化为财富的一切，以及循环利用由此产生的废物或将其运送至土地、海洋和大气的生态过程。政治的"运行方式"是控制包容、排斥、政治进程和权力分配的规则。设计师根本没有不关心政治的可能，对政治敬而远之，其实就相当于默许了现行规则和负面力量对地球可居住性的破坏。对于生态设计师而言，政治、政策和政治哲学至关重要，将这些因素表达出来的方式则应该能够澄清、告知、激发、鼓励、启发并促使人们铭记、想象、创造比预期中更好的可能性。我们的目标是应对势头不断上涨的绝望虚无主义浪潮，建立一个既有生态能力又致力于民主，并了解两者之间关系的公民群体。

景观设计师的工作范围从地方到地区不等。他们工作的政治性并不明显，他们本身也很少是政治人物。但是，他们的工作受到许可、融资、税收、预算、规划和与市议会、规划部门、地方官员和州机构相关的投票政治的影响。简言之，各种类型和各种规模的设计都是设计

和政治领域的互动。

最重要的，是设计师如今在一个政治衰落的时代工作，在这个时代里，民主制度和支撑民主的"内心习惯"正在逐渐消失瓦解。面对气候动荡加速、成瘾性问题、不平等和政治动荡的现象，生态设计师如何改善人类前景？这个问题其实并不像乍一看那样令人生畏。生态设计师从事的公共项目具有实体性、可见性，并总会以某种方式体现教育性。无论是景观、建筑、社区还是城市的设计，都不可避免地具有教育意义。不管怎样，设计通过其纯粹的存在便可以给人以启迪。那么问题便不是设计"是否能够"，而是在构建具备生态能力的公民群体并赋予他们权利的过程中，设计应当以什么样的最佳方式来为其提供指导。在众多可能性中，应考虑以下几种可能。

第一，在设计过程中让公众参与进来有助于拓展民主的边界，现有民主边界通常停止在工厂大门和企业最高管理层之外、作出土地使用决定之前。用弗雷德里克·斯坦纳的话说，"规划是一种政治行为，公众应该帮助设定目标和目的、了解景观、确定最佳用途、设计方案选项、选择推进路线、采取行动并因形势变化作出调整。"¹⁰ 通过提高参与的便利度和可及性，使公众参与到塑造其所在地的决策中，这样社区群体的价值观和利益更容易得到保护。参与不仅仅是赋权；还可以使人们

熟悉民主所需的生态设计和公民合作的科学原理。但是也要保持警惕。好的民主规划一定需要具有包容性、公正性，并以对公共利益的适当重视为基础。如果做得不好，民主规划反而会加剧偏见和现有的不平等。

第二，设计师可以创建让公民面对面交谈、辩论、争辩、庆祝和分享的空间。[11] 民主空间的模型包括古雅典的集会、海德公园的演讲者角、新英格兰乡村绿地、南部前廊、城市小型公园、小酒馆、教堂和市政广场，其中包括北京的天安门广场和基辅的独立广场。在人们聚集的公共空间里充满民主的生机，在没有公共场所的情况下，民主则丧失活力。例如，俄克拉荷马州塔尔萨（Tulsa）的聚会地点被用作一个公共空间，在一个有种族暴力历史和不断扩大的阶级鸿沟的城市中，将人们聚集在一起。[12] 这个创意来自塔尔萨的亿万富翁乔治·凯泽（George Kaiser），由曾设计了芝加哥布鲁克林大桥公园和玛吉·戴利（Maggie Daley）公园的迈克尔·范·瓦尔肯堡（Michael Van Valkenburgh）联合公司付诸图形。他们的目的是创造一个空间，帮助治愈种族暴力旧伤口、弥合日益扩大的阶级和收入鸿沟。

第三，生态设计有着很强的指导意义，能让人们了解生活网络中彼此的联系。例如，1996 年到 1997 年，数百名欧柏林大学（Oberlin College）的学生和当地居民参与了亚当·约瑟夫·刘易斯（Adam Joseph Lewis）中心及其周围景观的设计。这个项目致力于保证设计的美感，以免遗丑于世。[13] 最终成果是建成了美国大学校园内第一座完全由太阳能供电、零排放的建筑，还有第一座可以检测并展示能源和水使用情况的绿色建筑。包括威廉·麦克多诺（William McDonough）、卡罗尔·富兰克林、约翰·托德（John Todd）和约翰·莱尔（John Lyle）在内的设计团队成员成为学生和社区民众的导师，由他们共同创建的作为教学法的生态设计模型，在之后还启发了该地区及其他地区的许多项目。

第四，生态设计可以帮助公众铭记过去、创造一个更加温馨和美好的未来。它可以提醒人们，人类的决定如何塑造一个特定的地方，产生什么样的长期结果、一个地方的历史如何影响人类生态，以及在设计项目中如何通过可以弥合社群和土地创伤的方式，体现生态史和人类史这两种相互交织的历史。例如，亚拉巴马州蒙哥马利（Montgomery）国家和平与正义纪念碑，就是为纪念南部种族恐怖活动中丧生的 4000 多名受害者而立。[14] 他们的历史也是我们的历史。他们的生命在当时十分重要，现在依然如此。让这些人生命过早终止的残酷的种族主义，是更大的剥削模式的一部分，这种剥削包括种植棉花导致的土地退化，以及导致土壤和灵魂陷入贫瘠的佃农耕种制。与之类似，林璎（Maya Lin）设计的越战纪念碑使用了反光花岗石的材料，纪念碑的表面上既铭刻着死者的名字，也映出了游客的面孔，暗示了我们默许战争发生的共谋。[15] 从纪念馆走出，人们可以看到国会大厦就在眼前，那是将对战争的共谋变成政策和法律的地方，越南战争的悲剧就是从那里开始。铭记过去也可能让人们对未来充满期待。例如，林璎在欧柏林的彼得·B. 刘易斯（Peter B. Lewis）门户中心的设计包括一个车道门廊，上面写着她哥哥林谭的一首诗，诗句围成三个同心圆，刻在混凝土上；这首诗描绘了因气候变化可能在俄亥俄州灭绝的物种以及那些可能在更炎热的未来中蓬勃生长的物种。

第五，生态设计是被托马斯·贝里（Thomas Berry）称之为治愈和修复的"伟大工作"的核心。想象一下，有一项用以恢复受损之处的新公共议程，涉及的对象从地方的超级基金站点（污染清除场所）到全球水道、湖泊、海洋、沿海地区、森林被砍伐的地区和沙漠。[16] 想象一下，有一个全球倡议，旨在恢复咸海、修复切萨皮克湾、重建印度的哈拉帕森林（Harappa forest）、恢复非洲受威胁的物种种群。想象一下，将本来会被花在战争上的一部分资金转用到恢复退化的生态系统中的生命上。

从各方面来说，这里和以下各段中讨论的项目都是这项"伟大工作"的一部分。这些项目让公众参与设计，创建新的公共场所，提供生态设计艺术和科学方面的教育，让人们将其内容铭记在心，并得到治愈。在某种程度上，每个计划都让公众参与决策。黄石育空地区保护计划以维持和恢复走廊内退化土地为目标，已动员了 300 个组织参与，包括原住民和私人土地所有者。美国与墨西哥边境的马尔派边境项目使牧场主和环保倡导者聚集在一起，共同改善土地管理，解决持续存在的有关放牧影响脆弱土地的争议。这一努力值得注意的地方在于为相互竞争的土地管理科学观点提供了一个适度的重心。在俄勒冈州的威拉米特河上，出色的流域规划将历史、生态和社区憧憬结合到一起、制成地图集和工具书，为这个快速发展地区的未来道路提供参考。同样，"健康港口的未来"这个项目让公民对俄亥俄州伊利湖上的阿什特比拉的港口设施和邻近的（受到农业径流、温度升高和生态变化威胁的）土地重新加以思考并进行设计。如果成功的话，该项目还将推动类似的工作在克利夫兰和托莱多等港口城市得到发展。

为了应对桑迪飓风，新泽西州的设计重建和现代艺术博物馆的新城市地面项目让公众参与讨论海平面上升对纽约市以及对所有其他沿海城市带来的威胁。这一问题在未来数年将因保护什么、保护谁、如何保护以及用谁的钱进行保护等而愈发具有争议。同样，落实这些项目以及与气候变化相关的所有项目都将变得更加紧迫也更激烈。

丹佛市内斯泰普尔顿机场原址上开展的斯泰普尔顿开发项目，对这处有混凝土、有毒土壤以及城市政治参与在内的普通的棕色地带进行了修复。如今，它已是成功的"社区、公园和企业的结合体"。涉及范围更大的绿色费城计划则拥有专注于水资源管理的优势，恢复并贯通了溪流，还对分隔暴雨雨水与黑水污水的水利基础设施进行了改善，这一项目对住房条件改善和更广泛的经济发展都产生了明显的积极影响。憧憬犹他计划同样让公众一起设立目标和发展战略，参与到快速发展但脆弱的生态环境中来。

这些模范项目，每一个都解决了将生态设计科学与不同的生态、各异的环境以及土地使用决策的政治现实相融合的困难。总体而言，它们反映了土地和时间的局限性，也体现出各地人民意识到有更好、更实用、更美观、更持久的设计和利用人类栖息地的方法。

比尔·麦吉本（Bill McKibben）曾说，在扭转全球变暖、保护物种、治愈土地和水体上缓慢地取得成效，与失败并无差别。如果我们打算保护一个宜居的星球，就必须做得更多，并且要尽早行动。关于这一问题，我想提最后两点。第一个想法与生态设计专业有关。伊恩·麦克哈格是杰夫·施密特（Jeff Schmidt）口中的"激进的专业人士"。[17] 他之所以被称为激进，是因为他触及了困扰我们的根源。而且他还是一个危险的激进分子，是对伪善、学究、傲慢、虚伪、混淆视听、职业礼仪和胆怯的威胁。他的职业生涯具有历史意义，但他并不是一位善于策划简历的职业主义者，他的贡献远比那更为重要。

其次，麦克哈格是一名系统思想家，致力于寻找人类学家格雷戈里·贝特森（Gregory Bateson）提出的"连接模式"，并创建能够"解决模式"的学科。[18] 他的目标是改变和扩大景观设计的范式，从而创造出约翰·伍德（John Wood）提出的"元学科"（meta-discipline），挑战将世界推向边缘的狂妄和统治力量。[19] 换言之，他想做的乃是创造一门对浪费、贪婪、挥霍无度和短视思维构成危险的学科，一门可以培养健康场所、健康民众、优美景观、繁荣、欢乐、文明、良好的工作以及人与自然系统之间和谐的学科。

第 23 章
垃圾堆的自然主义者

凯瑟琳·希维·努登松（Catherine Seavitt Nordenson）

纽约州斯塔滕岛的淡水溪填埋场载有 1.5 亿吨生活垃圾，因作为地球上最大的人造土方工程而臭名远扬。这个曾经的市政废物处理站如今已被停用，然而此处仍然有 890 公顷的垃圾，分布在四个高度从 27 米到 69 米不等的封闭土丘当中。这些围绕在亚瑟水道广阔的湿地沼泽系统旁边的"垃圾堆"，用各自所在位置的经纬度和邮编标号，分别是：第 1/9 部分（西土墩），第 3/4 部分（北土墩），第 6/7 部分（东土墩）和第 2/8 部分（南土墩）。土丘间蜿蜒着亚瑟水道的支流——大淡水溪、小淡水溪、主溪和里士满溪——以及西海岸高速纽约 440 号州际公路。

罗伯特·摩西在担任纽约市公园与游乐局专员和城市建设协调员期间（1934—1960 年），为了向其提议开发的新的住宅和商业地产人为造出基底土地，于 1948 年在淡水溪沼泽建立了垃圾填埋场。斯塔滕岛西岸这一巨大的潮间带盐沼系统，长期以来一直被视为荒地。1914 年，纽约市在淡水溪支流的莱克斯岛（Lakes Island）上建造的垃圾处理厂取代了牙买加湾巴伦群岛（Barren Island）上的工厂，在此地将垃圾转化为用于出口和销售的肥料、甘油和油脂。[1] 尽管该厂于 1918 年关闭，但由于在淡水溪倾倒驳船运送的垃圾十分容易，这里的临时垃圾填埋场仍继续运营。1951 年，摩西在向市长提交的报告中称，此地为"目前修整中，暂无用处的地区"，并宣布"在焚烧炉建设未完成之前，'淡水溪'项目不仅是一种以有效、卫生且无异议的方式处置城市垃圾的手段，我们还相信它将是纽约市社区规划的最大机遇。"[2] 在以建设西岸高速公路作为交换垃圾的前提下，斯塔滕岛自治镇镇长同意了这一填埋场方案，根据当时的计划，这将是一项"三年项目"，然而，淡水溪沼泽被城市垃圾填满、垃圾堆积成山的情况一直持续了 50 多年。[3] 到了 1986 年以后，在其他自治镇的焚化炉和垃圾掩埋场都被最终关停的情况下，淡水溪开始接收纽约市的全部市政垃圾，直到 2014 年 3 月这个填埋场正式关闭为止（图 23.1）。[4]

当然，伊恩·麦克哈格也曾认真调查过斯塔滕岛。20 世纪 60 年代，受纽约市公园与游乐局委托、由华莱士·麦克哈格·罗伯茨 & 托德公司开展的"斯塔滕岛研究"，就采用了麦克哈格提出的、如今著名的地理空间的分层分析方法，详细记录了该地地质、地貌、地理、

图 23.1 1973 年，垃圾驳船将固体废物运到斯塔滕岛的淡水溪，堆成垃圾堆。切斯特·希金斯（Chester Higgins）拍摄。美国国家档案馆《环境保护局记录》（548315 号）

水文、土壤、植被、森林和野生动植物栖息地的情况，以确定该地可能的社会价值和对各种土地用途的"适合性"。[5] 虽然摩西的淡水溪垃圾填埋场当时已经积极接收市政垃圾达 20 年之久，但麦克哈格并未提及该垃圾填埋场，在他的任何地貌或文化价值地图上都没有对该地作出标记。岛的西部边缘被简单地归为"潮汐泛滥"地点，但也适合"被动休闲"。麦克哈格在为里士满公园大道进行规划的研究中，并没有认识到他用来确定这条公路最佳走向的"理性"方法，将会把它置于淡水溪垃圾填埋场的东部边缘，这会进一步使特拉维斯（Travis）社区边缘化，并且会带来他极力避免的"社会成本"。[6]

但是，如果麦克哈格使用了自己提出的稻草人"自然主义者"方法，进行近距离的实证观察并获得具体感知，而非选取宏观、抽象和生态决定论的视角，那会怎么样呢？[7] 他会注意到特拉维斯的一群孩子在贩卖从社区后院淡水溪垃圾填埋场废物里收获的蔬菜吗？[8] 鉴于环境正义问题的社会因素以及因气候变化出现的新生态系统的生态组成部分，如今结合自然而进行的设计需要在实地调查中投入大量资金。在这种新的环境下，麦克哈格的宏观规划必须与严密的实地考察结合在一起，甚至可能被后者吸纳，成为其中的一部分。

罗伯特·摩西所负责的土地建设和废物管理工作，使得纽约市卫生局以及公园与娱乐局这两个截然不同的政府机构的工作在淡水溪不断融合。2001 年以来，城市规划局选择了詹姆斯·科纳建筑事务所的詹姆斯·科纳和斯坦·艾伦（Stan Allen）的设计方案，力图将淡水溪公园改头换面。[9]2006 年，该事务所为公园局制定出了项目总体规划草案，相关机构自此开始协同工作，一起迎接这个挑战，将封闭垃圾填埋场的四个垃圾堆变为可管理的、公众可进入的新颖景观。科纳曾在宾夕法尼亚大学师从麦克哈格，正所谓青出于蓝，詹姆斯·科纳建筑事务所对建设淡水溪公园所提出的名为"生命景观"的计划，展现了一种新的与自然一同设计的模型，比起麦克哈格的分层方法，又有极大的进展。

该计划打算应用三种系统策略，在 30 年的时间内分阶段处理大规模的垃圾堆。这些系统（被称为路线、岛屿和垫子）将被同时部署，但会随着时间的推移不断发展和转变。这种含有不确定性的观点（即昔日的垃圾填埋场在未来或许不会呈现某种固定的、田园式的状态）不失为一个大胆的主张。科纳的系统性方法考虑到了发展的差距和局限性，这是一种响应当代生态干扰和制度转变理论的设计策略，而不是假定设计将实现稳定的生态巅峰状态。[10] 设计师将公园设想成"一种新形式的公共—生态景观；人类创造力和适应性再次利用的另一种范式……可以汇集公众的参与意见，由时间和过程来对其进行打磨。"[11]

作为在当下设计结合自然话语体系的一部分，淡水溪垃圾填埋场为实验、观察和非规范性的植物生长提供了重要的机遇，事实上，这是对整个设计过程的"异化"。计划的第一阶段就叫作"播种"，这个鼓动人心的标题暗指花卉重新定植的催化自发性。自 2001 年垃圾填埋场关闭以来的近 20 年中，封闭土丘的表层土填充物中潜存的种子，以及由于淡水溪在大西洋鸟类迁徙路径中的重要位置而居住于或途经过淡水溪的鸟类落下的种子都已发芽，在该地出现了自发的重新定植。包括 2007 年淡水溪公园自然资源实地调查在内，卫生局和公园局已出资进行了好几项植物调查，最近的一次于 2015 年 8 月进行的生物限时寻（BioBlitz）调查，在两天的时间内确定了 137 种维管植物、4 种苔藓和 11 种地衣并将其分类。[12] 这种回到植物学层面的实证观察，是此地以及正在有计划地进行着改造工作的其他受干扰地点未来设计的重要切入点。伦敦伊丽莎白女王奥林匹克公园和德国鲁尔河谷的埃姆歇景观公园，就是众多经历类似植物重新定植的地点中的两例。

淡水溪难免会引发人们对于宏大规模的想象。卫生局要做一项旷日持久的巨大工程，意味着从一片大区域收集城市废物、将其压缩，形成淡水溪垃圾填埋场地形。即使在今天，该部门仍在对封闭的垃圾填埋场进行复杂的工程和环境控制工作；分布广泛的气井网络收集并净化垃圾分解形成的甲烷气体，从垃圾填埋场中间流过的受污染的渗滤液则被排出并过滤。但淡水溪垃圾填埋场最吸引人的可能并不是它的什么大方面，而是众多小细节。比起简单地彰显从土丘高处可欣赏到的全景，新生植物群落那丰富的细节更让人瞩目，因为其中反映了生态的微观和宏观过程。废物和荒地为自然界提供了温床，创造了新的环境和社会生态。

摩西通过垃圾沉降将淡水溪湿地填平，改造成可开发利用的房地产——这一策略在纽约市早已有之。曼哈顿下城区动植物群体聚居的滨水区边缘地带，最初就是打着"延伸至哈得逊河和东河的水中地产"的名头，被卖给了阿斯特和三一教堂等家喻户晓的家族和机构。街道延伸至合法的堤岸，堤岸上建了木制支架，废物被倒入围出来的陆边潟湖中。最终，水变成了"人造陆地"。这些新的海岸线范围在埃格伯特·L. 维勒（Egbert L. Viele）所著的曼哈顿著名"水图"《纽约市和岛屿的卫生和地形图》（*Sanitary and Topographic Map of the City and Island of New York*，1864 年）中有大量记录。在 18 世纪和 19 世纪时，用于建造这片土地的大部分废料是船舶的压舱物。压舱物是货船平稳穿越公海所需的重物；早期的商业"快船"从英国和欧洲启航时，船舱中会装满石块、砾石、土、建筑碎屑或其他在美洲可以清空的材料，这样船在返回旧世界的时候便可以重新装满货物。[13]19 世纪中期，美国东部沿海地区正在开发中，压舱物在岸边堆积如山，通常直接卸在低洼沼泽中，这些低洼处由此注定要形成新的土地。压舱物的到来，也带来了无意间夹杂其中的种子。

20 世纪下半叶，费城和纽约对城市商业滨水区的压舱地植物进行了认真的调查。以费城自然科学学院奥布里·H. 史密斯（Aubrey H. Smith，1814-1891 年）和纽约托里植物俱乐部艾迪生·布朗（Addison Brown，1830-1913 年）为代表的业余植物学家，研究了船只压舱物及其他船只碎片沉积形成的新生地。[14]这些所谓的压舱土地或荒地上出现了许多植物。它们被植物学家称为"非本地植物群"，比起"入侵""异地"或"外来"等词源学描述来，这种说法显得更为积极。"非本地"是指通常在人类的帮助下（有意或无意）引入的，从不同的栖息地到达新地点的物种。来自英国、欧洲、南美和西印度群岛的压舱物植物种类被鉴定出来，压制成蜡叶标本，并经过数年的追踪调查，以确定它们是否有在新环境中茁壮生长的能力。在这些植物学家看来，这些压舱物植物有着非同寻常的新颖性和多样性，它们在人造荒地上抓住机会茁壮生长的适应能力也让人着迷。布朗就曾为纽约不断进行的滨水环境改善工程以及这些稀有而脆弱的非本地植物群不可避免地消失而悲叹："虽然它们中的大多数将在几个季节后消亡，但一些迄今为止未记录的物种仍然有充足的机会可以检验自身对我们的气候的承受力并与我们的本土生长的植物进行竞争。不够顽强的植物会被我们坚韧的杂草排挤；但是滨藜（Atriplex rosea）、金光菊（A. laciniata）、细叶二行芥（Diplotaxis tenuifolia）以及其他植物，无疑会守住自己的阵地。"[15]

詹姆斯·科纳建筑事务所的"生命景观"方案指出，得益于其在大西洋候鸟迁徙路径河口湾的有利位置，斯塔滕岛以植物物种的丰富多样性而闻名。生长于此的植物中，包括许多稀有和濒临灭绝的种类。这里的地理位置、冰川地貌和多样的土壤形态，为南方物种达到北部极限、北方物种达到南部极限提供了多种生态空间。[16]的确，斯塔滕岛丰富的植物群令植物学家着迷的时间已经超过一个半世纪之久。1879年，查尔斯·阿瑟·霍利克（Charles Arthur Hollick，1857—1933年）和纳撒尼尔·洛德·布里顿（Nathaniel Lord Britton，1859—1934年）出版了不断补充完善的著作《纽约里士满县植物志》（The Flora of Richmond County, New York）的第一版，其描述性的副标题就是"偶有注释的里士满县独立生长的显花植物和维管束隐花植物目录。"[17]

和艾迪生·布朗一样，霍利克和布里顿都是托里植物俱乐部的成员，这两位斯塔滕岛本地人在哥伦比亚矿业学院（现为哥伦比亚大学工程与应用科学学院）求学时曾见过面。后来，霍利克成了受人尊敬的古植物学家兼纽约市治理领域的活跃成员，并担任了纽约市卫生委员会的助理卫生工程师。[18]布里顿则成为植物学家和分类学家，1895年，在布朗克斯与他人

共同创立了纽约植物园并担任其第一任主任，在这个职位上一直工作到1929年。年轻时的霍利克和布里顿就为斯塔滕岛多样的植物生命而着迷，从哥伦比亚学院毕业后，综合性的《植物志》是两人首部公开发表的著作。事实证明，这是一个终生项目；直到1922年，二人一直继续定期更新新的物种清单，并将其作为附录发表在托里植物俱乐部公报上，在1930年还出版了新的《植物志》综合修订本。[19]霍利克定期把植物压制成蜡叶标本；他收藏的斯塔滕岛植物标本现在存放在纽约植物园的威廉和林达斯蒂尔（William & Lynda Steere）植物标本室（图23.2–图23.4）。

随着《里士满县植物志》的不断完善，新植物名单显示出作者对边缘地区和非常见植物物种日益浓厚的兴趣。1879年首次出版时，该书只记录了发现植物物种的各个位置（"托特山上植物物种丰富""吉福德附近的沼泽""林登公园站附近"），并且对物种的分布进行了一般性的描述（"常见""不是很常见""沼泽地频繁出现""数量众多"）。然而，自19世纪80年代初开始，植物列表越来越长，新的描述不断出现，写明了一些植物的来源：弗吉尼亚紫露草（Tradescantia virginica），原产于美国东部，"从托滕维尔的花园中逸出"；喙龙葵（Solanum rostratum），原产于美国西南部，"四角落地区附近的单一植物"；水

毛茛（Ranunculus aquatilis），原产于欧洲的水生植物，"在丁香湖沼泽中数量众多；自去年以来自然出现"；以及马哈利樱桃（Prunus mahaleb），原产于地中海地区、伊朗和中亚部分地区，"逸出到加勒森附近的路边"。此外，霍利克和布里顿对各植物栖息地的识别已经从单纯的地名指标扩展到了更多针对人类活动影响的术语："从压舱物中引入""路边和废物场所""废物场所，一种植物在斯泰普尔顿的石墙缝隙中连续茁壮生长了数年""在最近被填满的土地上""可能是从鸟类运送的种子中生长出来的"，并且"显然是从旧的花园垃圾中生长出来的。"[20] 霍利克和布里顿是麦克哈格想象的"自然主义者"的化身：他们凭经验行事、认真观察，并且与声称理性科学客观性的麦克哈格不同的是，他们评估、评价、总结和限定所观察到的新自然的特征。[21] 他们就像一群讲故事的人，一方面并不能够确定自己的结论，一方面又会给出断语。

20 世纪 50 年代，美国植物学家和遗传学家埃德加·安德森（Edgar·Anderson，1897—1969 年）提出了有趣的垃圾堆农业理论，认为可以将早期植物栽培的起源追溯到垃圾堆和厨房垃圾箱。就像在纽约市河口的荒地和压舱土地上寻找非本地物种开拓者的植物学家一样，安德森也指出，对生长地挑剔的植物需要相对开放的栖息地以建立其生态生存空间。垃圾堆提供了这样一种开放的栖息地，农业实践中出现的"奇怪新杂交种"可能会在这里成功生长。"像垃圾堆一样，新的开阔土壤是我们故事的一部分，因为这是人类在地理景观中留下的两种最常见的伤痕。当人类开始从原本生存的角落扩展到以前没有人类居住的土地，人类倾向于创造开放栖息地和不同物种可能占据一席之地的奇怪新空间，就是垃圾堆和一块块开放的、或多或少被侵蚀的土壤。"[22] 安德森最后指出，"杂草的历史就是人类的历史，但是还没有足够的材料让我们坐下来好好写写它"[23]

然而，压舱物植物开拓者和其他适应环境的"杂草"物种，确实可以为人类如何面对气候变化挑战提供线索。正如拉尔夫·沃尔多·爱默生（Ralph Waldo Emerson）所断言的那样，杂草是一种"尚未发现其美德的植物。"[24] 人类控制和攻击杂草的尝试已导致这些植物在基因上有了多样性和抵抗力，与通过农业和园艺技术生产的脆弱的、刻意繁殖的基因克隆物种迥然不同。正如非本地植物群支持者奥布里·史密斯、艾迪生·布朗、查尔斯·阿瑟·霍利克和纳撒尼尔·布里顿所观察到的那样，杂草是机会主义者。虽然困难重重，但它们总能设法在任何可用的栖息地中茂密生长，无论环境受干扰与否。考虑到未来特定气候变化的影响，非本地物种的可塑性和韧性，使其形成能吸引人的成功模式。作为具有遗传多样性的殖民者，这种奇特的生态可能会比农业栽培和驯化的后代更好。这些曾经脆弱的开拓者确实可能成为人类构建更有韧性未来的良师益友，成为当下持续进行的设计结合自然讨论的重要工具。

淡水溪（垃圾场）和淡水溪（公园）为我们提供了一个无与伦比的机遇，使得我们可以把对土地的干扰视为一种生产性行为，并在人类文明史上最大的垃圾堆中鼓励新生态的出现。在这里会长出什么样的奇怪的新杂交体？针对单个植物而非宏观情况，更近距离的观察如何能使我们在这个广阔的新公园中了解新的生态，并为人类世景观提供新的、非规范性的非本地移居植物名单？[25] 支持压舱土地和荒地上非本地植物自然生长的"自然主义者"植物学家对土地"改善"工作提出了警告。的确，这些地区已经具有独特的生产力。埃德加·安德森的垃圾堆理论构建了人类、垃圾、健康和生产力之间更为复杂和直接的关系，垃圾堆思想并不是在试图边缘化或隐藏我们的垃圾，而是重新赋予其生产力。面对不确定的未来，淡水溪公园创造了在这片充满生机、实验性、有物种栖息的压舱土地上进行探索、传播种子的机遇。

图 23.2　查尔斯·阿瑟·霍利克，蜡叶标本，膜边灯心草（Juncus marginatus Rostk），原产于北美，1886 年发现于史坦顿岛的水手港和老广场。图片引用经由纽约植物园的 C.V. 斯塔尔（C. V. Starr）虚拟植物标本馆许可。http://sciweb.nybg.org/science2/VirtualHerbarium.asp

图 23.3　查尔斯·阿瑟·霍利克，蜡叶标本，中鳞荠草（Lepidium medium Greene），原产于美国西部和墨西哥，1908 年发现于史坦顿岛阿灵顿的压舱地面

图 23.4　查尔斯·阿瑟·霍利克，蜡叶标本，细叶连翘（Diplotaxis tenuifolia L.），原产于欧洲和西亚，1909 年发现于斯塔滕岛阿灵顿的废地

第 24 章

安全的悖论

艾伦·W.希勒（Allan W. Shearer）

图 24.1　来自 2018 年 5 月 12 日—11 月 4 日，伦敦维多利亚和阿尔伯特博物馆"未来由此开始"展览。© 艾伦·W.希勒版权所有

"是否应该把地球作为一个设计项目？"在 2018 年夏季维多利亚和阿尔伯特博物馆的"未来由此开始"（The Future Starts Here）展上，这个问题以大粗体字标出。[1] 该展览呼吁人们关注当前一些如果能得到广泛的推广，可能会对人们未来几十年的生活产生重要影响的思想和技术。这种策展方式旨在引导观览者去思考各种"如果……那将会怎么样"的问题，将它们拼凑起来，形成自己对未来居住的世界的连贯构想（图 24.1）。

在展览最后的部分，出现了提示人们思考大规模景观变化的信息，似乎是要令观览者们相信，他们所看到的一百来件物品可能不只是在想象中，而会是在现实里实打实地被用来塑造我们的世界。一个长而扁的敞盖盒子里装着细沙，盒子前面有个发光标志，上方则是个可以捕捉沙子表面高度的激光雷达（Li-DAR）传感器。这件展品让观览者动手塑造沙子的形态，休止角的大小是唯一的限制条件。经过处理的数据被传输至投影仪，而投影仪则会向沙子投射出反映自然地表覆盖颜色的彩光，地形操作的模拟效果得到实时展现。沙子堆高时会形成雪峰；掘开后则形成河流和湖泊；而位于中间高度时则是青翠的山坡。

一方面，博物馆的观览者通过一场展示新兴技术的展览，可以在这个背景下理解桌面上模型世界的变化。另一方面，他们其实也可以从激发这场展览背后的大规模大范围的现实挑战的视角去理解这些变化。诚然，手段和目的的纠缠关系存在于生活的方方面面，在塑造环境这件事上，更是如此。为了改善生活和生计，农业、工业化和城市化将土地广泛而密集地转化为人工景观——人类世由此而始——在这个地质时代，人类已成为一种类似于自然的力量。[2] 除了气候变化这一最明显的影响之外，人类活动还构成了一些看上去不太明显、影响却同样深远的条件，那些得以生活在我们城市当中的动植物物种其实都在这些条件下有所进化。<u>3</u> 从这个角度看，地球本身并不是被设计的对象，它就是设计的产物。如果我们现在接受地球是个设计项目的这种说法，我们应该如何协调手段和目的？更直接地说，我们的设计应该采取哪种思路？是尽力构造"希望可能出现的未来"还是尽力避免"希望一定不会出现的未来"？这两种观点可能各有优势，但将导向不同的环境关系（图 24.2）。

仔细阅读伊恩·麦克哈格的《设计结合自然》便可以读懂维多利亚和阿尔伯特博物馆的展品，理解其明确表达的问题以及隐含其中的与变革态度达成妥协的需求 4。从这本书中描述的一些建成项目和未来构思，还有受《设计结合自然》影响的案例当中我们可以看出，今天的设计实践、对自然的认知以及对两者之间关系的解读都已与 50 年前不同。一些差异是渐进性的，另一些则是革命性的；所有这些都对问题架构设计和解决方案制定的方式产生了重要影响。

安全是设计论述中一个相对较新的话题，本卷中的几个项目，包括中国的国土生态安全格局规划、非洲的绿色长城、荷兰的能源奥德赛-2050 还有黄石育空地区保护计划对此都有所涉及。或许有人会说，这些对安全的追求可以被简单地视为我们全球时代精神的一个方面。但这种说法是有问题的。作为一项专业实践（至少在美国是如此），景观设计师、建筑师、

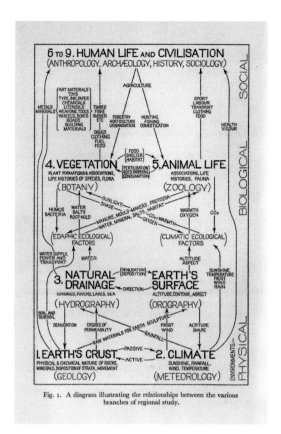

图24.2　物理、生物和社会环境之间的关系图表。法格（Fagg）和哈钦斯（Hutchings），《区域调查》，1930 年。© 剑桥大学出版社版权所有，1930 年。图片引用经由许可

土木工程师和这个领域的其他人员想要实现促进健康、安全和福利的目标，都要获得政府机构的许可。从关注日常安全（safety）到重视安全保障（security），这不仅仅是言语表达上的升级。安全化既显示了我们的存在性恐惧，也反映了我们想要通过采取保护措施让希望变得不那么脆弱渺茫。希望和恐惧之间的差距往往很大。我们需要思考的一个问题是，防御手

段是否最终摧毁了我们与被保护对象之间的关系。该如何通过设计项目实现安全？

经济学家赫伯特·西蒙（Herbert Simon）的假设——"每个人都在设计由谁去计划行动步骤，将现有情况变为希望实现的情况"——在今天仍然是有助于思考有意改变的出发点。[5] 但我们也必须认识到，设计实践是一个不确定的过程，因为对于设计问题我们往往缺乏有关初始条件、可用行动方案或希望达到的最终状态的基本信息。[6] 解决这些模棱两可的问题需要进行溯因推测。[7] 在科学中，溯因推测提供了一个真实性有待检验的假设。在设计中，它提供了一个观点来指导临时性想法的发展演变，经过改进，这些想法最终将接受评判，看看它们是否能令人满意。如果将溯因推测作为设计的核心，它将成为创造的重要助力，不过它也明确允许出错的可能性。溯因观点可以有多种形式，但不管过程是如何开始的，它都将发展成为支持改变的论点。[8]

起草设计论章的过程往往因为在溯因推测的形成中使用了"本质上有争议的概念"而变得更加复杂。这个由 W.B. 加利（W.B. Gallie）创造的词旨在说明以下情况：用以推进社会议程的抽象思想可以接受解读，而且更具挑战性的是对不同的解读方法都开放。[9] 举例而言，艺术、民主、正义和宗教等都是本质上有争议的概念。在环境设计中，想要把一个好的概念

落到实处会受到彼此竞争的阐释因果关系模型的阻碍，数据过多或过少也是个麻烦——这些都让问题变得棘手。[10] 简言之，不要低估设计逻辑的内在偶然性：本质上有争议的概念被用来构建溯因推测，以暂时解决——不是永久解决——棘手问题。

加利的这种提法关注的是具有积极内涵的主意，然而是否会出现物极必反的情况呢？俞孔坚及其同事的"中国国土生态安全格局规划"明确提出了这一问题，他们认为安全应该是环境设计的首要目标。[11] 一方面，当我们周围似乎有太多不确定性时，在直觉上似乎很难反驳安全问题。另一方面，安全就是一个在本质上有争议的概念。

是否将某事物视为安全对象取决于价值观——或者更狭义地来说，利益——是如何建立、分享和维护的。[12] 它预先假定另有一些东西会造成危险。那么，危险会怎样表现出来？从哪里来？什么时候会发生？安全化强化了侵略者和受害者的观念。[13] 由于这些危险与生存有关，所以安全优先于其他政治活动。那么就要问，社会中谁有权宣布某个问题为安全问题，谁有责任对此作出回应，而且最具挑战性的是（如果采取行动的话）行动有哪些限制。[14] 我们还必须认识到，提高一个群体或事物的安全性可能会降低其他群体或事物的安全性。[15] 优先排序的行为会让其他实体变得脆弱——优先

考虑民族国家安全可能会对环境和人民造成危害，例如核武器试验就会产生核辐射或者导致铅和推进剂对地下水的毒害；而优先考虑环境安全又可能会因限制军事训练和测试行动而使民族国家受损，或者因限制经济活动而损害人类利益。

安全性还意味着当前采取的行动取决于对未来的设想。试想一下人们在设想未来时面对各种不确定性，以及为解决它们而采取的各种行动。为了简单起见，假设不确定性可以被分为三类。第一类，有些不确定因素对个人产生不便。对于这些因素，每个人自己上点心或者培养好习惯就可以解决，比如设置两个闹钟以确保守约。第二类，有一些不确定因素对社会具有重要影响，因为它们与集体健康、安全和福利有关。这些因素通常会由当值的政府警察机关解决，有时则在机构支持下解决或由市场解决。例如，交通法规和信号系统使驾驶员、行人和骑自行车者共用道路和街道交叉口就属此类。第三类，还有一些不确定因素可能产生威胁到生存的伤害。这些问题就需要特殊权力通过安全措施加以解决。

在整个 20 世纪的大部分时间里，关于安全问题的讨论集中在通过军事手段捍卫国家主权。不过，冷战结束后，西方国家呼吁扩大安全的定义，将包括环境在内的更广泛的关切问题纳入其中。[16] 从广义上讲，这种扩大让人们对构成"威胁"的因素进行重新评估，并日渐认识到生态问题在健康、经济和政治稳定相关问题上发挥着重要作用。[17] 同时也有人认为，更整体更全面的安全定义可以更好地分析对超出国家范围的跨境问题以及小于国家范围的个人或区域问题。[18]

这些想法已经被纳入到政策和实践当中。乔治·布什总统呼吁人们注意跨境环境压力，认为这是造成国际政治冲突的原因之一，他还在自己《国家安全战略》中表示："我们必须以保护增长潜力和为今世后代提供机会的方式管理地球上的自然资源"——这可能是环境第一次被高调地当作了一个需要思考的安全问题。[19] 比尔·克林顿总统同样表明了环境恶化影响国家安全的立场。[20] 除政策文件外，负责环境安全的国防部副部长谢里·沃瑟曼·古德曼（Sherri Wasserman Goodman）还承认，森林砍伐、土壤侵蚀和水污染等问题是造成海地社会衰退的重要原因，最终导致美军在 1994 年介入海地事务。[21] 在美国，受到关注的环境安全问题不仅仅在国防方面。例如，为农业提供各种支持的联邦《农业法案》（*Farm Bill*）于 1985 年被重新命名为《食品安全法案》（*Food Security Act*）。[22]1979 年作为独立机构成立的联邦紧急事务管理署于 2003 年成为国土安全部的一部分。[23]

不过，并非所有人都赞成将环境或生态因素安全化的想法。在某种程度上，有人认为，将生态问题纳入国家安全讨论，往往会混淆不可再生的经济资源与可再生的经济外部性，比如清洁空气和清洁水等。[24] 此外，虽然野蛮激进的行动通常被视作是故意为之，但在很大程度上，人们却认为生态系统的退化是其他一些（通常是善意的）意图下产生的副产品。最后，有人认为，环境安全化可能会将解决问题的可用手段局限在民族国家常常采用的等级官僚体制之中的方法上。[25]

20 世纪 90 年代初至中期，《国土生态安全格局规划》（第 12 章）的第一作者俞孔坚在哈佛大学读博期间，形成了自己对生态安全格局的早期思考。[26] 由于他之前在中国接受了景观设计专业的教育，因此他的思想建立在环境规划与设计的理论与实践基础之上。当时这个领域尚未与安全研究领域正在发展的环境安全方面有明显交叉，而且还应注意，作为一个学术对称性的问题，安全研究领域那时也没有把规划和设计理论纳入文献综述。虽然缺乏交叉参考文献，但俞孔坚依旧像安全研究领域中的学者一样，（在这一情况下，就生态功能而言）把安全的概念定位为存在性威胁，并借鉴了科兹洛夫斯基（Kozlowski）关于发生不可逆转损害时的最终阈值的概念，将其作为确定和量化风险的一种方式。[27] 需要强调的一点，是俞孔坚致力于保护的是支持持续生态功能的全系统生态过程，而不是濒临崩溃边缘的个别元素，

例如濒临灭绝的物种。[28]

不出所料，俞孔坚在他的论文和随后的出版物中都引用了麦克哈格的《设计结合自然》。他们的观点之间一个引人注意的联系是生态系统的基础前提，即，在系统内存储、移动和使用能源至关重要。不过因为俞孔坚也对现在晚近的景观生态学理论有所了解，所以他认为"千层饼"分析技术必要但并不充分。具体来说，这种方法考虑到了垂直相互作用（垂直能源关系），但没有考虑水平相互作用。[29] 俞孔坚论文的贡献就是展示了如何将战略位置和景观的各部分进行概念化并在计算上用模型表达出来，以保护、改善和创建这些水平流动。举例而言，水的流动就是这样一种把异质生态系统连接成一幅更大的镶嵌图的流动；在通过基因转移来支持生物多样性方面，水平流动也具有至关重要的作用。[30]

俞孔坚的中国国土生态安全格局规划从中国把注意力转向农村、计划建设社会主义新农村的声明中获得了启发。[31] 虽未受到邀请，但出于对政府在发展新城区方面可能有所失误的担心，他致信当时的国家总理，建议开展安全模式分析和生态基础设施建设，以此保护这些地区仍然健康的生态系统和丰富的文化遗产。几周之后，俞孔坚就接到指示，要求他组建一个团队并制定计划。大约 30 名专业人员和博士生参加了这次行动，他们需

要用一年的时间制定出一个可以指导今后更具体的区域工作的全国规模的规划。总体安全格局综合了对流域源头保护、雨水管理和防洪、土壤侵蚀、荒漠化和生物多样性进行的单独评估。这项工作的规模令人鼓舞，其方法已被国土资源部（2018年改为自然资源部）采纳，为政策制定提供支持。

从许多标准来看，中国的国土生态安全格局规划及相关的生态安全研究是设计结合自然的成功范例。不夸张地说，这些应该被称赞为重大成就。但接下来呢？通过这种方式，生态系统是否将永远实现安全化？我们应当考虑到这些论点和由此产生的行动的长期影响。如前所述，安全化使决策脱离了常规的政治程序。这样做在保护预期目标或系统的同时，也将使其与社会其他方面分离开来。

本文早些时候对安全这一概念的讨论，涉及了三种不确定性、潜在危害性以及可能采取的管理措施。在英语（以及其他一些语言）中，可以强调"safety"和"security"之间的区别，二者用来区分日常安全需求和免受严重损害的特别保护需求。然而在其他包括罗曼语和汉语在内的语言中，并没有这种区别，而只有"安全"这一个词。缺少对这两个词的区分并不是一个不可克服的问题，重要的是要把可以通过正式程序来管理的不确定因素和那些需要紧急措施来处理的不确定因素区分开来。另外同等重要

的一点是（严重性）降级的能力。

气候变化和环境退化已促使一些人去探索韧性以外的问题。[32] 中国学者和从业者撰写的生态安全文献，已经指出了过去25年快速城市化对环境所造成的无意却重大的破坏。[33] 在这种情况下，可以想象的是，采取一种安全的姿态能让我们用各种紧急措施来解决这些问题。在某一时刻——也许是我们自己无意造成的——我们，作为人类集体，可能别无选择，只能为了人类的生存而去设计这个星球。不管怎么说，安全是一套整体化的语言，如果不提供一条降级道路，就存在减少甚至否定必要的讨论和辩论的风险。但是，他们——或者我们——会一直处于危机之中吗？从批判性安全研究的角度看，是否可以想象，结合自然的设计不再需要非凡的力量，而是成为一项日常的安全事务？如果不能，我们的手段——或者更差一点，我们的想象力——将不足以应对我们面临的挑战。

是的，存在性威胁给特殊的安全行动提供了合理理由，但是采取这种行动产生了一个悖论。对某个高度重视的对象或概念进行安全化，可以吸引人们的注意力，让人们能开展特殊实践来支持它——这可能是富有成效的。但是，文化规范和社会惯例的每一次妥协，都会略微、逐渐地改变我们与我们试图保护的事物之间的关系。正如迈克尔·狄龙（Michael Dillon）所写的那样，"要

想确保某件东西的安全，就必须对它采取行动并加以改变——这是通过确保它自身的安全来迫使它经历某种转变。因此，对某物施加安全保护，其结果是反倒破坏了之前安全保护宣称的要保护的对象本身。只有在事物最初的完整性遭到破坏的情况下，保护该对象才成为可能。"[34] 当生态系统成为安全的指示对象，当安全成为我们设计环境的论据基础时，我们对自然的看法和我们与自然的联系会变成怎样的呢？

创造和改造景观不仅仅是改变地形；它还可以建立生态关系，并在这些关系的基础上确认价值观。在《设计结合自然》中，"结合"一词提供了可能。对麦克哈格来说，环境设计的任务是在人与自然之间找到一种契合点。在我看来，结合一词想要传达的是一种人类的责任感，再说得更直白一点，是要设计符合自然。这种方法蕴含着十足的谦卑和内在灵活性。当然，我相信"契合"也是俞孔坚和他的同事所追求的理念，他们为了测试各种契合度，还创造出比麦克哈格所使用的更加先进的分析技术。但在追求他们所说的设计逻辑——他们那样一步一步推导下来要为改变进行论证时，确实出现了潜在的问题。在没有逐步减少掠夺计划的情况下，对我们星球的生态系统进行安全化保障似乎是目光短浅的做法，而且可能会导致两种不同的方式来思考"设计结合自然"中的"结合"。一种极端，是设计实践可能会将自然弱化为一种退化了的概念，即在设计中某处存在着被我们占有的、残存的自然。另一种极端，是"结合"用来表示行动的方式。设计结合自然意味着对自然进程有充分的把握，将其作为我们自身能动性的主要工具来使用而最终实现变革。

让我们回到维多利亚和阿尔伯特博物馆的展览以及它的启发性问题——"是否应该把地球作为一个设计项目？"自古以来，人们就把土地塑造成自己认为的世界形象。[35] 因此，毫不奇怪，这种互动活动令人非常满意的一点就是随着造山造海力量而来的即时满足感。其附近的展品，包括一个非洲绿色长城的部分模型和一条装在人造树脂中标记人类世的金穗，充分表明人类的能动性可以实现大规模的地质工程愿景。而且，就好像是在根据提示行动一样，一些游客对长长的山脊和宽广的海岸线进行了彻底改造，不过，大多数游客只是在他们恰巧站立的地方对沙土多个分散部分进行了修改，并且小心翼翼，以防破坏他人的努力，好似存在领土边界一样。即使周围没有其他人，大多数人仍然尊重已塑造好的"现有"外观，就像保护自然奇观、珍视文化景观或圣地一样。虽然这不是一场科学有效的调查，但通过观察，大多数人选择限制他们的改变程度，并且保持某些事物原封不动，这可能表明，我们作为一个物种，希望找到与自然相契合的点，而不是要通过居高临下的叙事方式让自然来契合我们。

第 25 章

生态、稀缺性和南半球

吉利恩·瓦利斯（Jilian Walliss）

一国的经济增长和生态价值观紧密相连，这一点在伊恩·麦克哈格的《设计结合自然》中得到了完整的阐述。该书所著的 1960 年正值经济空前增长时期，伊恩·麦克哈格注意到美国在废除"压迫、奴役、劳役和农奴制"后已然成为一个"财富无可匹敌且分布广泛"的国度。[1] 正是在这一少有的共同繁荣的背景下，麦克哈格深入了解了城市、郊区和农村三种规模上的生态系统，并以此锤炼出设定开发限制的论点。

然而 20 世纪 60 年代的南半球正上演着截然不同的经济故事。中国的"文化大革命"刚刚开始，中国人口仍以务农为主；许多非洲和南亚国家刚刚摆脱了欧洲殖民者的控制。值得注意的，是这些国家随后通过工业化和现代化的进程，在很大程度上依赖其自身的资源实现了更高层次的经济繁荣，这对生态价值观的影响是巨大的。

在景观设计的生态话语中，很少有人会认识到 20 世纪南北半球之间的经济差异所带来的巨大影响，相反，设计项目往往以非政治、科学或艺术的方式呈现。透过"稀缺性"的视角，本章将探讨对非洲和中国这些各具独特的经济条件的地方所开展的大型环境项目的新评论。稀缺性通常被定义为短缺或匮乏。不过，许多学者认为这个概念的价值在于揭示了对水、土壤和森林等环境资源具有影响力的社会和政治态度。我在本章将把稀缺性作为一种超出一般可持续发展理念的启发式方法，它有助我们加深对大规模景观系统的理解，并认识到生态和经济增长的相互作用。

南半球

"南半球"一词出现在冷战后，用于指代第三世界国家（发达国家的一种看法），它涵盖了非洲、拉美和亚洲部分发展中国家，此后扩展到"受当代资本主义全球化负面影响的地域和人口。"[2] 尽管北半球通过殖民和全球化的过程获得了资源（劳动力和物质资源），从而实现了经济繁荣，南半球在很大程度上只能依靠自己的资源。西方景观话语体系很少关注这一点，也不怎么讨论南半球国家的现代化转型。考虑到气候变化和全球化的日趋复杂，这一疏忽是有问题的。正如戴维·哈维（David Harvey）总结的那样，"如果你认为你可以解决诸如全球变暖等诸如此类的环境问题，而不需要直面价值结构由谁决定的大问题……那么你是在自欺欺人。"[3]

作为经济和生态领域之间的桥梁，稀缺性的概念提供了一个能够揭示大型景观系统设计潜在价值的宝贵视角。出于其与经济理论的联系，各国政府、非政府组织、投资者和国际机构将稀缺性广泛地用于制定发展政策和环境政策。[4] 在经济和生态环境中，稀缺性在本质上与局限性有关，简单地说，可以从两个方面来考虑。绝对稀缺性的概念假定资源有着无法逾越的局限，这体现在诸如承载能力和控制人口增长等理念上。[5] 反过来，相对稀缺指的是政治和技术因素影响资源的可得性。[6] 以这些框架为出发点，本文将从非洲的绿色长城项目开始，对三个大型生态设计进行考量。

稀缺性与殖民

非洲的绿色长城全长约 8000 千米，从塞内加尔一直绵延到吉布提，其目标是防治荒漠化。2005 年，这一设想获得通过，萨赫勒地区的所有国家都签署了为推进绿色长城项目而建立一个泛非洲机构的公约。[7] 和许多非洲环境项目一样，这个愿景得到了包括欧盟、联合国（防治荒漠化公约），以及非盟委员会伙伴国家在内的多个国家及国际机构的资助。[8] 表面上看，这个雄心勃勃的项目令人钦佩。然而，

细看一下就会发现，农业及环境保护的计划和手段都根植于殖民时期对资源稀缺性的评估。

非洲绿色长城的范围覆盖了萨赫勒半干旱地区，是撒哈拉和苏丹大草原之间一个特殊的生态过渡地带。到 1914 年，萨赫勒地区的 11 个国家全部沦为欧洲国家的殖民地，很快，经过欧洲培训的科学家、林业工作者和行政人员在对旱地生态评估之后制定并出台了应对农业生产、土壤退化和荒漠化的政策。[9] 例如，（控制了 14 个非洲殖民地的）法国就把树木宣布为稀缺商品，在农民土地上的任何树木都成了政府的财产（农民砍伐或毁坏树木面临罚款和监禁的威胁）。与此同时，还设立了单独的森林种植区。[10] 这种将树木从农业中分离出来的做法清理了农田，并鼓励农民耕作、施肥和种植改良品种。对粮食增产的重点关注带来了畜牧养殖的发展，减少了游牧活动。

在萨赫勒的环境中，这些外来引进的做法破坏了传统农业的耕作方式，如烧林开荒、挖深种植坑保墒、使用树木遮挡作物等，导致了产量降低和表层土流失。[11] 这在 20 世纪的非洲司空见惯，这些政策将环境作为一个问题，并带来所谓的"环境解决方案"，但这种方案却忽视了既定的社会、经济和生态关系。[12] 此外，欧洲科学家在 20 世纪 20 年代提出了荒漠化的概念，声称撒哈拉沙漠正在向南侵入热带稀树大草原——这种观点现在生态学界存有争

下提案的源起，即在萨赫勒地区种植连绵不断的树木屏障，以缓解风与土壤侵蚀的温度，并改善农业生产的湿度水平。[14]

最早的绿色长城计划延续了头痛医头、脚痛医脚的殖民政策，具体的表现就是将树木种植园孤零零地与附近村庄隔开。该计划一开始的重点是解决在沙漠中植树的技术挑战，许多外国专家都就适宜的树种和种植技术提出了建议。例如，荷兰人彼得·霍夫（Pieter Hoff）就提出了"水箱播种法"（Waterboxx），试图利用小的圆形水箱为幼苗提供环境保护和水，不过这种做法的单位成本相当之高。[15]

一段时间过后，出于打造更强经济和生态体系的意愿，绿色长城计划被大幅修改，从森林种植调整为"干预措施的综合利用"。[16] 绿色长城不再是一片隔绝在外、自成体系的连续林带，而是转而与乡村和农业区接壤，试图鼓励土地资源的可持续发展，并改善当地居民的生活条件。初步迹象表明，这一方法的成效相当不错。例如，在塞内加尔，由妇女协会管理的公共花园在为成员供应新鲜食物之余，可以将剩余部分按照市场价格出售，以收益投资于共同基金，来为当地人提供小额信贷。[17]

然而，遍观当代科学与生态报告，人们对绿色长城及其他环境项目对萨赫勒地区环境的改变众说纷纭，令人困惑。目前还不清楚萨赫勒地区究竟是在变绿还是在变褐，干旱是否会持续下去。这种模糊不清体现出各方对土地退化存在概念上的差异，以及方法论和学科偏见。[18] 例如从大陆角度出发的《全球旱地评估》（*Global Drylands Assessment*，2015—2016 年）利用卫星图像记录了旱地上的森林覆盖密度，从而确定生态恢复和投资的潜力。[19] 然而许多研究人员都警告说，这种粗分辨率的地球观测数据在为政策制定提供信息方面存在局限性。汉内洛蕾·库塞罗（Hannelore Kusserow）的研究就显示，如果对 20 世纪70 年代到现在的所有干旱时期的数据进行分析，似乎有种该地区正在绿化的感觉，但干旱期前的数据成像却显示该地区正在褐变。[20] 同样，凯尔·拉斯穆森（Kjeld Rasmussen）及其合著者也称，"大规模和长期趋势不能充分反映微观尺度和更短期的环境变化过程。"[21]

举例而言，尼日尔采取的举措包括给小块土地所有者赋权，让其管理自然造林，并重新回归土著民族的土地利用技术，比如"zai"——一种用于保墒的种植地坑网格。[22] 像这样构建起开垦农业用地和造林用地之间的平衡，可以用很少的投资就改善土壤条件。最重要的，是在现在这个气候变化的时代，这种方法显示了降雨不再是尼日尔的限制性因素。相反，真正的问题是要改变农民对树木的认知和管理，以及殖民时代以来的一些态度与做法。[23]

所以说，各个学科、非政府组织、政府和社区在界定萨赫勒地区的土地退化指标时是有区别的，这也反映了他们各自对资源的态度。自然科学家往往强调生物物理原因（绝对原因），社会科学家侧重于人类原因（相对原因），而农村通常会突出脆弱性以吸引国际援助（相对原因）。[24] 此外，航空卫星图像还构建了土地、水资源和植被的稀缺性和丰度表征，这与土地所有情况和利用方式无关。[25] 随着当地民众在决策过程中被边缘化和紧张形势加剧，平衡当地经济收益和长期生态成果变得愈发困难。[26] 例如，为防治荒漠化而进行的大规模植树可能具有大量固碳的经济潜力，但同时会导致生产性土地的减少，对水资源系统造成压力，而且会对粮食安全产生负面影响。因此，萨赫勒地区和绿色长城的挑战是跨学科和跨领域的，需要明确界定方法和价值观，以便最好地为开发和环境政策提供信息。

接下来让我们把目光投向中国，中国稀缺性体系的构建是如此不同。这个国家的政府并没有施加限制，而是将稀缺性作为经济增长的强大动力。

具有中国特色的稀缺性和社会主义

自 2010 年以来，中国涌现出大量由本土和国际景观设计事务所设计的大型生态项目，但它们很少融入中国独特的政治和文化环境。从外部来看，改革后的中国尤其难被解读，因为它糅杂了第三世界和第一世界的元素及社会主义计划性和资本主义市场性的特征。[27] 不过，稀缺性提供了一个有价值的视角，有助于我们理解中国生态与经济增长之间不断变化的关系。

许多中国学者强调了稀缺性在中国经济发展中所发挥的作用。[28] 例如，西方国家在冷战后实施的禁运和封锁一度将中国排除在世界贸易体系之外，而稀缺性的观念则推动其社会主义新经济体制实现从农业社会向工业化的转型。中国在迈向工业现代化的进程中受到了持续匮乏和紧缩条件的影响，卢端芳将其描述为"从少到缺"的转变。[29]

批判性地讲，中国曾将人口视为中国最大的资源，认为要和苏联与西方世界竞争，人口增长对于提高产量和建设地位至关重要。尽管中国在环境资源方面，尤其是水资源上较为薄弱，但社会主义新秩序被认为是解放全世界人民的机制。[30] 在清楚了解资源相对匮乏的国情之后，中国迈向现代化道路的脚步并没有就这样受到资源禀赋的限制，相反，科技（曾受苏联的影响）、人力资源及社会主义意识形态 [31] 被认为是工业增长的路径。

所以说，资源稀缺性是一种推动因素，而

非限制因素，它激发了中国诸如"南水北调"（South—North Water Diversion Project, SNWDP）等载入史册的丰碑工程。这项工程的起源可追溯到毛泽东，他在 1952 年提出，"南方水多，北方水少，如有可能，借点水来也是可以的"[32] 这条连接长江和北京的水利工程全长 1200 多千米，是世界上伟大的基础设施之一，竣工后每年可调配多达 7% 的全国年用水量。[33]

布里特·克罗-米勒（Britt Crow-Miller）着重介绍了过剩和局限性的理念是如何被用来证实南水北调工程合理性的：将水资源短缺视为与干旱和气候变化相关的"自然现象"，这不同于华北平原的"极端人类压力"。[34] 水资源短缺并不只是南水北调工程所特有的，许多国际大型水利项目都普遍存在这种情况，它有助于将注意力从地区问题、财政分配不平衡及长期影响等问题上转移开来。

到 20 世纪 70 年代末，中国的人口增长目标（将人口数量从 1949 年的 5.4 亿增加至 1976 年的超 9.4 亿）已经成为一个主要的问题。有人指出，独生子女政策等干预措施限制了人口增长，但也促进了社会采纳环保政策和可持续发展方式。[35]

2012 年中国共产党第十八次全国代表大会提出建设"生态文明"，将这些环境目标上升至国家政策层面。毛里齐奥·马里内利（Maurizio Marinelli）认为，"生态文明"一词的起源可以追溯到叶谦吉，这位农业经济学家在 20 世纪 80 年代提出了更加可持续的农业生产方式[36]，他指出，"人类既可以从自然中受益，也可以保护自然"，这些话让人联想起麦克哈格的说法："人类在改造自然的同时，也要保护自然，因为这是人与自然保持和谐统一关系的必由之路。"[37]

在上个 10 年，广泛的科学研究和讨论推动了这一政治认知，即经济发展应更加关注生态，包括对其局限性的应对。俞孔坚颇具影响力的国土生态安全格局规划（2006—2011 年）项目就是其中一项重要的贡献。受当时的文化部和环境保护部委托，北京大学建筑与景观设计学院和俞孔坚的土人设计事务所联合开展了一个试点项目，确立了全国经济发展与生态系统相协调的发展战略。[38]

该研究方法引自俞孔坚在哈佛设计学院的博士论文《景观规划中的安全格局》，这篇文章对麦克哈格的思想和理查德·福曼的生态语言都有所借鉴。在地理信息系统的推动下，空间格局（也被称为安全格局）确定了影响生态安全的生态条件。将多种定量和定性参数，及诸如缓冲区、源间联系、辐射路径和战略节点等分类与生态栖息地相结合，从而根据三个安全等级对生态空间格局进行排序。这种基于生态进程的、对绝对局限性的空间表达，使中国政府系统性地阐明了国土生态价值观，继而在重塑中国发展政策上发挥了影响。[39]

与建设"生态文明"密切相关的"美丽中国"行动计划，引入了环境权利、对子孙后代的责任及公民利益等环保公益理念。"新时代中国特色社会主义生态"，给景观设计项目，特别是水利工程带来了福音。[40]

微山湖湿地公园就是其中一例，它位于山东省北部地区，是南水北调东线输水工程的一部分（图25.1）。这一于2013年竣工的项目被设计团队 AECOM 誉为"大型公园与水体修复、湿地保护和旅游开发之间平衡发展的新范例"。[41] 该计划在两个区域层面上开展。一系列的人工湿地、生物湿地和雨水花园，以及修复的农田和沼泽在北部城市化地区和南部广阔的微山湖之间形成重要的水体净化和生态屏障。在城市区域上，六个湿地区延伸至新的城镇，从而提供了以水为媒的开放空间格局。

除净化水体外，湿地还具有美学价值。精心设计的人类通道、有利于提高动物和鸟类多样性的生物栖息地的网络，湿地四季分明的季

图25.1　微山湿地公园木板桥景观图，图片引用经由 AECOM 许可

节转换则提供了许多教育、旅游和休闲娱乐的机会。[42] 微山湿地公园具有重要的区域意义，是建设"社会主义生态文明"的典范，提供了生态与美丽并重的发展模式。

从相对稀缺的年代起步，中国在 20 世纪后期迅速实现的工业化经济转型，给环境和社会带来了一系列的后果。无论如何，中国目前正处于经济增长放缓、人口增长几乎为零、人口老龄化、社会财富接受程度相对较高以及生态环境不断改善的新时期。[43]

中国在倡导顺应自然、可持续发展，并将法律法规瞄准了那些毫无节制的经济发展，为环境提供越来越多的保护，进而转向可再生能源、排放交易及生态保护战略。[44] 经济放缓是否会减缓中国生态建设的进程还需要继续观察。不过，乐观的评论人士认为，中国的生态改革可能会超越自己的国境，在应对全球气候变化等挑战中发挥重大作用。

结束语

本文的撰写始于出版机构的一份邀请，他们希望我用一系列的项目来例证《设计结合自然》的现实意义。由于我生活在南半球，所以我选择讨论北美和欧洲之外的项目，而这就使得我需要确定一个适当的视角进行分析。尽管这是一次有限的探讨，但引入南半球的特征和稀缺性的概念揭示了价值观在环境保护和生态设计中的重要意义，比如发展设限（绝对），和考虑社会、政治和技术维度对资源可得性的影响（相对）。

本文的探索触及了政治生态领域。政治生态学是 20 世纪 80 年代出现的一个独立研究领域，它广泛分析了社会和土地资源之间的关系。与 20 世纪 60 年代伊恩·麦克哈格的观点不同，我们的生态问题是跨国界的，需要通过国际组织、各国政府、非政府组织、社区和产业之间的协商才能找到解决方案。随着全球性设计实践日益增多，景观设计会超越传统的可持续发展和生态设计理念，参与到政治生态的核心问题，比如丰度与退化、安全与脆弱性及繁荣与边缘化问题当中。[45] 在 2019 年乃至未来，设计结合自然意味着我们要在全球生态和政治环境下开展工作，这就需要与生活在"南半球"发展中国家的众多民众进行更加全面的接触。

第 26 章
为什么要当带来坏消息的人？

威廉·惠特克（William Whitaker）

1954 年冬天，伊恩·麦克哈格在格拉斯哥建筑学院进行了十场关于景观设计的系列讲座。他在第一场讲座中大胆宣称，这是"苏格兰第一堂关于景观设计的课程"。[1] 在接下来的几周时间里，麦克哈格和他的 30 名学生快速地回顾了景观设计的历史，从"创立伊始"直到现代主义所倡导的"基本原则"。

到了总结该领域现状的时候，麦克哈格的批判来得迅速而猛烈。"当前的景观设计实践源于毫无根据的习俗，它是英国景观传统肤浅、散漫、掺水和腐化的翻版，它的起源现在已无法辨认。"如果景观设计师想要触及环境问题的核心，他们就必须扩展视野，超越"设计师巨擘"定下的惯例和建筑界限。他指出，选择这样做将是该领域复兴的基础，并且是设计师"在这个领域的机遇和责任"。

大西洋彼岸，当时新上任的宾夕法尼亚大学美术学院院长霍姆斯·珀金斯完全了解麦克哈格的潜力。在他担任哈佛大学城市规划系主任期间，珀金斯曾指导过麦克哈格的合作论文项目——他与一些景观设计专业学生一起完成的罗德岛普罗维登斯重建计划（Redevelopment Plan for Providence, Rhode Island）。珀金斯想要重建宾夕法尼亚大学景观设计系（该系的本科课程创立于 1924 年，但于 1941 年关闭）。他认识到，"景观设计行业若想达到原来的水平，将是一场艰苦的战斗"，而且"需要有人为之奋斗"。[2] 幸运的是，毕业后返回苏格兰的麦克哈格正巧写信给珀金斯，想要寻找"美国任何地方"的机会。[3] 珀金斯和麦克哈格迅速行动，他们一致同意从那年秋天开始由麦克哈格担任城市规划助理教授，负责筹建宾夕法尼亚大学景观设计系。

伊恩·麦克哈格（1920—2001 年）出生于苏格兰克莱德班克，在工业革命的阴影笼罩下长大。他的父亲伊恩·伦诺克斯·麦克哈格（John Lennox McHarg）怀抱着对晋升的期待在一家制造企业出任经理，并以此开始了他的职业生涯和婚姻生活。伊恩的祖父和外祖父都是马车夫，赶着成群结队的克莱兹代尔（Clydesdale）马队运送威士忌酒桶和易耗用品。20 世纪 30 年代爆发的经济大萧条对家庭和城市都造成了损害。当时麦克哈格和他的母亲哈丽雅特·贝恩（Harriet Bain）一起照料家庭花园，他们手搭手在地里干活，这唤醒了麦克哈格对自然和更宏大景观的好奇心。年轻

图 26.1 伊恩·麦克哈格在葡萄牙，1967 年 7 月，保利娜·麦克哈格（Pauline McHarg）拍摄，图片引用经由宾夕法尼亚大学建筑档案馆伊恩和卡罗尔麦克哈格收藏品中心许可

的伊恩从格拉斯哥城的砾石路徒步远足到基尔帕特里克山区田园诗般的乡村，这构成了他无法忘怀的年少时光。[4]

16 岁时，麦克哈格决心成为一名景观设计师。他从高中辍学，正式成为唐纳德·温特吉尔（Donald Wintersgill）的学徒，而唐纳德正是奥斯汀和麦克阿尔桑（Austin and McAlsan）有限公司（苏格兰首屈一指的苗圃和种子商）的设计与施工运营主管。第二次世界大战期间（1938—1946 年），麦克哈格在英国军队服役，参与了包括意大利入侵期间的血腥战斗，这延误了他的学徒生涯。不过，这些岁月使得这个偏狭的"瘦高个青年"培养出强烈的自信心和勇气。[5] 在回到苏格兰前，他遍访了古罗马时期的迦太基（Carthage）、帕埃斯图姆（Paestum）、赫库兰尼姆（Herculaneum）、庞贝（Pompeii）、罗马、雅典等古城的遗迹，又走过了整个希腊，成了一个阅历丰富的人。

战争结束后，麦克哈格回到哈佛大学继续他的学业，完成学士学位后又获得了景观设计与城市规划专业硕士学位。他还选修了政府和经济学课程，这对他的思想产生了深远的影响。在哈佛，麦克哈格回忆道，现代景观建筑就是一场"十字军东征……一种宗教信仰。我们得救了，所以我们必须拯救世界。"[6] 1950 年夏，他带着改革的信念回到苏格兰，但一场危及生命的肺结核令他的职业前景黯淡无光。他在苏格兰行政部门工作了四年，参与了战后住房和城镇规划，随后又收拾行装，乘船去了美国。

1954 年 9 月上旬，麦克哈格抵达费城，

彼时的费城正对未来充满憧憬。战后改革者在 1947 年秋天举办了"更好的费城展"（Better Philadelphia Exhibition），在金宝百货公司两层楼内布置了一系列令人眼花缭乱和引人入胜的展品，向人们介绍城市和区域规划的优点。当时复兴城市的新理念采取了更为敏感而谨慎的方法，将历史结构和人文维度结合起来，景观建筑论坛把这种方法称为"费城疗法"，即用"青霉素，而非外科手术"的方式清理贫民窟，建筑师路易斯·康的杰出作品就可以显示出那个时候的最新进展。[7]

30 万名市民参观了这次展览，并且组织者的努力在约瑟夫·克拉克（Joseph Clark）和理查森·迪尔沃思（Richardson Dilworth）两位市长的行政改革下取得了成果。这两位政治家都支持埃德蒙·培根，他曾在 1949 至 1970 年期间担任费城城市规划委员会执行董事。在他的领导下，费城因其富有想象力的城市规划而备受称赞，而培根与建筑师们之间的密切联系也使得这一领域在城市发展中发挥了重要作用。作为费城城市规划委员会的主任，这种颇具成就的氛围能够建立起来，也有珀金斯的功劳。[8]

311 与此同时，珀金斯正在努力让宾夕法尼亚大学摆脱古典建筑风格的痕迹，但却没有完全摒弃这种风格对美化城市的关注。美术学院干劲十足，人人致力于城市建设，这里还拥有思想活跃的景观设计和城市规划的教职团队。各位志同道合的老师因为共同的理念而聚集在一起，都认为建筑设计应被理解为一个更大环境中不可或缺的要素，而且设计师的角色在一定程度上是要阐释建筑如何与周围的格局相互关联，并不断完善。丹尼斯·斯科特·布朗（Denise Scott Brown）于 1960 年加入该学院，同时执教于景观和城市规划专业，他倡导"城市物理"——影响城市居住区的"形式、力量和功能"，特别是塑造和决定城市形态的社会、经济、技术和自然力量。[9] 公私部门为城市和区域研究提供了资金，得到支持的大学因此能够扩展课程，以探索更深层次的理解。20 世纪 60 年代还涌现了大量基于研究的设计工作室，专注于将研究转化为理论和行动的课程和项目也随之出现。20 世纪 50 年代，在资助对象的优先顺序上，对城市的担忧成了决定性的力量，而雷切尔·卡森在 1962 年《寂静的春天》（*Silent Spring*）一书中发出的环境恶化警报更是让环境领域成为接受资助的首要对象。此外，约翰·肯尼迪总统的"新边疆"政策和林登·约翰逊总统呼吁实施"新的环境保护"推动了国家层面的努力。

在任期间，麦克哈格提升了宾夕法尼亚大学初具雏形的景观设计项目在建筑师心目中的地位。宾夕法尼亚大学通过广告来制造刺激，兜售其"实验性课程"，我们在 1955

图26.2 宾夕法尼亚大学城市设计大会，1958年。从左到右依次为：威廉·I. C. 惠顿（William I. C. Wheaton）、刘易斯·芒福德、伊恩·麦克哈格、J. B. 杰克逊、戴维·A. 克兰（David A. Crane）、路易斯·I. 康（Louis I. Kahn）、G. 霍姆斯·珀金斯、阿瑟·C. 霍尔登（Arthur C. Holden）、院长珀金斯的工作人员、凯瑟琳·鲍尔·沃斯特（Catherine Bauer Wurste）、小莱斯利·奇克（Leslie Cheek Jr.）。后排为查德伯恩·吉尔帕特里克（Chadbourne Gilpatrick）、埃莉诺·拉腊比（Eleanor Larrabee）、简·雅各布斯、凯文·林奇、戈登·斯蒂芬森（Gordon Stephenson）、格雷迪·克莱（Grady Clay）和贝聿铭。格雷迪·克莱摄，图片引用经由宾夕法尼亚大学建筑档案馆伊恩·麦克哈格收藏品中心许可

年12月的《英国建筑评论》（*Britain's Architectural Review*）杂志上还能找到这样的例子。最先响应麦克哈格的是他先前的两名学生——詹姆斯·莫里斯和罗伯特·斯蒂德曼，他们曾在苏格兰聆听过他的讲座。[10]

他聘请菲利普·约翰逊（Philip Johnson）来领导一间工作室，专门为密斯·凡·德·罗（Mies van der Rohe）设计西格拉姆大厦广场景观，该大厦位于纽约市，当时正在建设施工。麦克哈格著书、演讲，并通过他自己设计的作品，致力于改善城市开放空间的质量。他还常常与杰出的建筑师合作。在1957年发表的《法庭建筑理念：人性化的城市生活》（*The Court House Concept: Humane City Living*）一文中，麦克哈格首先赞扬了数名建筑师，然后委婉地问道，为什么现代建筑师未能为城市居民提供像乡村那样人性化的住房呢？[11]

1959年秋，景观设计师卡尔·林（Karl Linn）加入该系，开始教授大一课程。[12] 林这样回忆自己和麦克哈格的"互补关系"：林专注于研究人们日常生活中亲密的邻里环境，而麦克哈格则扩大了他的专业关注范围。[13] 能够提供对环境进行全面评估和评价的生态学成了麦克哈格关注的焦点，工作室里遇到的问题和事务所接到的委托就是他测试想法和

图26.3 宾夕法尼亚大学景观设计专业学生正在准备提交特拉华河流域研究，"DRB II"，宾夕法尼亚大学迈耶森礼堂，1967年秋。图片引用经由宾夕法尼亚大学建筑档案馆伊恩·麦克哈格收藏品中心许可

开发推进景观设计生态方法与技术的主要工具。波托马克河和特拉华河流域成为理想的研究区域，它们的边界是由生态力量而非政治区划形成的。到1966年，麦克哈格成功组建了一个由生态学家、科学家、环保律师和设计师组成的团队——包括尼克·米伦伯格（Nick Muhlenberg）、杰克·麦考密克（Jack McCormick）、安·斯特朗（Ann Strong）和纳伦德拉·朱内贾（Narendra Juneja），并积极制定了一份涉及面广的议程。[14]

对于麦克哈格来说，这是一段激动人心的时光。时任华盛顿特区自然保护基金会负责人的罗素·特雷恩（Russell Train，他是20世纪60年代和70年代将环境问题纳入总统和国家议程的关键人物），通过约翰逊政府的总统特别工作小组结识了麦克哈格。他对麦克哈格之前在波托马克河特别小组工作的经历非常感兴趣。麦克哈格和一群宾夕法尼亚大学的学生在1965-1966学年对这个地区进行了详细的生态研究，这份研究是发展生态规划方法的重要里程碑，也是特别小组最终报告的主要内容。特雷恩认识到，出版一本记录麦克哈格方法和宏大思想的书籍将会鼓励美国公众的参与，并引发人们对土地价值及负责任的土地利用过程的讨论。保护基金会承诺提供2万美元的赠款，并最终说服了最初犹豫不决的麦克哈格接受了这项任务。1966年09月，麦克哈格开始潜心写作，该书初稿的标题为《在人类世界中为自然留下一片空间》。他于1967年6月6日写完此书，最终将题目定为《设计结合自然》。在随后的一周里，他与自然历史出版社的出版商会面，后旋赴欧洲进行长达六周的难得度假。他在记事本上兴奋地写道"好哇！！！！！"[15]

推动此书编写的特雷恩着实值得我们称赞，而珀金斯在宾夕法尼亚大学的建树：开设以设计制定理论框架为重点的课程并给予年轻教师授课的机会，也必须得到肯定。在建筑系，罗伯特·文丘里（Robert Venturi）于1961至1965年间在丹尼斯·斯科特·布朗的协助下教授"建筑理论"，这五年的任教经历是他标志性著作《建筑的复杂性和矛盾性》（Complexity and Contradiction in Architecture，该书于1967年由现代艺术博物馆出版）的基础。而对麦克哈格而言，教授"人类与环境"这门课使其能够将科学、神学和设计领域的顶尖思想家聚集在一起，共同探索人与自然的关系。[16]这是一门开创性的课程，吸引了很多美术学院以外的学生报名。费城哥伦比亚广播公司的制片人乔治·德萨尔（George Dessart，也是宾夕法尼亚大学安尼伯格传播学院的教员）认识到对伟大思想家的采访颇受欢迎，于是委托麦克哈格从1960年10月将这个系列搬上荧屏。这档名为《我们的居所》（The House We Live In）的电视节目"探讨了物质世界的本质、宗教界对物质世界所持的神学立场及人具有改变世界的能力后会产生何种道德影响。"[17]这档节目连续播放了两季，后在公共电视频道联合播出，该节目使麦克哈格成为一名保护环境的知识分子和领袖人物。

麦克哈格与纳伦德拉·朱内贾密切配合，共同负责《设计结合自然》一书的制作，朱内贾是麦克哈格以前的学生、同事和朋友，还是他的得力助手。他们一起设计了这本书的版式，并创作了许多新的插图。由于这些插图存在的技术挑战和印刷费用方面的考虑，该书的制作一直被推迟至1968年秋。最终，

麦克哈格的同事尤金·费尔德曼（Eugene Feldman）——他是一位非常受人尊敬的艺术家，当时在宾夕法尼亚大学美术系任教——在费城的猎鹰出版社印刷并完成了这本书的装订。费尔德曼曾与建筑师理查德·索尔·沃尔曼（Richard Saul Wurman）合作出版了《路易斯·I. 康的笔记和素描》（The Notebooks and Drawings of Louis I. Kahn，1962年），之前还与阿洛伊西奥·马加拉斯（Aloisio Magalhaes）合作出版了《通往巴西利亚之门》（Doorway to Brasilia，1959年）。[18]1969年4月18日，费尔德曼在他的新闻发布室举行的一次小型聚会上，向麦克哈格及其他人展示了第一版装订本。

这本书的封面图案取材于纽约自然历史博物馆旧海登天文馆的档案[19]，这张1949年的图片展现了以太阳黑子为主题的"太空秀"，沿着封面底部勾勒的一条简化的城市天际线侧影呈现出可以辨识的地平线。书的封底则是一张地球图片，与1967年11月美国宇航局在第一版《全球目录》使用的是同一张，不过旋转了90度。

1969年5月16日，麦克哈格开始把这本书的复印版寄给他最亲密的支持者。最初印刷的1万册在年底前就销售一空，此后不久第二次印刷的1.5万册也很快售罄。[20]这样的销量远远超出人们的预期，《亚特兰大宪报》

图 26.4 麦克哈格手捧第一版《设计结合自然》，该书由猎鹰出版社出版，费城，1969年 4 月 18 日。图片引用经由宾夕法尼亚大学建筑档案馆伊恩·麦克哈格收藏品中心许可

（*Atlanta Constitution*）的一位评论员指出，这本书清晰地阐明"不负责任的发展不仅会破坏人类环境的美学价值。关键是如今人类掌握的技术能够以不可预测和灾难性的方式改变整个地球环境。"[21]

在次年 4 月份的第一个地球日，麦克

哈格对聚集在费城如诗如画的贝尔蒙特高地上（Belmont Plateau）的 3 万名群众发表演讲，表达了这一紧迫信息。宾夕法尼亚大学学生报《宾夕法尼亚日报》（*The Daily Pennsylvanian*）报道说，他"一上来就直指严重的环境问题"，并以这样一个问题开启了

他的演讲，即"为什么我必须要做那个给你带来坏消息的人"，并重复了三遍"你们没有未来"。观众们听得目瞪口呆，麦克哈格还指责说这个国家的工业"完全能保证你们的灭亡"，并且称现在是时候"训练美国工业了"。"人类是一种传染病"，他警告说，"破坏人类赖以生存的环境将危及人类自身的存亡。"[22]

参与费城地球周委员会的学生组织者中有许多都上过麦克哈格的"人类与环境"课程，这些人非常积极地拉着麦克哈格与他们一同计划为期一周的环境活动。期间的活动包括讲座、小组讨论、大型公共集会，甚至还有"寻找费城污染迹象的生态行动巴士之旅"。在历史悠久的费城独立厅前举行的"地球日前夕"活动中，麦克哈格宣读了委员会的"相互依存宣言"（Declaration of Interdependence），这份声明"否定了人类独立于地球上其他生命物种的理念。麦克哈格那强有力的、带着苏格兰腔的声音将这份现代宣言推向了广大群众。"[23] 然后，委员会成员 [包括麦克哈格、地球周委员会项目主任爱德华·菲里亚（Edward Furia）及主席奥斯坦·里布拉赫（Austain Librach）] 登上舞台，签署了 2.4

米长的文件。

从他在苏格兰第一次执教以来，麦克哈格走过了漫长的道路。在不到 20 年的时间里，麦克哈格不仅振兴了宾夕法尼亚大学的景观设计专业，更为重要的是他为这个领域注入了活力，并在环境意识觉醒的背景下确立了设计的地位。《设计结合自然》成为一本畅销书和必读书。这本书至今仍在出版印刷。"我在美国的头 10 年里，社会上没人关注我的思想"，麦克哈格回忆道，"环境对于整个社会来说确实是一件极其不重要的事情，当时聆听我演讲的只有园艺俱乐部的女士们。"[24] 他在地球日舞台上的悲观主义（或者是现实主义？）言论正是对采取行动的呼吁、对当前事态的愤怒表达。人们倾听并采取行动，自此环境保护成为一股强大的凝聚力量。

越是接近生命的终点，麦克哈格越是充满希望。他雄辩地表达了"治愈地球"的愿望，并设想通过一个伟大的公共工程来实现这一愿景。在他的想象里，他看到自己"从太空俯瞰地球，看到了不断缩小的沙漠、蓬勃生长的森林、清澈的大气层及纯净的海洋，让我对恢复的景观报以微笑。"[25]

致 谢

　　此书是为庆祝伊恩·麦克哈格经典著作《设计结合自然》出版 50 周年而举办的三场展览和一个国际会议的补充，它的出版恰逢宾夕法尼亚大学斯图尔特·韦茨曼设计学院成立伊恩·麦克哈格城市与生态中心。正如所有复杂的事业一样，如果没有其他同事、专注的艺术家和设计师的努力，以及捐赠者的慷慨解囊，这些项目是不可能完成的。我们向所有为此作出贡献的人们表示衷心的感谢。

　　我们感谢皮尤艺术和遗产中心（Pew Center for Arts & Heritage）对此次展览的大力支持。宾夕法尼亚大学萨克斯艺术创新项目（Penn's Sachs Program for Arts Innovation）、谢德建筑档案基金会（Shedd Endowment for the Architectural Archives）和 LARP 100 基金（LARP 100 Fund）为初期的研究和开发提供了支持。W 建筑和景观设计事务所（布鲁克林总部）的创始人芭芭拉·威尔克斯（Barbara Wilks），与南奇·兰尼（Nanci Lanni）通过哈里·T. 威尔克斯（Harry T. Wilks）家族基金组建了威尔克斯家族麦克哈格中心董事会（Wilks Family McHarg Center Directorship）。我们感谢约翰·卡拉菲尔（John Carrafiell）、埃德·霍兰德（Ed Hollander）、拉里·科曼（Larry Korman）、哈维·克罗伊（Harvey Kroi）和邦尼·塞勒斯（Bonnie Sellers）所作出的巨大贡献。

　　本次国际会议的赞助商团体令人印象深刻，包括生物之栖公司（Biohabitats）、杰斯特纳·鲍顿（Jestena Boughton）、奇维塔斯（Civitas）、卡尔和罗伯塔·德拉诺夫（Carl and Roberta Dranoff）、美国环境系统研究所（ESRI）、哈格里夫斯联合公司、詹姆斯·科纳建筑事务所、马修斯·尼尔森景观设计事务所（Mathews Nielsen Landscape Architects）、霍兰德设计事务所（Hollander Design）、米森（Mithun）、乔恩·伯杰（Jon Berger）博士、Nimblesystems、OLIN 工作室、罗德塞德 & 哈韦尔（Rhodeside & Harwell）公司、乔纳森·罗斯（Jonathan Rose）公司、邦尼和加里·塞勒斯（Bonnie and Gary Sellers）、坦普尔大学规划和社区开发项目、W 建筑和景观设计，以及 WRT。

　　本次展览的成功举办和此书的付梓得益于一大批满怀斗志的规划者、建筑师、生态学家和景观设计师的热情支持和积极参与，是他们给了我们机会来探讨《设计结合自然》对现在意味着什么。

　　像"设计结合自然一刻不容缓"一样，每一个项目均离不开团队的努力，因此，我们要感谢宾夕法尼亚大学的多名同事。

　　斯图尔特·韦茨曼（Stuart Weitzman）设计学院建筑档案馆馆长威廉·惠特克不知疲倦地为我们的策展工作提供了精心的安排，并与能力极强的工作人员希瑟·伊斯贝尔·舒马赫（Heather Isbell

Schumacher）和艾莉森·奥尔森（Allison Olsen）一起督导了所有三个展区的制作。

阿瑟·罗斯（Arthur Ross）美术馆执行主任和宾夕法尼亚大学艺术博物馆馆长林恩·马斯登-阿特拉斯（Lynn Marsden-Atlass）慷慨地分享了她在举办劳雷尔·麦克谢里个人作品展览《时光的书》（A Book of Days）时的成功经验。麦克谢里在格拉斯哥艺术学院作 Fulbright 访问教授期间创作了这幅作品，在那里她收获了与布莱恩·埃文斯、克里斯·普拉特（Chris Platt）、安娜·波斯顿（Anna Poston）、奥夫·麦加里格尔（Aoife McGarrigle）及著名的伊恩·麦克法迪恩（Ian Macfadyen）的帮助和友谊。我们非常感谢马斯登-阿特拉斯及其在阿瑟·罗斯美术馆的同事希瑟·莫克塔德利（Heather Moqtaderi）、萨拉·斯图尔特（Sara Stewart）和梅格·彭多利（Meg Pendoley），感谢他们的合作和参与。

迈克尔·格兰特（Michael Grant）负责我们的市场营销和宣传事宜，杰夫·斯奈德（Jeff Snyder）和本·金斯伯格（Ben Ginsberg）负责筹款。此外，我们还要感谢凯特·埃利斯（Kait Ellis）、阿登·乔丹（Arden Jordan）、达西·范·巴斯柯克（Darcy Van Buskirk）、克丽丝蒂·克罗塞托（Kristy Crocetto）、亚伯拉罕·罗伊斯曼（Abraham Roisman）、克里斯·卡塔尔多（Chris Cataldo）、凯西·迪博纳文图拉（Cathy Dibonaventura）、卡尔·韦尔曼（Karl Wellman）和桑迪·莫斯戈斯（Sandi Mosgo），感谢他们的才华、奉献和热情。

我们还对林肯土地政策研究院（the Lincoln Institute of Land Policy）的伙伴关系，以及莫琳·克拉克（Maureen Clarke）、艾米丽·麦凯格（Emily McKeigue）和帕特里夏·史迪威（Patricia Stillwell）的工作深表感谢。本书的封面是由罗德岛普罗维登斯雨水工作室（Rain Water Studio）的萨拉·雷恩沃特（Sarah Rainwater）和萨拉·维里蒂（Sarah Verity）设计的，我们非常感谢她们的高度协作。另外，我们要感谢德博拉·格雷厄姆-史密斯（Deborah Grahame-Smith）的产品编辑和威斯特彻斯特（Westchester）出版服务公司的珍妮特·莫厄里（Janet Mowery）详尽的编辑工作。他们对细节的把控堪称典范。

我们衷心地感谢本刊物投稿人对这个项目的持续参与，艾伦·伯杰、伊格纳西奥·本斯特-奥萨、托马斯·坎帕内拉、詹姆斯·科纳、厄尔·埃利斯、布莱恩·埃文斯、乌尔苏拉·海泽、罗布·霍姆斯、卡特勒恩·约翰-阿尔德、尼娜-玛丽·利斯特、阿努拉达·马图尔、劳雷尔·麦克谢里、凯瑟琳·希维·努登松、劳里·奥林、戴维·奥尔、安德鲁·列夫金、艾伦·希勒、安妮·惠斯顿·斯本、乔纳·萨斯坎德、达娜·汤姆林、吉利恩·瓦利斯和威廉·惠特克。我们的研究助理和实习生蔡亚群（Yaqun Cai）、克里斯蒂·贾仪贞（Christy Ka Yee Ching）、克里斯·法因曼（Chris Feinman）、布鲁克·克兰塞（Brook Krancer）、安妮·雷（Anni Lei）、罗伯特·利文撒尔（Robert Leventhal）、中村埃里萨（Erisa Nakamura）、克丽丝塔·赖默（Krista Reimer）、卢克·范·托尔（Luke Van Tol）、埃丽卡·尤德尔曼（Erica Yudelman）、王琦（Qi Wang）、王云（Yun Wang）、罗沙，以及赵阳（Yang Zhao）在许多细节方面提供了出色的帮助。

我们衷心感谢麦克哈格中心咨询委员会的领导、热忱和大力支持：杰斯特纳·鲍顿、基思·鲍尔斯（Keith Bowers）、格纳西奥·本斯特-奥萨、卡萝尔·科利尔（Carol Collier）、香农·切尼夫（Shannon Cunniff）、罗伯塔·德拉诺夫（Roberta Dranoff）、克里斯蒂安·加布里埃尔（Christian Gabriel）、杰夫·古德尔（Jeff Goodell）、费伊·哈韦尔（Faye Harwell）、埃德·霍兰德、迈克尔·基恩（Michael Kihn）、查尔斯·内尔（Charles Neer）、斯图尔德·皮克特（Steward Pickett）、乔伊斯·安妮·普雷斯利（Joyce Anne Pressley）、埃利奥特·罗德赛德（Elliot Rhodeside）、露辛达·桑德斯（Lucinda Sanders）、卡伦·塞托（Karen Seto）、芭芭拉·威尔克斯还有安德鲁·佐利（Andrew Zolli）。

最后，如果没有伊恩·麦克哈格的激励，这个项目将是不可能实现的。在他去世前，他将文档委托给设计学院的建筑档案馆，从而使新一代学者能够接触他极具创造性的想象力和影响。他的妻子卡萝尔·麦克哈格（Carol McHarg）丰富了这些藏品。他的同事兼学生安妮·惠斯顿·斯本引导档案工作人员发现了保存完好的、隐藏在众人眼皮之下的宝藏——来自501和701工作室的班级记录，这些班级是推进生态设计方法的重要试验田。

麦克哈格启发了一代设计师和规划师，鼓励他们在工作中认真对待生态学，包括人的社会生态。我们希望这本书可以吸引新一代人，让他们通过获取这些知识，从而以健康、有效、和平的方式与他人、其他有机体以及我们的环境交流互通。

文献及注释

前言

1. "冰川融化所传达的信息：人类抬高热度"，《纽约时报》（Andrew C. Revkin，"A Message in Eroding Glacial Ice: Humans Are Turning Up the Heat," *New York Times*, February 19, 2001）。

2. "出乎意料，布什不追求二氧化碳减排"，《纽约时报》（Douglas Jehl with Andrew C. Revkin, "Bush, in Reversal, Won't Seek Cut in Emissions of Carbon Dioxide," *New York Times*, March 14, 2001）。

3. "耄耋之年的伊恩·麦克哈格，一位尊重地点自然特征的建筑设计师"，《纽约时报》Andrew C. Revkin, "Ian McHarg, 80, Architect Who Valued a Site's Natural Features," (New York Times) March 12, 2001）。

4. "编辑自然：全球治理的地方根源"，《科学》（Natalie Kofler et al., "Editing Nature: Local Roots of Global Governance," (Science) 362, no. 6414 (2018): 527, doi: 10.1126/science.aat461）。

5. 公共广播公司，繁衍与征服地球（PBS, *Multiply and Subdue the Earth*, WGBH Media Library and Archives, http://openvault.wgbh.org/catalog/V61A6468E2EE44DFE8C098659C38EC075）。

6. "你所'相信'的气候变化并不反映你所知的事实；而是表达出'你是谁'"，耶鲁大学法学院，文化认知项目（Dan Kahan, "What you 'believe' about climate change doesn't reflect what you know; it expresses 'who you are'." See Cultural Cognition Project, Yale Law School, ulturalcognition .net, April 23, 2014）。

绪论

1. 具体而言，我们请求提名人仔细考虑一项特定的项目如何清楚表明、延伸或可能批判：

   a. 麦克哈格的哲学理念，即人类进化的目的就是为了学习与生态系统表达于景观之中的形态和潮流共生共存，而非与之对抗；

   b. 景观设计行业所扮演的管理和服务于进化过程的理性、跨学科的"管家"角色；

   c. 简单通用的、主要基于实证生物物理学分析的电子绘图技术的部署方法的开发与应用；

   d. 此类方法的使用目的：提供未来土地用途的明确指导；

   e. 对于大规模景观规划的突出强调。为决定出候选名单，我们随后使用了第二套标准。我们提问：

   a. 是什么令一个项目具有典范性和创新性？任何领域的创新均可：设计方法；政策；建筑施工与技术领域；政治上的影响范围；理论，等。

   b. 这个项目是否具有影响力。如果有，为什么，对谁而言？

   c. 被提名的项目是以什么样的方式延伸了麦克哈格的理论和方法，发展出了新的技术、新的边界和/或新的领域呢？

   d. 被提名的项目是否清楚体现了"设计"与"自然"的当代思考和新兴思路？

   e. 这个项目是通过什么方式，为21世纪的景观设计和环境规划学科指出或开辟了新的拓展领域？

2. "人类世：人类如今是否压倒了大自然的伟力？"，《AMBIO：人文环境杂志》（Will Steffen, Paul J. Crutzen, and John R. McNeill, "The Anthropocene: Are Humans Now Overwhelming the Great Forces of Nature?," *AMBIO: A Journal of the Human Environment* 38, no. 8 (2011): 614–621）。

第1章

1. 《设计结合自然》[Ian L. McHarg, *Design with Nature* (Garden City, NY: Doubleday/Natural History Press, 1969)]。

2. 《得州游骑兵：地下建筑记录》[Alexander Caragonne, *The Texas Rangers: Notes from Architectural Underground* (Cambridge, MA: MIT Press, 1995), 150]。

3. 《生命的探索》[Ian L. McHarg, (A Quest for Life) (New York: John

Wiley, 1996），269]。

4. 同上，第363页。

5. 《治愈地球：麦克哈格选集》[（Ian L. McHarg and Frederick R. Steiner, eds., *To Heal the Earth: Selected Writings of Ian* McHarg, (Washington, DC: Island Press, 1998), 71）]。最初以"价值、过程和形式"为题发表于《人类环境的适应性》[Originally published as Ian L. McHarg, "Values, Process and Form" in *The Fitness of Man's Environment*, ed. Smithsonian Institution Staff（New York: Harper and Row, 1968），207–227]。

第2章

1. 笔者1971年作为迈阿密大学（佛罗里达州）的建筑学系大二学生时的回忆。

2. 《设计结合自然》[Ian L. McHarg, *Design with Nature*（Garden City, NY: Doubleday/Natural History Press, 1969）]。

3. 景观设计基金会网站（See website of the Landscape Architecture Foundation at https://lafoundation. org/about/declaration-of-concern/）。

4. 景观设计基金会网站，"新景观宣言"（See Landscape Architecture Foundation, "New Landscape Declaration," https://lafoundation. org/news-events/2016-summit/new-landscape-declaration/）。《新景观宣言》是由景观设计基金会的委员会成员起草。委员会主席由宾夕法尼亚大学景观设计系主任理查德·J. 韦勒（Richard J. Weller）担任。

5. 1981年麦克哈格因内部的商业分歧离开了他的合伙人。自此后，公司名更改为Wallace Roberts and Todd（WRT）有限责任公司。笔者于1979年加入该公司，且直至2015年（2015年是原书出版的时间——译者注）始终供职于此。

第3章

1. 《设计结合自然》[Ian L. McHarg, *Design with Nature*（Garden City, NY: Doubleday/Natural History Press, 1969）]。

第4章

1. "山谷文明计划"，《调查》（Patrick Geddes, "The Valley Plan of Civilization," *Survey* 54（1925）: 288–290）。

2. 501工作室是宾夕法尼亚大学景观设计系的基础设计工作室。1994年至2014年间，除了偶尔的休息之外，我一直执教于此。其间，我有幸与凯瑟琳·格利森（Katherine Gleason）、吴梅（Mei Wu）、丹尼斯·普拉顿（Dennis Playdon），以及自2003年起与我的伴侣迪利普·达·库尼亚（Dilip da Cunha）一同教学。我从这些同事身上获益良多，尤其是Dennis和Dilip，他们为501工作室带来了颇具结构性的、深刻的见解和高水平的技能，也教会了我"遍历"到底意味着什么。

第5章

1. 《设计结合自然》（Ian L. McHarg, *Design with Nature*（Garden City, NY: Doubleday/Natural History Press, 1969））。

第6章

1. "景观设计生态学方法"，《景观建筑》[Ian L. McHarg, "An Ecological Method for Landscape Architecture," *Landscape Architecture* 57（1967）: 105]。

2. 安东尼·沃姆斯利（Anthony Walmsley）曾教授过一门关于景观设计史的课程，然而这门课程并不以生态设计和规划为导向。他直到20世纪80年代末才着手开发这类课程。

3. "重塑伟大传统：城市自然和人类设计"，《规划教育与研究杂志》[Anne Whiston Spirn, "Renewing the Great Tradition: Urban Nature and Human Design," *Journal of Planning Education and Research* 5（1985）: 39–50]; "建设自然：弗雷德里克·劳·奥姆斯特德的遗产"，《非凡的土地》[Anne Whiston Spirn, "Constructing Nature: The Legacy of Frederick Law Olmsted," in *Uncommon Ground*, ed. William Cronon（New York: W. W. Norton, 1995）]; "景观的设计师：弗兰克·劳埃德·赖特"，《弗兰克·劳埃德·赖特：为美国景观的设计》[Anne Whiston Spirn, "Architect of Landscape: Frank Lloyd Wright," in *Frank Lloyd Wright: Designs for an American Landscape*, ed. David De Long（New York: Abrams, 1996）]; "自然的权威：景观设计中的冲突与混

济", 《自然与意识形态》[Anne Whiston Spirn, "The Authority of Nature: Conflict and Confusion in Landscape Architecture," in *Nature and Ideology*, ed. Joachim Wolschke-Bulmahn (Washington, DC: Dumbarton Oaks, 1997)];

"伊恩·麦克哈格、景观设计与环境主义：相互贯彻的思想与方法", 《环境主义与景观设计》[Anne Whiston Spirn, "Ian McHarg, Landscape Architecture, and Environmentalism: Ideas and Methods in Context," in *Environmentalism and Landscape Architecture*, ed. Michel Conan (Washington, DC: Dumbarton Oaks, 2000)]; "生态城市主义", 《劳特里奇城市设计环境主义与景观设计手册》[Anne Whiston Spirn, "Ecological Urbanism," in *Routledge Companion to Urban Design Environmentalism and Landscape Architecture*, ed. Tridib Banerjee and Anastasia Loukaitou-Sideris (New York: Routledge, 2011)]。"生态城市主义"一文的增补版请参见 http://www.annewhistonspirn.com/pdf/Spirn-EcoUrbanism-2012.pdf。麦克哈格常说他发明了生态设计，而没能引用其他许多人的作品，无论是历史的还是当代的。将麦克哈格置于更为广阔的思想与实践史当中，我们才能将生态设计和规划视作一项源远流长、与时俱进、既能因地制宜、又可高屋建瓴的传统加以理解和欣赏。

4. 《新林地社区：场地规划指南》[Anne Whiston Spirn, Woodlands New Community: Guidelines for Site Planning (Philadelphia, PA: Wallace McHarg Roberts & Todd, 1973)]。

5. "得克萨斯海岸平原的生态管道", 《景观建筑》[Ian McHarg and Jonathon Sutton, "Ecological Plumbing for the Texas Coastal Plain," *Landscape Architecture* 65 (1975): 78–89]。在委托方成功应用美国住房和城市发展部第七款的 5000 万美元借贷担保的过程中，开发计划的环境层面是一个关键性因素。

6. 《多伦多市中心滨水区的环境资源》[Narendra Juneja and Anne Whiston Spirn, *Environmental Resources of the Toronto Central Waterfront* (Philadelphia, PA: Wallace McHarg Roberts & Todd, 1976)]。多伦多市中心滨水区的项目实际上是纳伦德拉·朱内贾的。委托方直接联系到朱内贾。他当时是负责工作的副合伙人，请我来担任项目主管。由于 WMRT 的所有项目均要求一位合伙人负责，麦克哈格就名义上担任了这一职务。

7. 《花岗石花园：城市自然与人类设计》[Anne Whiston Spirn, *The Granite Garden: Urban Nature and Human Design* (New York: Basic Books, 1984)]。

8. 《设计结合自然》[Ian L. McHarg, *Design with Nature* (Garden City, NY: Doubleday/Natural History Press, 1969, 127)]。

9. 《景观语言》[Anne Whiston Spirn, *The Language of Landscape* (New Haven, CT: Yale University Press, 1998), 7]。请参见"西费城景观工程"(See "West Philadelphia Landscape Project" at www.wplp.net)。

10. "米尔克里克的自然：景观素养与生态民主设计", 《实用主义可持续性》[Anne Whiston Spirn, "The Nature of Mill Creek: Landscape Literacy and Design for Ecological Democracy," in *Pragmatic Sustainability*, ed. Steven Moore (New York: Routledge, 2016)]。

11. 《景观语言》(Spirn, The Language of Landscape)。

12. "景观设计生态学方法"(McHarg, "An Ecological Method for Landscape Architecture," 107)。

13. 同上。

14. 同上，第 26 页。

第 7 章

1. 《马萨诸塞州山城彼得舍姆：一个城镇的规划》[John D. Black and Ayers Brinser, *Planning One Town: Petersham—A Hill Town in Massachusetts* (Cambridge, MA: Harvard University Press, 1952)]。

第 8 章

1. 苏格兰议会于 1999 年 5 月 12 日（临时设址在苏格兰教会总部）宣布成立，威尼弗雷德·埃尔伍德博士(Winifred [Winnie] Ewing)在成立大会上说："1707 年 3 月 25 日休会的苏格兰议会，今日重新召开。"请参见英国广播公司，"民主实况"(See BBC website, "Democracy Live," at http://news.bbc.co.uk/democracylive/hi/

historic_moments/newsid_8187000/8187312.stm）。

"隔断"这个措辞是十分精到的，且与地质学中"不整合性"的概念相呼应。后者由苏格兰地质学家休·米勒（Hugh Miller）首先观察到并加以描述，用于说明不同年代岩层当中的间断。请参见"欢庆生命与休·米勒的时代"（See "Celebrating the Life and Times of Hugh Miller," ed. Lester Borley, at www.cromartyartstrust.org.uk/userfiles/file/Celebrating % 20Hugh%20Miller%20sm.pdf）。

苏格兰议会在后帝国时代的英国政治中创造出了一种"不整合性"。鉴于"隔断"这种说法有地质学上的参照，而麦克哈格又戏称苏格兰政府所坐落的爱丁堡圣安德鲁大厦（St. Andrew's House in Edinburgh）为"苏格兰傀儡政府之家"，他应该会对这一点持嘉许态度。《生命的探索》[Ian McHarg,（A Quest for Life）（New York: Wiley, 1996），94]。

2. 例如：罗伯特·路易斯·史蒂文森（Robert Louis Stevenson）、阿拉斯泰尔·格雷（Alastair Gray）、安德鲁·卡内基（Andrew Carnegie）、休·麦克迪尔米德（Hugh MacDiarmid）、诺曼·麦凯格（Norman MacCaig）、罗伯特·伯恩斯（Robert Burns）以及查尔斯·雷尼·麦金托什。请参见苏格兰议会，"修士门墙语录"（See Scottish Parliament, "Canongate Wall Quotations," at www.parliament.scot/visitandlearn/21013.aspx）。

3. 引用语来自沃特·斯科特爵士 1805 年发表的苏格兰爱国情怀赞歌《我的祖国》（My Native Land）长诗第 6 篇"最后一位吟游诗人的叙事诗"（"The Lay of the Last Minstrel"）的第一节，其中斯科特描述了他的家乡与种种传统。

4. 《生命的探索》，第 2 章（McHarg, A Quest for Life, chap. 2）。在引用自传作品时需要多加留意，因为内容有时会被作者反复多变的记忆或者一厢情愿的自我解读所扭曲。麦克哈格的自传就不止一处记录有明显偏差，尤其包括他始终将"格拉斯哥艺术学校"（The Glasgow School of Art）误称为"格拉斯哥艺术学院"（the Glasgow College of Art），他曾在此求学（1936 年），之后还在此执教三年（从 1952 年起）。不过，本文所引用摘录麦克哈格的记述，主要集中在他回忆自己对家乡和祖国的感受和情绪，以及他的相关思考。

5. 《美国大城市的死与生》[Jane Jacobs, The Death and Life of Great American Cities（New York: Random House, 1961）]；《城市意象》[Kevin Lynch, The Image of the City（Cambridge, MA: MIT Press, 1960）]；《城市设计》[Edmund N. Bacon, Design of Cities（London: Thames & Hudson, 1967）]；《城镇景观》[Gordon Cullen, Townscape（London: The Architectural Press, 1961）]；《设计结合自然》[Ian L. McHarg, Design with Nature（Garden City, NY: Doubleday/Natural History Press, 1969）]。

6. 二战后的英国儿童，小时候都是读着霍德 & 斯托顿（Hodder & Stoughton）公司出版的伊妮德·布莱顿（Enid Blyton）的儿童冒险故事《五伙伴历险记》（Famous Five）长大的。这套书刻画了五名在大自然中野营、徒步远足并共同到外地度假的儿童。故事发生的背景总是在乡村地带，并且会突出表现村舍、小岛、乡野和海岸等等质朴简单的野趣，以及一种充满野餐、柠檬水、骑单车郊游和游泳等活动的室外生活。这些天马行空的故事给战后一代灌输了对室外环境的热爱，而且还令他们患上了总要凑齐每组五个的"强迫症"。

7. 格雷迪·克莱（Grady Clay）于 1958 年拍摄的照片，图中有刘易斯·芒福德、伊恩·麦克哈格、J. B. 杰克森、路易斯·康及其他人。宾夕法尼亚大学建筑档案馆。

8. "伊恩·麦克哈格、景观设计与环境主义：相互贯彻的思想与方法"，《环境主义与景观设计》选刊 [Anne Whiston Spirn, "Ian McHarg, Landscape Architecture, and Environmentalism: Ideas and Methods in Context," in offprint from Environmentalism in Landscape Architecture, vol. 22, ed. Michel Conan（Washington, DC: Dumbarton Oaks Research Library and Collection, 2000），101]；也可参见《生命的探索》。

9. "伊恩·麦克哈格"，第 102 页（Spirn, "Ian McHarg," 102）。

10. seanchaidh（复数形式为 seanchaidhean）在苏格兰盖尔语中是指"唱诗者；游吟诗人"（译者按：今天的引申义也包括"出版社；唱片公司"），shanachie 是其转写到英语当中的拼写。在古代凯尔特文化中，凯尔特人的历史和律法并不是

328

落在书面的文字记录，而是依据游吟诗人不断回鸣的传统，通过长篇的抒情诗歌口耳相传、代代记诵的。

11. 例如，可参见詹姆斯·亨特（James Hunter）的《最后的自由人：苏格兰高地与群岛的历史》[Last of the Free: A History of the Highlands and Islands of Scotland（Edinburgh: Mainstream, 1999）]；《苏格兰的出埃及记：一个世界性宗族当中的旅行》[Scottish Exodus: Travels Among a Worldwide Clan（Edinburgh: Mainstream, 2005）]；《在世界上随浪而行——萨瑟兰郡的许可》[Set Adrift upon the World—The Sutherland Clearances（Edinburgh: Birlinn, 2016）]；《苏格兰史：过往的力量》[Edward J. Cowan & Richard J. Findlay, eds., Scottish History: The Power of the Past（Edinburgh: Edinburgh University Press, 2002）]；《苏格兰：一个民族的形成》[Gordon Donaldson, Scotland: The Shaping of a Nation（Newton Abbott: David & Charles, 1974）]；和《北方联盟——苏格兰与挪威》[A Northern Commonwealth—Scotland and Norway（Edinburgh: Saltire Society, 1990）]。

12. 《第二自然：园丁的教育》[Michael Pollan, Second Nature: A Gardener's Education（London: Bloomsbury, 1996）, 12]。

13. 来自刘易斯·格拉西克·吉本的小说《夕阳歌》（Sunset Song）。《夕阳歌》（New York: Penguin Classics, 1932）被普遍视为20世纪最为重要的苏格兰小说之一，也是"苏格兰之书"（A Scots Quair）三部曲的第一部分。

14. "阿辛特的一个男人"，《诺曼·麦凯格诗集》[Norman MacCaig（1910–1996）, "A Man in Assynt," in The Poems of Norman MacCaig（Edinburgh: Polygon, 2005）]。本条引用语是铭刻在修士门墙（the Canongate Wall）、来自设得兰群岛（Shetland Island）的布雷塞砂岩（Bressay sandstone）上。

15. 《在世界上随浪而行》（Hunter, Set Adrift upon the World）。

16. 托马斯·克里斯托弗·斯莫特是苏格兰皇家史官、圣安德鲁斯大学荣休教授及前苏格兰自然遗产副主席。"苏格兰高地与绿色意识的根源，1750—1990年"，《苏格兰国家遗产偶作》[T. C. Smout, "The Highlands and the Roots of Green Consciousness, 1750–1990," Scottish National Heritage Occasional Paper no. 1（1990）, www.snh.gov.uk/ publications-data-and-research/publications]。本文是斯莫特于1990年10月24日在格拉斯哥大学Raleigh英国历史讲座上的讲演，这一活动是格拉斯哥举办的欧洲文化名城（European City of Culture）庆典的一部分。该讲演他于1990年11月20日在伦敦的英国社会科学院又进行了一遍。

17. 《我青少年时代的故事》[John Muir, The Story of My Boyhood and Youth（1913; Madison: University of Wisconsin Press, 1965）]；《生命的探索》，第1章（McHarg, A Quest for Life, chap. 1）。麦克哈格在同那些熟识他的、从学于他的人对话时也曾表现出过这些价值观念。例如，麦克哈格的合作者弗雷德里克·斯坦纳院长；和麦克哈格的校友罗伯特·斯蒂德曼。

18. 在《生命的探索》（A Quest for Life）的前几章（第13–16页）中，麦克哈格常常提及他少年时自家附近各地的自然特征，他由此学会了"脱离这片土地自由地生活，穿过遍布着山毛榉、梣树、针叶松、落叶松的林子，经过小池塘时看着小虫和鸟儿绕着玉蝉花飞来飞去，每天走好几里路。"

19. 例如，可参见"帕特里克·盖迪斯与城市"，《美国规划师学会会刊》[P. D. Goist, "Patrick Geddes and the City," Journal of the American Institute of Planners 40, no. 1（1974）: 31–3]；麦金托什建筑，"帕特里克·盖迪斯"（Mackintosh Architecture, "Patrick Geddes," www.mackintosh-architecture.gla.ac.uk/catalogue/name/?nid=GeddPat）；历史苏格兰，"苏格兰社会学家和城镇规划师帕特里克·盖迪斯"（History Scotland, "Scottish Sociologist and Town Planner Patrick Geddes," www.historyscotland.com/articles/on-this-day-in-history/scottish-sociologist-and-town-planner-patrick-geddes-was-born-on-this）。

20. 《演变中的城市：城镇规划运动和公民研究入门》[Patrick Geddes, Cities in Evolution: An Introduction to the Town Planning Movement and

to the Study of Civics（London: Williams, 1915）].

21. "亲爱的绿地：一个有关均衡的问题"，《人工与自然之间的生命：设计和环境挑战》[Brian M. Evans et al., "Dear Green Place: A Question of Equilibrium," in *La vita tra cose e natura: il progetto e la sfida ambientale*（Life Between Artifact and Nature: Design and the Environmental Challenge），Catalogue of the 18th International Triennale of Milan（Milan: Electa, 1992）].

22. 《景观与城市规划》，"规划鲜活的城市：帕特里克·盖迪斯在新千年的遗产"特刊 [Robert Young and Pierre Clavel, eds., *Landscape and Urban Planning* 66（October 2017），Special Issue: "Planning Living Cities: Patrick Geddes' Legacy in the New Millennium"].

23. "有机思考，公民行动：演变中的城市规划悖论"（Michael Batty and Stephen Marshall, "Thinking Organic, Acting Civic: The Paradox of Planning for Cities in Evolution,"）和"评'有机思考，公民行动'一文"（Volker M. Welter, "Commentary on 'Thinking Organic, Acting Civic,' Michael Batty and Stephen Marshall"）；"杰奎琳·蒂里特为战后规划解读帕特里克·盖迪斯"（"Jaqueline Tyrwhitt Translates Patrick Geddes for Post World War Two Planning," Ellen Shoshkes, in ibid, 24）。

24. "观察、反思、行动"，"规划鲜活的城市：帕特里克·盖迪斯在新千年的遗产"特刊，《景观与城市规划》[Frederick Steiner and Laurel McSherry, "Observation, Reflection, Action," in "Planning Living Cities: Patrick Geddes' Legacy in the New Millennium," ed. Robert Young and Pierre Clavel, special issue, *Landscape and Urban Planning* 66（October 2017）: 55–56]。

25. "伊恩·麦克哈格"，第102页（Spirn, "Ian McHarg," 102）。

26. 关于命名法的注释：在《生命的探索》书中，麦克哈格记录了自己在格拉斯哥艺术学院（原文如此——译者注）的时光，但这座学府一直以来都是叫作格拉斯哥艺术学校的。他大抵是将之与爱丁堡艺术学院 [Edinburgh College of Art，现更名为爱丁堡建筑与景观设计学校（Edinburgh School of Architecture and Landscape Architecture, ESALA）混淆了。爱丁堡建筑与景观设计学校是爱丁堡大学内部的一个学院，而格拉斯哥艺术学校则是一所独立院校，其文凭经格拉斯哥大学评议会鉴定认可。由此，苏格兰的两大顶级艺术院校就得到了英国罗素研究型大学集团（the Russell Group of research universities）的认可。

27. 来自盖尔语、英语歌曲俱佳的苏格兰顶尖民谣摇滚乐队 Runrig 的歌词。

28. 罗伯特·伯恩斯（Robert Burns）、沃尔特·斯科特、休·麦克迪尔米德（Hugh MacDiarmid）、诺曼·麦凯格和刘易斯·格拉西克·吉本是其中最为知名的几位。

29. 四处漫步的自由，抑或是"人人皆应享有的权利"，就是普罗大众进入公有或私有土地、满足休闲和锻炼目的的权利。这项权利有时被称为公众荒地通行权，或"漫游权"。在苏格兰，在芬兰、冰岛、挪威和瑞典等北欧国家，在爱沙尼亚、拉脱维亚和立陶宛等波罗的海国家，在奥地利、捷克共和国和瑞士等中欧国家，漫游权是以大众权利的形式存在，有时会被写入法律。通行权在北欧一些地方有着悠久的历史，并被视为十分基本的权利，直到现代才被正式纳入立法当中。然而，这项权利往往不包括任何实质性的经济开发权，比如狩猎或伐木等，或者破坏性行为，比如生火或越野驾车等。

30. 《生命的探索》（McHarg, *A Quest for Life*, 15）。

31. 在英国，"大都会"一词最为恰当的定义是由城市中心（the Centre for Cities）给出的，即将基本城市区域（Primary Urban Area）定义为城市的一个"建筑"区域单位，而非单个的当地政府分区。请参见城市中心网站（See website of the Centre for Cities at www.centreforcities.org/puas/）。

32. 《落脚城市：史上最大规模的移民正如何重新塑造我们的世界》[Doug Saunders, *Arrival City: How the Largest Migration in History Is Reshaping Our World*（New York: Vintage, 2011）].

"人类历史上最大规模的移民正在发生。前所未有的，更多人住在城市里而非乡间。2007 至 2050 年，全世界的城市将会吸纳 31 亿人口。城市化正是 21 世纪将会改变我们世界的人口流动，而'落脚城市'就是这一切发生的所在。落脚城市存在于大都会的市郊里，在贫民窟中，或是近郊地带；美国版本的落脚城市就是一个世纪以前的纽约市下东区，或是今天的弗吉尼亚州赫恩登县。这些都是新来者努力打造新生活、融入当地的社会和经济生活的地方。他们的目标是建立起社群、储蓄和投资，而且理想的话，搬出这里，为下一波移民腾出空间。对一些人而言，成功只需要几年的辛勤打拼；而对其他人来说，成功永远都难以企及。"（摘自飞页）

33. 《生命的探索》（麦克哈格，*A Quest for Life*），chap. 1）。

34. 新拉纳克（New Lanark）就坐落在克莱德河畔，以充分利用水电能源；它于 1786 年由戴维·戴尔（David Dale）建成，他同自己的女婿罗伯特·欧文（Robert Owen）共同建立起一个有各项开明雇佣条件的工业示范村。欧文后来还参与建设了美国印第安纳州的新哈莫尼（New Harmony）。关于其对人的剥削，参见《第二城市》[C. A. Oakley, *The Second City*（Glasgow: Blackie & Son, 1967）]。

"帝国的第二大城市"和"世界工厂"，随着越来越多的人认识到"帝国的财富"建立在剥削各民族、各国家和奴隶贸易上，这两个曾经是荣耀源泉的城市绰号在 21 世纪已不受人青睐了；这也令格拉斯哥在环境和居民健康上付出了巨大代价。同英美两国的其他城市一样，今天的格拉斯哥在意识到这一点后也有着沉重的谦逊与痛悔。

35. 有无数信托和宗教组织正同这些社群协力工作。请参见艾奥纳社群和盖尔人信托网站（the websites of the Iona Community at https://iona.org.uk and the Galgael Trust at www.galgael.org）。

36. 《生命的探索》（McHarg, *A Quest for Life*, 15）。

37. 麦克哈格在宾夕法尼亚大学最早的一批学生之一罗伯特·斯蒂德曼，是麦克哈格从爱丁堡艺术学院招收来的。他先是从学于宾夕法尼亚大学，而后供职于华莱士-麦克哈格联合公司。

斯蒂德曼回忆起麦克哈格，认为他"既生硬直率、又魅力四射，是典型的格拉斯哥人"。笔者的记录来自于 2018 年 6 月 6 日在苏格兰议会大厦对罗布·斯蒂德曼的采访。

38. 《克莱德河谷地区规划》出版于 1946 年，1996 年为庆祝其出版 50 周年和《斯特拉思克莱德结构规划》20 周年而再版。

39. 《生命的探索》（McHarg, *A Quest for Life*, 15, 16）。

40. 同上，第 16 页。

41. 同上，第 93、112 页。

42. 同上，第 113 页。

43. 在交付总体规划的各项要素，包括为回应麦克哈格的现场勘查所建的斯法尔森林（Seafar Forest）之后，吉莱斯皮成立了自己的事务所——威廉·吉莱斯皮与合伙人联合公司（后更名为吉莱斯皮公司），我在 1979 至 2015 年间在此工作了 35 年。

44. "格拉斯哥——传承传统之城"，《寻找智能城市典范：格但斯克与格拉斯哥》[Brian M. Evans et al.,

"Glasgow—A City of Continuing Traditions," in *Poszukiwanie modelu inteligentnego miasta. Przykład Gdańska i Glasgow, Monografie ekonomiczne*（Warsaw: Wolters Kluwer SA, 2015）]。

45. 《生命的探索》（McHarg, *A Quest for Life*, 110）。实际上，格拉斯哥在雅典、佛罗伦萨、阿姆斯特丹、柏林和巴黎之后，于 1980 年就被授予欧洲文化之都的荣誉称号。这对于"一座卑鄙丑怪的城市、人类自我嫌恶的明证"（第 15 页）来说，实在已经算是不错了。

46. "空置和弃置空间的环境恢复"，《高环境风险地区的规划》[Brian M. Evans, *Ripristino ambientale delle area abbandonate: L'esperienza scozzese*（Environmental restoration of vacant and derelict areas—the Scottish experience），in *La pianificazione nelle area ad alto rischio ambientale*（Planning in areas of high environmental risk），ed. G. Campeol（Milan: Francoangeli, 1992），150–161]。

47. "绿化苏格兰中部——创世纪、愿景与交付实现"，《不断增长的意识：绿色意识如何改变观念与场所》[Sue Evans, "Greening Central Scotland—Genesis, Vision and Delivery," in *Growing Awareness: How Green Consciousness Can Change Perceptions and Places*, ed. Brian Evans and Sue Evans（Edinburgh: RIAS, 2016）]。

48. 《生命的探索》（McHarg, *A Quest for Life*, 112, 151）。

49. "绿化苏格兰中部"（Evans, "Greening Central Scotland."）。

50. 这是夸大其词吗？以他颇不客气的语气，麦克哈格在 1970 年称："我训练了大多数景观设计师，不仅是在苏格兰，在英格兰、威尔士和爱尔兰也是如此。"《生命的探索》（McHarg, *A Quest for Life*, 252）。

51. 同上，第 112、151 页。

52. 承蒙宾夕法尼亚大学档案馆厚谊，为我提供了一份英国毕业生的名单。

53. 苏格兰皇家美术委员会（The Royal Fine Art Commission for Scotland）于 1927 年创立，"为任何有关于苏格兰之公众福祉，又或艺术瑰宝，以作调研"（摘自苏格兰皇家美术委员会皇室特许状）。乡村委员会（The Countryside Commission）则是于 1967 年"为向苏格兰乡村提供更好的补给"而成立（摘自 1968 年苏格兰乡村法）。这两个委员会直到 21 世纪初才被取消，当时苏格兰的分权制政府全面改革了苏格兰的半自治型国家政府组织（Quasi-Autonomous National Government Organisations），代之以非官方性公共组织（Non-Departmental Public Bodies）。

54. 我有幸与斯蒂德曼和特恩布尔二位有长达 30 年的合作。作为一位乡村委员会理事，斯蒂德曼曾监督一个吉莱斯皮推进的研究项目，研究将建筑物的布置融入景观之中，成果出版于 1991 年，题为《明日建筑遗产：乡村建筑的景观布置》[*Tomorrow's Architectural Heritage: The Landscape Setting of Buildings in the Countryside*, ed. J. M. Fladmark, G. Y. Mulvagh, and B. M. Evans（Edinburgh: Mainstream, 1991）]。该书序言由威尔士亲王殿下撰写，改变了苏格兰乡野建筑的设计和景观融合范式。《明日建筑遗产》还启发了《规划意见说明》三部曲的出版，后者由苏格兰政府作为政策颁布施行，包括：第 36 篇《乡间建筑》（*Buildings in the Countryside*，1991 年）、第 44 篇《乡村开发的景观布置》（*The Landscape Setting of Development in the Countryside*，1994 年）和第 52 篇《小镇》（*Small Towns*，1996 年）。特恩布尔和我曾有过长达 25 年的合作，我们共同从事计算机辅助的景观设计和区域景观研究。我们的合作是建立在我们的共同信念的基础上的，即将"方兴未艾"的计算机辅助技术应用到景观设计当中将会极大地促进《设计结合自然》中种种规范训令的实现。同斯特拉思克莱德大学（ABACUS, Architecture and Building Aids Computer Unit Strathclyde）和爱丁堡大学（EdCAAD, Edinburgh Computer-Aided Architectural Design）合作的早期工作和发表作品，逐渐发展形成了通过景观实现的线性开发工艺路径的方法，特别是为南苏格兰电力管理局（South of Scotland Electricity Board）——后更名为苏格兰电力（Scottish Power）——设计的输电线路，现在已是麻省理工学院的一项博士研究项目内容了。

55. 2011 年，当时的俄罗斯联邦总统发布了一项总统令，莫斯科城区向西南方扩大约 17.5 万平方千米。此后，总统与莫斯科市长决定举办一场国际设计大赛，从中产生三项重大战略：就莫斯科这一区域结构的空间评论；城市外延新区的空间规划；以及新南部延展地带联邦治理新中心的总体规划。十个团队被选中参赛：其中，两队法国人，一队美国盎格鲁裔，一队西班牙人，一队意大利人，一队荷兰人，一队俄联合，以及两队俄罗斯人。最终颁布了两项大奖：一项颁给了由城市设计联合公司 [Urban Design Associates（Pittsburgh, USA）] 和吉莱斯皮（Glasgow, U.K.）领队的美国盎格鲁裔团队，一项颁给了由维尔莫特与格伦巴赫工作室（the Wilmotte and Grumbach studios）领队的法国团队。

这场比赛及其结果也是记述备至，尤其是杂志《项目俄罗斯》（*Project Russia*）发布了一期名为"更伟大的莫斯科"（"большаямосква/ Greater Moscow, проектРоссия/ Project Russia", no. 66, April 2012）的特刊。我也发表了多篇关于这次比赛的英文文章："为莫斯科城市扩张而赛"，《水上景观 TOPOS——景观与城市设计国际评论》[Brian M. Evans, "Competition for the Expansion of Moscow," in *Water Landscapes, TOPOS—The International Review of Landscape Architecture & Urban Design*, no. 81（Munich, 2012）]；"边缘生态"，《边缘考古学》[Brian M. Evans, "The Ecology of the Periphery," in *The Archaeology of the Periphery*（Project Meganom/ Strelka Institute, Moscow Urban

Forum, 2013）]；"莫斯科大都会——边缘城市"，《MacMag》[Brian M. Evans, "Moscow Metropolis—Edge City," *MacMag* 39, Mackintosh School of Architecture（2014）: 160–161]；"莫斯科河，一个鲜活的环境"，《韧性城市与景观 TOPOS——景观与城市设计国际评论》[Brian M. Evans, "Moscow River, a Living Environment," in *Resilient Cities & Landscapes, TOPOS—the International Review of Landscape Architecture & Urban Design*, no. 90（Munich, 2015）]。

56. "一个苏格兰人在美国"，《生命的探索》（McHarg, "A Scot in America," in *A Quest for Life*, 348–349）以及作者同弗雷德里克·斯坦纳和罗伯特·斯蒂德曼的谈话。

57. "一个苏格兰人在美国"，《生命的探索》（McHarg, "A Scot in America," in *A Quest for Life*, 348–349）。

58. 摘自 1999 年乔治·布什总统向伊恩·麦克哈格授予国家艺术勋章（National Medal of Arts）时的讲话。这份讲话麦克哈格引为骄傲，并将其收入了《设计结合自然》125 周年纪念版（1992 年）的前言和他的自传《生命的探索》（1996 年）的结语。不过，这两本书引述了讲话的不同内容，这又一次展示出他矜功自夸的性格！

第 10 章

1. "人类世的生态：社会生态基础设施的全球提升"，《第六新地理学：新陈代谢回到地面》[E. C. Ellis, "Ecologies of the Anthropocene: Global Upscaling of Social-Ecological Infrastructures," in *New Geographies #6: Grounding Metabolism*, ed. D. Ibanez and N. Katsikis（Cambridge, MA: Harvard Graduate School of Design, 2014）, 20–27]。

2. 《全球变化与地球系统：一颗压力下的行星》[B. McKibben, The End of Nature（New York: Random House, 1989）; W. A. Steffen et al., *Global Change and the Earth System: A Planet Under Pressure*, 1st ed.（Berlin: Springer-Verlag, 2004）]。

3. "人类生物圈的生态"[E. C. Ellis, "Ecology in an Anthropogenic Biosphere," Ecological Monographs 85（2015）: 287–331]。

4. "地球生物量的分布"，《国家科学院论文集》[Y. M. Bar-On, R. Phillips, and R. Milo. "The Biomass Distribution on Earth," *Proceedings of the National Academy of Sciences* 115（2018）: 6506–6511]。

5. "（人类起源分类学）人类生物圈分类学"，《预警生态学》[E. C. Ellis, "（Anthropogenic Taxonomies）A Taxonomy of the Human Biosphere," in *Projective Ecologies*, ed. C. Reed and N. –M. Lister（New York: Actar, 2014）, 168–182]；"人类生物圈的生态"（Ellis, "Ecology in an Anthropogenic Biosphere"）。

6. "人类生物圈的生态"（Ellis, "Ecology in an Anthropogenic Biosphere"）。

7. "前哥伦布时代作物驯化对亚马孙雨林构成的持续影响"，《科学》（Levis et al., "Persistent Effects of Pre-Columbian Plant Domestication on Amazonian Forest Composition," *Science* 355（2017）: 925–931）；"古代人类活动的干扰可能扭曲我们对亚马孙雨林的认识"，《国家科学院论文集》[C. N. H. McMichael et al., "Ancient Human Disturbances May Be Skewing Our Understanding of Amazonian Forests," in *Proceedings of the National Academy of Sciences* 114（Washington, DC, 2017）, 522–527]；"比亚沃韦扎森林在保护史上的教训以及世界上第一次大型食肉动物的再引入"，《保护生物学》[S. Tomasz et al., "Lessons from Białowieża Forest on the History of Protection and the World's First Reintroduction of a Large Carnivore," *Conservation Biology* 32（2018）: 808–816]。

8. "地球生物量的分布"（Bar-On, Phillips, and Milo, "The Biomass Distribution on Earth"）。

9. "室内生物群落的演进"，《生态学与进化趋势》[L. J. Martin et al., "Evolution of the Indoor Biome," *Trends in Ecology & Evolution* 30（2015）: 223–232]；"全球人类聚居地之间的生物多样性保护契机"，《多样性与分布》[L. J. Martin et al., "Biodiversity Conservation Opportunities Across the World's Anthromes," *Diversity and Distributions* 20（2014）: 745–755]；"城市环境中的生命演

进", 《科学》[M. T. J. Johnson and J. Munshi-South, "Evolution of Life in Urban Environments," *Science* 358（2017）: 607]；《地球继承者：大自然如何在一个生物灭绝的时代欣欣向荣》[C. D. Thomas, *Inheritors of the Earth: How Nature Is Thriving in an Age of Extinction*（New York: Penguin, 2017）]。

10. "人类世的除灭行动"，《科学》[R. Dirzo et al., "Defaunation in the Anthropocene", *Science* 345（2014）: 401–406]；"现代人类行动导致物种加速消失：迈入第六次大灭绝"，《科学进步》[G. Ceballos et al., "Accelerated Modern Human-Induced Species Losses: Entering the Sixth Mass Extinction," *Science Advances* 1（2015）: E1400253]；"人类世除灭行为的模式、起因和结果"，《生态学、进化论和系统学年度评论》[H. S. Young, "Patterns, Causes, and Consequences of Anthropocene Defaunation," Annual Review of Ecology, Evolution, and Systematics 47（2016）: 333–358]。

11. "人类世的除灭行动"（Dirzo et al., "Defaunation in the Anthropocene"）。

12. "第四纪晚期巨型生物灭绝的生态后果"，《皇家学会论文集：生物科学》[C. N. Johnson, "Ecological Consequences of Late Quaternary Extinctions of Megafauna," *Proceedings of the Royal Society B: Biological Sciences* 276（2009）: 2509–2519]；"中型食肉动物的崛起"，《生物科学》（L. R. Prugh et al.,

"The Rise of the Mesopredator," *BioScience* 59（2009）: 779–791）；"地球的营养降级"，《科学》[J. A. Estes et al., "Trophic Downgrading of Planet Earth," *Science* 333（2011）: 301–306]。

13. "第四纪晚期巨型生物灭绝的生态后果"（Johnson, "Ecological Consequences of Late Quaternary Extinctions"）；"生物群落的人为转变，1700–2000年"，《全球生态与生物地理学》[E. C. Ellis et al., "Anthropogenic Transformation of the Biomes, 1700 to 2000," *Global Ecology and Biogeography* 19（2010）: 589–606]。

14. "人类生物圈的生态"（Ellis, "Ecology in an Anthropogenic Biosphere"）；《地球继承者》（Thomas, *Inheritors of the Earth*）。

15. 《动物园的保护生物学》[J. E. Fa, S. M. Funk, and D. O'Connell, *Zoo Conservation Biology*（Cambridge: Cambridge University Press, 2011）]；"在世界人为的生物群落中延续生物多样性和人类"，《环境可持续性的当代观点》[E. C. Ellis, "Sustaining Biodiversity and People in the World's Anthropogenic Biomes," *Current Opinion in Environmental Sustainability* 5（2013）: 368–372]；《地球继承者》（Thomas, *Inheritors of the Earth*）。

16. "城市环境中的生命演进"（Johnson and Munshi-South, "Evolution of Life in Urban Environments"）。

17. 同上；《地球继承者》（Thomas,

Inheritors of the Earth）；"人类干扰野生生物夜间活动性的影响"，《科学》[K. M. Gaynor et al., "The Influence of Human Disturbance on Wildlife Nocturnality," *Science* 360（2018）: 1232–1235]；"水上与陆上社区人身规模的转变"，《自然》[T. Merckx et al., "Body-Size Shifts in Aquatic and Terrestrial Urban Communities", Nature 558（2018）: 113–116]。

18. 《设计结合自然》[Ian L. McHarg, *Design with Nature*（Garden City, NY: Doubleday/Natural History Press, 1969）]。

19. 《降低东海岸与湾区的海岸风险》[National Research Council, *Reducing Coastal Risk on the East and Gulf Coasts*（Washington, DC: National Academies Press, 2014）]；"'基于自然的解决方案'是超乎你认知的最新绿色术语"，《自然》[Nature editorial, "'Nature-Based Solutions' Is the Latest Green Jargon That Means More Than You Might Think," *Nature* 541（2017）: 133–134]；"基于自然的解决方案的科学、政策与实践：跨学科视角"，《全面环境科学》[C. T. Nesshöver et al., "The Science, Policy and Practice of Nature-Based Solutions: An Interdisciplinary Perspective," *Science of the Total Environment* 579（2017）: 1215–1227]。

20. "人类与自然：了解和经历自然如何影响福祉"，《环境和资源年度评论》[R. Russell, "Humans and Nature: How Knowing and

Experiencing Nature Affect Well-Being," *Annual Review of Environment and Resources* 38 （2013）：473–502]。

21.《设计结合自然》（麦克哈格，*Design with Nature*, 197.）。《全面地球目录》[S. Brand, ed., *Whole Earth Catalog*（Menlo Park, CA: Portola Institute, 1968）]。

22.《设计结合自然》（麦克哈格，*Design with Nature*, 29）。

23. "岛虽小，观点宝贵：常规资源利用系统与太平洋的气候变化韧性"，《生态与社会》[H. L. McMillen, "Small Islands, Valuable Insights: Systems of Customary Resource Use and Resilience to Climate Change in the Pacific," *Ecology and Society* 19（2014）：44]。

24. "农用林业：热带生物多样性的避难所？"，《生态学与进化趋势》[S. A. Bhagwat et al., "Agroforestry: A Refuge for Tropical Biodiversity?" *Trends in Ecology & Evolution* 23（2008）：261–267]。

25. "比亚沃韦扎森林在保护史上的教训"（Tomasz et al., "Lessons from Białowieża Forest"）。

26. "吉福德·平肖、约翰·缪尔和美国思想中政治的边界"，《政体》[J. M. Meyer, "Gifford Pinchot, John Muir, and the Boundaries of Politics in American Thought," *Polity* 30（1997）：267–284]。

27. "人与土地之间的和谐——阿尔多·莱奥波德与生态系统管理的基础"，《林业期刊》[J. B. Callicott, "Harmony Between Men and Land—Aldo Leopold and

the Foundations of Ecosystem Management," *Journal of Forestry* 98（2000）：4–13]。

28. "超越生态系统服务：为无价之宝估价"，《生态学与进化趋势》[R. M. Gunton et al., "Beyond Ecosystem Services: Valuing the Invaluable," *Trends in Ecology & Evolution* 32（2017）：249–257]。

29. "评估自然对人的贡献：政府间生物多样性与生态系统服务平台"，《环境可持续性的当代观点》[U. P. Pascual et al., "Valuing Nature's Contributions to People: The IPBESA," *Current Opinion in Environmental Sustainability* 26-27（2017）：7–16]。

30. "为何保护生物多样性？关于生物多样性保护的多国利益相关方观点"，《生物多样性与保护》[P. M. Berry et al., "Why Conserve Biodiversity? A Multi-National Exploration of Stakeholders' Views on the Arguments for Biodiversity Conservation," *Biodiversity and Conservation* 27（2018）：1741–1762]。

31. "人类世、资本世、植物世、克苏鲁世：形成家族"，《环境人文》[D. Haraway, "Anthropocene, Capitalocene, Plantationocene, Chthulucene: Making Kin," *Environmental Humanities* 6（2015）：159–165]；"推进后人类的政治生态"，《地学论坛》[J. D. Margulies and B. Bersaglio, "Furthering Post-Human Political Ecologies," *Geoforum* 94（2018）：103–106]。

32.《人类生物圈的生态》（Ellis, "Ecology in an Anthropogenic Biosphere."）

33. "基于生态区域的一半陆上区域保护方法"，《生物科学》[E. D. Dinerstein et al., "An Ecoregion-Based Approach to Protecting Half the Terrestrial Realm," *BioScience* 67（2017）：534–545]。

34. "全球环境变化时代的公园与荒地管理指导性概念"，《生态学前沿与环境》[R. J. Hobbs et al., "Guiding Concepts for Park and Wilderness Stewardship in an Era of Global Environmental Change," *Frontiers in Ecology and the Environment* 8（2009）：483–490]。

35. "当地土地保护的全球重要性空间概述"，《自然可持续性》[S. T. Garnett et al., "A Spatial Overview of the Global Importance of Indigenous Lands for Conservation," *Nature Sustainability* 1（2018）：369–374]。

36. "全球环境变化时代的公园与荒地管理指导性概念"，《生态学前沿与环境》（Hobbs et al., "Guiding Concepts for Park and Wilderness Stewardship," *Frontiers in Ecology and the Environment* 1（2009）：483–490）；引述来自本文摘要。

37. "扭转基线症候群：起因、结果与启示"，《生态学前沿与环境》[M. Soga and K. J. Gaston, "Shifting Baseline Syndrome: Causes, Consequences, and Implications,"

Frontiers in Ecology and the Environment 16（2018）：222–230].

38.《超越自然性：急速变化时代对公园与荒地管理的再思考》[D. N. Cole and L. Yung, eds., *Beyond Naturalness: Rethinking Park and Wilderness Stewardship in an Era of Rapid Change*（Washington, DC: Island Press, 2010）].

39.《剖析人类破坏性》[E. Fromm, *The Anatomy of Human Destructiveness*（New York: Holt, Rinehart and Winston, 1973）];《亲生物性》[E. O. Wilson, *Biophilia*（Cambridge, MA: Harvard University Press, 1984）];《喧哗花园：在后野生世界守护自然》[E. Marris, *Rambunctious Garden: Saving Nature in a Post-Wild World*（New York: Bloomsbury USA, 2011）];"为了人的自然：迈向生物圈的民主愿景",《突破杂志》[E. C. Ellis, "Nature for the People: Toward a Democratic Vision for the Biosphere," *Breakthrough Journal*（Summer 2017）：15–25].

40."人类生物圈的生态"（Ellis, "Ecology in an Anthropogenic Biosphere"）;《人类世：极简入门》[E. C. Ellis, *Anthropocene: A Very Short Introduction*（Oxford: Oxford University Press, 2018）].

41."大过大自然",《保护之后：在人类时代拯救美国自然》[E. C. Ellis, "Too Big for Nature," in *After Preservation: Saving American Nature in the Age of Humans*, ed. B. A. Minteer and S. J. Pyne（Chicago: University of Chicago Press, 2015）, 24–31].

42."自然需要一半：受保护区域必需且有前景的新议程",《公园》[H. Locke, "Nature Needs Half: A Necessary and Hopeful New Agenda for Protected Areas," *Parks* 58（2013）：7];《一半地球：我们星球的生命之争》[E. O. Wilson, *Half-Earth: Our Planet's Fight for Life*（New York: Liveright, 2016）];"基于生态区域的一半陆上区域保护方法"（Dinerstein et al., "An Ecoregion-Based Approach to Protecting Half the Terrestrial Realm"）;"为了人的自然"（Ellis, Nature for the People）;"生态学：自然保护的全球规划",《自然》[J. E. M. Watson and O. Venter, "Ecology: A Global Plan for Nature Conservation," *Nature* 550（2017）：48–49].

43.《一半地球》（Wilson, *Half-Earth*）。

44."基于生态区域的一半陆上区域保护方法"（Dinerstein et al., "An Ecoregion-Based Approach to Protecting Half the Terrestrial Realm"）;"生态学"（Watson and Venter, "Ecology"）;"保护一半星球的同时供养世界的挑战",《自然可持续性》[Z. Mehrabi, E. C. Ellis, and N. Ramankutty, "The Challenge of Feeding the World While Conserving Half the Planet," *Nature Sustainability* 1（2018）：409–412].

45."一半地球还是整个地球？激进保护思想及其启示",《大羚羊》[B. Büscher et al., "Half-Earth or Whole Earth? Radical Ideas for Conservation, and Their Implications," *Oryx*（2016）：1–4];"供养世界的挑战"（Mehrabi, Ellis, and Ramankutty, "The Challenge of Feeding the World"）

46."为了人的自然"（Ellis, Nature for the People）。

47."生态学"（Watson and Venter, "Ecology"）;"自然的空间",《科学》[J. Baillie and Y.-P. Zhang, "Space for Nature," *Science* 361（2018）：1051].

48."供养世界的挑战"（Mehrabi Mehrabi, Ellis, and Ramankutty, "The Challenge of Feeding the World"）。

49."重访公地：当地教训，全球挑战",《科学》[E. Ostrom et al., *"Revisiting the Commons: Local Lessons, Global Challenges,"* Science 284（1999）：278–282].

50."自然流量：变化的世界观与包容的概念",《为多变的世界结合生态学与伦理学》[S. A. Pickett, "The Flux of Nature: Changing Worldviews and Inclusive Concepts," in *Linking Ecology and Ethics for a Changing World*, ed. R. Rozzi et al.（Dordrecht: Springer Netherlands, 2013）, 265–279].

51.《新生态系统：干预新的生态世界秩序》[R. J. Hobbs, E. S. Higgs, and C. M. Hall, eds., *Novel Ecosystems: Intervening in the New Ecological*

World Order (Oxford, U.K.: Wiley, 2013)]。

52. "人类世疏离的作者身份"，《哈佛设计杂志》[E. C. Ellis, "Distanced Authorship in the Anthropocene," *Harvard Design Magazine* (2018): 207]。

53. "设计自主：人类世的荒地机遇"，《生态学与进化趋势》[B. Cantrell, L. J. Martin, and E. C. Ellis, "Designing Autonomy: Opportunities for New Wildness in the Anthropocene," *Trends in Ecology & Evolution* 32 (2017): 156–166]；"人类世疏离的作者身份"（Ellis, "Distanced Authorship in the Anthropocene"）。

54. "近来景观实践中的不确定性策略"，《公众》[C. Waldheim, "Strategies of Indeterminacy in Recent Landscape Practice," *Public* (2016): 80–86]。

55. "无须人类知识掌握围棋"，《自然》[D. Silver et al., "Mastering the Game of Go Without Human Knowledge," *Nature* 550 (2017): 354]。

56. "填补空白：生态学研究中的传感器网络使用与数据共享实践"，《生态学前沿与环境》[C. M. Laney, D. D. Pennington, and C. E. Tweedie, "Filling the Gaps: Sensor Network Use and Data-Sharing Practices in Ecological Research," *Frontiers in Ecology and the Environment* 13 (2015): 363–368]；"通过长时间录音的生物声音无监督分隔以改进生物多样性评估"，《科学报告》[T.-H. Lin, S.-H. Fang, and Y. Tsao, "Improving Biodiversity Assessment via Unsupervised Separation of Biological Sounds from Long-Duration Recordings," *Scientific Reports* 7 (2017): 4547]；"聆听蚯蚓掘土、树根生长——土壤生物活动的声学特征"，《科学报告》[M. Lacoste, S. Ruiz, and D. Or, "Listening to Earthworms Burrowing and Roots Growing—Acoustic Signatures of Soil Biological Activity," *Scientific Reports* 8 (2018): 10236]。

57. "虚拟好围栏成就好邻居：保护机遇"，《动物保护》[D. S. Jachowski, R. Slotow, and J. J. Millspaugh, "Good Virtual Fences Make Good Neighbors: Opportunities for Conservation," *Animal Conservation* 17 (2013): 187–196]；"关于积极噪声消除以减小交通噪声的技术趋势分析"，《计算机与信息科学的新兴趋势杂志》[W.-P. Kang, H.-R. Moon, and Y. Lim, "Analysis on Technical Trends of Active Noise Cancellation for Reducing Road Traffic Noise," *Journal of Emerging Trends in Computing and Information Sciences* 5 (2014): 286–291]；《响应性景观：景观设计中的响应性技术策略》[B. E. Cantrell and J. Holzman, *Responsive Landscapes: Strategies for Responsive Technologies in Landscape Architecture* (New York: Taylor & Francis, 2015)]；"通过学习规律减轻道路对动物的影响"，《动物认知》[D. S. Proppe et al., "Mitigating Road Impacts on Animals Through Learning Principles," *Animal Cognition* 20 (2017): 19–31]；"环境机器人伦理的曙光"，《科学与工程学伦理》[A. van Wynsberghe and J. Donhauser, "The Dawning of the Ethics of Environmental Robots," *Science and Engineering Ethics* (2017): 1–24]。

第 11 章

1. 《橘子回归线》（Karen Tei Yamashita, *Tropic of Orange* (Minneapolis, MN: Coffee House Press, 1997), 56）。

2. 同上，第 57 页。请注意，鉴于我在此讨论的部分文字使用了省略号，我已将自己所写的省略号用括号分隔，以示区分。

3. 同上，第 80 页。

4. 同上，第 81–82 页。

5. 同上，第 33 页。

6. 2015 年在加州大学洛杉矶分校的一场讲话上，山下表明这种格式是她从 20 世纪 80 年发布的最早一批电子制表软件 Lotus 1–2–3 中衍生得到。

7. 正如 Sherryl Vint 在她对《橘子回归线》的分析中指出的，"这部书可以一幅地理地图呈现出来，所有的行动在各自地点发生，被意见相左的阶级或种族群体所分隔的一部分人只能通过非同寻常的事件才能相互联系在一起，这些事件将原本迥乎不同的空间都连接在一起了。""橘郡：全球网络"，《橘子回归线》，《科幻研究》[Sherryl Vint, "Orange County: Global Networks" in *Tropic of*

Orange, Science–Fiction Studies 39（2012）：404]。

8. 《橘子回归线》（Yamashita, *Tropic of Orange*, 3）。

9. 同上，第217页。

10. 关于《橘子回归线》所驳斥和支持的两类普世主义或全球性的"我们"的更详细分析，请参见"'我们并非世界'：地球村、普世主义和山下·贞·凯伦的《橘子回归线》"，《现代小说研究》[Sue-Im Lee, "'We Are Not the World': Global Village, Universalism, and Karen Tei Yamashita's *Tropic of Orange*," *MFS Modern Fiction Studies* 53（2007）：501–527]。也请参见"橘郡"（Vint, "Orange County"）中描述的不同全球化形式。

11. 《设计结合自然》[Ian L. McHarg, *Design with Nature*（Garden City, NY: Doubleday/Natural History Press, 1969），36–39]。

12. 同上，第57页。

13. 同上。

14. 同上，第176页。

15. 同上，第23页。

16. "地图讲述的故事"，《全球保护地图集：变化、挑战以及造就改变的机遇》[Jon Christensen, "The Stories That Maps Tell," in *The Atlas of Global Conservation: Changes, Challenges, and Opportunities to Make a Difference*, ed. Jennifer L. Molnar（Berkeley: University of California Press, 2010），16]。

17. 关于洛杉矶的棕榈树及其文化内涵，请参见"拥树者"，《基础设施之城：洛杉矶的网络化生态》[Warren Techentin, "Tree Huggers," in *The Infrastructural City: Networked Ecologies in Los Angeles*, ed. Kazys Varnelis（Barcelona: Actar, 2009），130–146]。

18. 《橘子回归线》（Yamashita, *Tropic of Orange*, 142）。

19. 关于行为体—网络理论，请参见《社会再组装：行为体—网络理论入门》[Bruno Latour, *Reassembling the Social: An Introduction to Actor-Network-Theory*（Oxford: Oxford University Press, 2007）]；关于生态城市主义，请参见《生态城市主义》[Mohsen Mostafavi and Gareth Doherty, eds., *Ecological Urbanism*（Baden: Lars Müller, 2010）]；关于景观城市主义，请参见《景观城市主义读本》[Charles Waldheim, ed., *The Landscape Urbanism Reader*（New York: Princeton Architectural Press, 2006）]；关于城市政治生态学，请参见"城市政治生态学：将城市自然产出政治化"，《在城市的自然之中：城市政治生态学与城市新陈代谢的政治》[Nik Heynen, Maria Kaïka, and Erik Swyngedouw, "Urban Political Ecology: Politicizing the Production of Urban Natures," in *In the Nature of Cities: Urban Political Ecology and the Politics of Urban Metabolism*, ed. Nik Heynen, Maria Kaika, and Erik Swyngedouw（Abingdon, U.K.: Routledge, 2006），1–19]；关于城市环境正义，请参见《可持续社区与环境正义的挑战》[Julian Agyeman, *Sustainable Communities and the Challenge of Environmental Justice*（New York: NYU Press, 2005）]和《环境正义和环境主义：社会正义对环境运动的挑战》[Ronald Sandler, Phaedra C. Pezzullo, and Robert Gottlieb, eds., *Environmental Justice and Environmentalism: The Social Justice Challenge to the Environmental Movement*（Cambridge, MA: MIT Press, 2007）]；关于城市新陈代谢，请参见"新陈代谢城市化：造就赛博格城市"，《在城市的自然之中》（Erik Swyngedouw, "Metabolic Urbanization: The Making of Cyborg Cities," in *In the Nature of Cities*, ed. Heynen, Kaika, and Swyngedouw, 20–39）；关于亲生物设计，请参见《亲生物城市：将自然整合进城市设计与规划中》[Timothy Beatley, *Biophilic Cities: Integrating Nature into Urban Design and Planning*（Washington, DC: Island Press, 2011）]。"气候城市主义"据我所知是由地理学家哈维尔·阿沃纳（Javier Arbona）首次使用的；也请参见《气候变化时代的城市主义》[Peter Calthorpe, *Urbanism in the Age of Climate Change*（Washington, DC: Island Press, 2011）]。"新型生态系统"（novel ecosystems）这一概念是由生态学家 Richard Hobbs 及其合作者所提出的；霍布斯以此形容曾被人类所改变、但之后又被遗弃而自行发展的生态系统。请参见《新型生态系统：干预新的生态世界新秩序》[Richard J. Hobbs, Eric S. Higgs, and Carol Hall, eds., *Novel Ecosystems:*

Intervening in the New Ecological World Order（Oxford: Wiley-Blackwell, 2013）]。不过，这个概念也被用于形容城市生态系统，即仍然被人类所维持着的生态系统。

20. "动物、地理和城市：接纳与驱逐的论说"，《动物地理学：自然—文化边界的场所、政治与身份认同》[Chris Philo, "Animals, Geography, and the City: Notes on Inclusions and Exclusions," in *Animal Geographies: Place, Politics, and Identity in the Nature-Culture Borderlands*, ed. Jennifer Wolch and Jody Emel（London: Verso, 1998）, 51-71]；"跨物种城市理论：非洲城市中的鸡"，《文化地理学》[Alica Hovorka, "Transspecies Urban Theory: Chickens in an African City," *Cultural Geographies* 151（2008）: 95-11]；《动物城市：野兽城市史》[Peter Atkins, ed., Animal Cities: Beastly Urban Histories（Farnham, U.K.: Ashgate, 2012）]。

21. 《移植的天堂：移民和加州花园的形成》[Pierrette Hondagneu-Sotelo, *Paradise Transplanted: Migration and the Making of California Gardens*（Berkeley: University of California Press, 2014）]；"口络与皮鞭之间：遛狗、驯化以及现代城市"，《动物城市：野兽城市史》[Philip Howell, "Between the Muzzle and the Leash: Dog-walking, Discipline, and the Modern City," in *Animal Cities: Beastly Urban Histories*, ed. Peter Atkins（Farnham, U.K.: Ashgate, 2012）, 221-241]。

22. "城市形态与社会环境：城市公园用途的文化差异"，《规划教育与研究杂志》[Anastasia Loukaitou-Sideris, "Urban Form and Social Context: Cultural Differentiation in the Uses of Urban Parks," *Journal of Planning Education and Research* 14（1995）: 89-102]；"为多元种族、多元民族的客户管理城市公园"，《休闲科学》[Paul H. Gobster, "Managing Urban Parks for a Racially and Ethnically Diverse Clientele," Leisure Sciences 24（2002）: 143-159]。

23. 《比较生态：香港濒危群体民族志》[Timothy Choy, *Ecologies of Comparison: An Ethnography of Endangerment in Hong Kong*（Durham, NC: Duke University Press, 2011）]；"环境人文学科的一些俗语：不服驯化的野性，女性主义和未来派"，《劳特里奇环境人文学科手册》[Catriona Sandilands, "Some 'F' Words for the Environmental Humanities: Feralities, Feminisms, Futurities," in *The Routledge Companion to the Environmental Humanities*, ed. Ursula K. Heise, Jon Christensen, and Michelle Niemann（Abingdon: Routledge, 2017）, 443-451]。

24. "动物大都会"，《动物地理学：自然—文化边界的场所、政治与身份认同》[Jennifer Wolch, "Zoöpolis", in *Animal Geographies: Place, Politics, and Identity in the Nature-Culture Borderlands*, ed. Jennifer Wolch and Jody Emel（London: Verso, 1998）, 135]。

25. "生命乌比斯"，《人文地理学进展》[Jennifer Wolch, "Anima Urbis", *Progress in Human Geography* 26.6（2002）: 733-734]。

26. Tsing 也被引用于"引言：多物种民族志的策略"，《多物种沙龙》[Eben Kirksey, Craig Schuetze, and Stefan Helmreich, "Introduction: Tactics of Multispecies Ethnography," in *The Multispecies Salon*, ed. Eben Kirksey, Kindle ed.（Durham, NC: Duke University Press）]。

27. 《航线：灭绝边缘的生与死》[Thom Van Dooren, *Flight Ways: Life and Death at the Edge of Extinction*（New York: Columbia University Press, 2014）]；"多物种城市中的多层场所"，《人与动物界》[Thom Van Dooren and Deborah Bird Rose, "Storied-Places in a Multispecies City," *Humanimalia* 3（2012）: 1-27]。

28. 《想象灭绝：濒危物种的文化意蕴》[Ursula K. Heise, *Imagining Extinction: The Cultural Meanings of Endangered Species*（Chicago: University of Chicago Press, 2016）, chap. 5]。

29. 《纽约 2140》（Kim Stanley Robinson, *New York 2140*（New York: Orbit, 2017）, 144, 285, 279-280）。

30. 同上，第 209 页。

31. 同上，第 120 页。

32. 同上，第 33 页。

33. 同上，第 41-42 页。

34. 同上，第 356 页。

35. 同上，第 319-320 页。

36. 同上，第 259 页。

37. 同上，第 356 页。

38. 同上，第 259 页。

39. 《生化人宣言：20 世纪末的科学、技术与社会女性主义》[Donna Haraway, "A Cyborg Manifesto: Science, Technology, and Socialist-Feminism in the Late Twentieth Century," in Simians, Cyborgs, and Women: The Reinvention of Nature（1984; New York: Routledge, 1991），149–182]。

40. "新陈代谢城市化"（Swyngedouw, "Metabolic Urbanization," 20）。

41. "城市的环境……或自然的城市化"，《城市手册》[Erik Swyngedouw and Maria Kaïka, "The Environment of the City… or the Urbanization of Nature," in A Companion to the City, ed. Gary Bridge and Sophie Watson（Malden: Blackwell, 2000）: 569]。

42. 《帕迪多街车站》[China Miéville, Perdido Street Station（New York: Del Rey, 2000），441]。

43. 同上。以角色 Yagharek 展开的第一人称叙事的部分在《帕迪多街车站》均是斜体印刷的。

44. 同上，第 38 页。

45. 同上，第 37 页。

46. 同上。

47. 同上，第 1–2 页。

48. 评论家琼·戈登（Joan Gordon）指出，新科洛布桑（New Crobuzon）"有点像是非常遥远的未来的伦敦，但又不是很像：它是当代世上大城市混杂合一又经过夸张加工的讽喻。" "希纳·米耶维的《帕迪多街车站》中的混杂、异位和友情"，《科幻研究》[Joan Gordon, "Hybridity, Heterotopia, and Mateship in China Miéville's Perdido Street Station," Science-Fiction Studies 30（2003）: 460]。

49. 《帕迪多街车站》（Miéville, Perdido Street Station, 45）。

50. "在希纳·米耶维的巴拉格（Bas-Lag）世界观小说中拯救城市"，《外推法》[Christopher Palmer, "Saving the City in China Miévielle's Bas-Lag Novels," Extrapolation 50（2009）: 228]。

51. 同上，第 227–230 页。

52. 具体而言，沃尔特·本内·米切尔（Walter Benn Michael）对科幻小说使用生物物种的区分代替人类的文化差异的尖锐批评，或许在此就非常恰当；请参见"政治科幻小说"，《新文学史》["Political Science Fictions," New Literary History 31（2000）: 649–664]。

53. "跨物种城市理论"，《环境与规划：社会和空间》[Jennifer R. Wolch, Kathleen West, and Thomas E. Gaines, "Transspecies Urban Theory," Environment and Planning D: Society and Space 13（1995）: 747]。

54. 《设计结合自然》（McHarg, Design with Nature, 1, 23）。

55. 《橘子回归线》（Yamashita, Tropic of Orange, 56）。

第 17 章

1. "恶劣天气：巴黎峰会已过两年，追踪气候变化的踪迹"[Richard Black, "Heavy Weather: Tracking the Fingerprints of Climate Change, Two Years After the Paris Summit"（London: Energy and Climate Intelligence Unit, December 2017），https://eciu.net/assets/Reports/ECIU_Climate_Attribution-report-Dec-2017.pdf]。

2. 联合国气候变化框架公约 [United Nations Framework Convention on Climate Change（UNFCCC），"UNFCCC Process," https://unfccc.int/process#:2cf7f3b8-5c04-4d8a-95e2-f91ee4e4e85d]。

3. 《调整绿色基础设施：自然与设计之间的概念》[Daniel Czechowski, Thomas Hauck, and Georg Hausladen, eds., Revising Green Infrastructure: Concepts Between Nature and Design（Boca Raton, FL: CRC Press, 2015）]。

4. 请参见"最大规模热带重建林项目将种植七千三百万棵树"[John Townsend, "The Largest Ever Tropical Reforestation Is Planting 73 Million Trees," October 31, 2017）www.fastcompany.com/40481305/the-largest-ever-tropical-reforestation-is-planting-73-million-trees]；和"中国雄心勃勃的新造雨系统将同阿拉斯加州同样巨大"（George Dvorsky, "China's Ambitious New Rain-Making System Would Be as Big as Alaska," April 25, 2018, https://gizmodo.com/chinas-ambitious-new-rain-making-system-would-be-as-big-as-alaska-1825536740）。

5. "能源奥德赛 -2050"（Dirk

Sijmons, "2050—An Energetic Odyssey" (voice over text), 2016, https://iabr.nl.media/document/original/2050_an_energetic_odyssey_voice_over.pdf）

6. 同上。

7. "能源奥德赛-2050：理解迈向可再生能源进程中的'未来化技术'"，《能源研究与社会科学》[Maarten A. Hajer and Peter Pelzer, "2050—An Energetic Odyssey: Understanding 'Techniques of Futuring' in the Transition Towards Renewable Energy," *Energy Research & Social Science* 44 (October 1, 2018): 222-231, https://doi.org /10.1016/j.erss.2018.01.013]。

8. 《权威治理：调解时代的政策制定》[Maarten A. Hajer, *Authoritative Governance: Policy-Making in the Age of Mediatization* (Oxford: Oxford University Press, 2009)]。

9. 《设计结合自然》[Ian L. McHarg, *Design with Nature* (Garden City, NY: Doubleday/Natural History Press, 1969), 7]。

10. 《重建美国西部》[Alan Berger, *Reclaiming the American West* (New York: Princeton Architectural Press, 2002)]；"测量局：推测、批判与发明"，《制图》[James Corner, "The Agency of Mapping: Speculation, Critique and Invention," in *Mappings*, ed. Denis Cosgrove (London: Reaktion Books, 1999), 231–252]；《密西西比河洪水：设计一个可变换的景观》[Anuradha Mathur and Dilip da Cunha, *Mississippi Floods:*

Designing a Shifting Landscape (New Haven, CT: Yale University Press, 2001)]。

11. "非洲已有一道绿色长城的规划：为什么这一构想需要三思"（Lars Laestadius, "Africa's Got Plans for a Great Green Wall: Why the Idea Needs a Rethink," The Conversation, June 18, 2017, http://theconversation.com/africas-gotplans-for-a-great-green-wall-why-the-ideaneeds-a-rethink-78627）。

12. "萨赫勒的绿色长城"，《牛津气候科学研究百科》（Cheikh Mbow, "The Great Green Wall in the Sahel," *Oxford Research Encyclopedia of Climate Science*, August 22, 2017, https://doi.org/10.1093/acrefore/9780190228620.013.559）

13. "荒漠化与防卫型生态学的崛起"，《第九门》[Rosetta Elkin, "Desertification and the Rise of Defense Ecology," *Portal 9*, no. 4 (2014)]。

14. "四十亿美元的绿色长城改变方向"，美国有线电视新闻网络（Kieron Monks, "The $4 Billion Great Green Wall Changes Course," CNN, September 26, 2016, www.cnn.com/2016/09/22/africa/greatgreen-wall-sahara/index.html）

15. "萨赫勒净初级产物的供与需"，《环境研究文集》[A. M. Abdi et al., "The Supply and Demand of Net Primary Production in the Sahel," *Environmental Research Letters* 9, no. 9 (September 1,

2014), https://doi.org/10.1088/1748-9326/9/9/094003]。

16. "加强'绿色长城'作为萨赫勒气候变化与荒漠化适应手段的有效性"，《可持续性》[David O'Connor and James Ford, "Increasing the Effectiveness of the 'Great Green Wall' as an Adaptation to the Effects of Climate Change and Desertification in the Sahel," *Sustainability* 6, no. 10 (October 16, 2014): 7142–7154, https://doi.org/10.3390/su 6107142]。

17. "'绿色长城'未能阻止荒漠化，但它已演变为某种可能阻止荒漠化的产物"（Jim Morrison, "The 'Great Green Wall' Didn't Stop Desertification, but It Evolved into Something That Might," Smithsonian, Smithsonian.com, August 23, 2016, www.smithsonianmag.com/science-nature/great-green-wall-stop-desertification-not-somuch-180960171/）。

18. 同上。

19. "四十亿美元的绿色长城改变方向"（Monks, "The $4 Billion Great Green Wall Changes Course"）

20. 《设计结合自然》（McHarg, *Design with Nature*, 26）。

21. "荒漠化时代之前的沙漠与旱地"，《荒漠化的终结？争论旱地的环境变化》[Diana K. Davis, "Deserts and Drylands Before the Age of Desertification," in *The End of Desertification? Disputing Environmental Change in the Drylands*, ed. Roy Behnke

and Michael Mortimore（Berlin: Springer, 2016），203–223，https://doi.org/10.1007/978-3-642-16014-1_8]。

22.《伊恩·麦克哈格：与学生讲谈集：居于自然》[Ian L. McHarg et al., : *Conversations with Students: Dwelling in Nature*, 1st ed.（New York: Princeton Architectural Press, 2007），24]。

23.《设计结合自然》（McHarg, *Design with Nature*, 197）。

第 18 章

1. "潮汐沼泽"，《景观建筑》[Charles Downing Lay, "Tidal Marshes," *Landscape Architecture* 2, no. 3（April 1912）: 101-102]。

2. 给阿林·詹宁斯（Allyn Jennings）的备忘录，《罗伯特·摩西的来信》（Robert Moses, memo to Allyn Jennings, August 27, 1936, Box 97, *Robert Moses Papers*, Manuscripts and Archives Division, New York Public Library）。

3. 参见《韧性城市：现代城市怎样从灾害中恢复过来》[Lawrence J. Vale and Thomas J. Campanella, eds., *The Resilient City: How Modern Cities Recover from Disaster*（New York: Oxford University Press, 2005）]。

4. "大 U 形风暴防御工事'将会秘密保护曼哈顿免受洪涝侵袭，'比亚克·英厄尔斯如是说"（Ben Hobson, "BIG U Storm Defences 'Will Secretly Protect Manhattan from Flooding,' Says Bjarke Ingels," DeZeen,

July 11, 2014, https://www.dezeen.com/2014/07/11/movie-bjarke-ingels-big-u-storm-defences-protect-man hattan-flooding/）。

5. 设计重建：大 U 形 [Rebuild by Design: The BIG "U"（New York: BIG Team, 2014），174, 180]。

6. "新城市地面"（DLANDstudio, "A New Urban Ground," https://dlandstudio.com/A-New-Urban-Ground）。

7. "自然与基于自然的防御措施的有效性、成本与海岸防护利好"，《公共科学图书馆·综合》[Siddharth Narayan et al., "The Effectiveness, Costs and Coastal Protection Benefits of Natural and Nature-Based Defences," *PLoS One* 11, no. 5（May 2016）]。

第 19 章

感谢贾丝廷·霍尔兹曼（Justine Holzman）和布雷特·米利根（Brett Milligan）对本文原稿的评论，以及各位编辑的校审与建议。

1.《设计结合自然》[Ian L. McHarg, *Design with Nature*（Garden City, NY: Doubleday / Natural History Press, 1969），11]。

2. "沿海韧性结构"（Structures of Coastal Resilience） 是 2013–2014 年由洛克菲勒基金会（Rockefeller Foundation）资助，普林斯顿大学、哈佛大学、纽约城市大学与宾夕法尼亚大学四大学府的研究者合力开展的研究项目。关于普林斯顿团队的策划案，请参见 https://ltlarchitects.com/structures-of -coastal-resilience/。

3. 同上，第 7–9、15 页。

4. "设计重建"大赛最初是由奥巴马总统的"桑迪"飓风重建工作组于 2013–2014 年倡议和举办的，大赛合作方包括美国住房和城市发展部、城市艺术协会、区域规划学会、纽约大学公共知识学院以及范艾伦学院。洛克菲勒基金会是主要赞助方。关于"蓝色沙丘"方案，请参见《蓝色沙丘：设计造就的气候变化》[Jesse Keenan and Claire Weisz, eds., *Blue Dunes: Climate Change by Design*（New York: Columbia University Press, 2017）]。

5. 关于 SCAPE 团队的第一阶段方案，包括巴尼加特湾项目，请参见他们 2014 年的报告"浅滩：作为生态基础设施的港湾景观"（"The Shallows: Bay Landscapes as Ecological Infrastructure," https://www.hud.gov/sites/documents /THE_SHALLOWS.PDF）。

6. "城市生态学史：生态学家的视角"，《城市生态学：模式、流程与应用》[Mark J. McDonnell, "The History of Urban Ecology: An Ecologist's Perspective," in *Urban Ecology: Patterns, Processes and Applications*, ed. Jari Niemelä et al.（Oxford: Oxford University Press, 2011）]；"人类世的轨道：大加速"，《人类世评述》[Will Steffen et al., "The Trajectory of the Anthropocene: The Great Acceleration," *Anthropocene Review* 2, no. 1（2015）: 1–98]。

7. 麦克哈格晚期的著作，比如写于 20 世纪 90 年代末、收录进《重要的麦克哈格》[The Essential Ian

McHarg, ed. Frederick R. Steiner（Washington, DC: Island Press, 2006）]的三篇文章"景观建筑"（Landscape Architecture）、"规划中的自然因素"Natural Factors in Planning)和"生态与设计"（Ecology and Design），很少显示出不断演进发展的生态学概念。麦克哈格的确在《设计结合自然》出版后仍继续修正改进他的方法，但他致力于整合其社会学和人类学的因素，而未能评估演进生态理论的潜在影响。例如，可参见他"规划中的自然因素"中对自己"人类生态规划"方法的描述，与《设计结合自然》中对于自然系统方法的最初系统阐述大致是不变的。麦克哈格整合人类生态学的实验结果恐怕更多见于他学生的作品，比如詹姆斯·科纳、阿努拉达·马图尔和克里斯·里德等人，而非麦克哈格本人的作品。

8. "从自然平衡到等级缀块动态：生态学的范式转变"，《生物学季刊》[Jianguo Wu and Orie Loucks, "From Balance of Nature to Hierarchical Patch Dynamics: A Paradigm Shift in Ecology," *Quarterly Review of Biology* 70, no. 4（1995）: 440]。同样，地理学、城市研究和城市生态学的学术工作都进一步证实，理解城市系统的变化是非常重要的，并强调了城市和自然系统在复杂反馈关系中的纠缠现象。关于前者，请参见"是时候改变了：动态城市生态学"，《生态学与进化趋势》[Cristina Ramalho and Richard Hobbs, "Time for a Change: Dynamic Urban Ecology," *Trends in Ecology & Evolution* 27（2012）: 3]。关于后者，请参见

《内爆 / 外爆：迈向行星城市化研究》[Neil Brenner, ed., *Implosions/ Explosions: Towards a Study of Planetary Urbanization*（Berlin: Jovis, 2014）]。《生态学与城市设计中的韧性》[Steward Pickett, M. L. Cadenasso, and Brian McGrath, eds., *Resilience in Ecology and Urban Design*（Dordrecht: Springer Netherlands, 2013）]则提供了一种强调变化和流变的整合生态和城市过程的概念化框架。

9. "转变选址"，《选址关键：设计的概念、历史和策略》[Kristina Hill, "Shifting Sites," in *Site Matters: Design Concepts, Histories, and Strategies*, ed. Carol J. Burns and Andrea Kahn（New York: Routledge, 2005）]；"超越城市设计叙述的韧性"，《自然与城市：城市设计与规划中的生态需求》[Nina-Marie Lister, "Resilience Beyond Rhetoric in Urban Design," in *Nature and Cities: The Ecological Imperative in Urban Design and Planning*, ed. Frederick R. Steiner, George F. Thompson, and Armando Carbonell（Cambridge, MA: Lincoln Institute of Land Policy, 2016）]；"有韧性的城市：整合生态、社会经济和规划领域的内涵、模式和喻指"，《景观和城市规划》[S. T. A. Pickett, M. L. Cadenasso, and J. M. Grove, "Resilient Cities: Meaning, Models, and Metaphor for Integrating the Ecological, Socio-Economic, and Planning Realms," *Landscape and Urban Planning* 69, no. 4（2004）: 369–384]；"景

观会学习吗？生态学的'新范式'与景观建筑中的设计"，《环境主义与景观设计》[Robert E. Cook, "Do Landscapes Learn? Ecology's 'New Paradigm' and Design in Landscape Architecture," in *Environmentalism in Landscape Architecture*, ed. Michel Conan（Washington, DC: Dumbarton Oaks, 2000）]。

10. "伊恩·麦克哈格、景观设计与环境主义：相互贯彻的思想与方法"，《环境主义与景观设计》（Anne Whiston Spirn, "Ian McHarg, Landscape Architecture, and Environmentalism," in Conan, *Environmentalism in Landscape Architecture*, 107–108）。

11. 麦克哈格在描述他所珍视的自然要素时，并未止于稳定与平衡，而是更为微妙、更为独特，不过这两种性质也巩固了他的主张。《设计结合自然》中尤其重要的是第46–53页、120–125页和196–197页，其中他引述了劳伦斯·亨德森（Lawrence Henderson）的《环境的适应性》（*Fitness of the Environment*, New York: Macmillan, 1913）。亨德森与达尔文相融合，这才是麦克哈格的"适应性"概念，即包含一种加强自然系统的稳定性、秩序和复杂性的明确导向（第120页）。麦克哈格同样也强调和谐这个概念，不过这既指"人与自然"之间的和谐，也是指大自然内的和谐（第5页）。

12. "超越城市设计叙述的韧性"（Lister, "Resilience Beyond Rhetoric in Urban Design"）。

13. 请分别参见"可持续的大型公园：生

态设计还是设计师生态"，《大型公园》[Nina-Marie Lister, "Sustainable Large Parks: Ecological Design or Designer Ecology?" in *Large Parks*, ed. George Hargreaves and Julia Czerniak（New York: Princeton Architectural Press, 2007）]；"转变选址"（Hill, "Shifting Sites"）；和《相同景观：理念与解读》[Teresa Galí-Izard, *The Same Landscapes: Ideas and Interpretations*（Barcelona: Editorial GG, 2005）]。

14. "化繁为简：复杂性理论综述"，《地学论坛》[Steven M. Manson, "Simplifying Complexity: A Review of Complexity Theory," *Geoforum* 32, no. 3（2001）: 405–414]；"论行星级引爆点起源"，《生态学与进化趋势》[Timothy M. Lenton and Hywel T. P. Williams, "On the Origin of Planetary-Scale Tipping Points," *Trends in Ecology & Evolution* 28, no. 7（2013）: 380–382]。

15. 《进击的海洋：上涨海平面的过去、现在与未来》[Brian Fagan, The Attacking Ocean: The Past, Present, and Future of Rising Sea Levels（New York: Bloomsbury, 2014）]；《尘土：文明的侵蚀》[David R. Montgomery, *Dirt: The Erosion of Civilizations*（Berkeley: University of California Press, 2012）]。

16. "人类世：人类如今是否压倒了大自然的伟力？"，《AMBIO：人文环境杂志》[Will Steffen, Paul J. Crutzen, and John R. McNeill, "The Anthropocene: Are Humans Now Overwhelming the Great Forces of Nature," *AMBIO: A Journal of the Human Environment* 36, no. 8（2007）: 614–621]；《太阳下的新鲜事》[John R. McNeill, *Something New Under the Sun*（New York: W. W. Norton, 2000）]。

17. 《经过设计的自然：人、自然过程和生态恢复》[Eric Higgs, *Nature by Design: People, Natural Process, and Ecological Restoration*（Cambridge, MA: MIT Press, 2003）]。

18. 例如，工程实践和范式正在由静态转向动态，但这一转变尚处于萌芽状态，对于积极进取的工程师来说就好比高地攻坚战一样，比如美国的"营造结合自然"（Engineering with Nature）和荷兰的"建造结合自然"（Building with Nature），本书收录的沙动力项目就是后者的代表。

19. 麦克哈格中心在 2017 年提出"结合自然的设计在今天意味着什么？"的问题，为响应这一号召，艾利森·拉斯特（Allison Lassiter）、内森·海弗斯（Nathan Heavers）、玛格丽特·格罗斯（Margaret Grose）和安娜·赫斯珀格（Anna Hersperger）四位回答者专注于设计要回应变化。请参见麦克哈格中心网站（https:// 麦克哈格 .upenn.edu/conversations/whatdoes-it-mean-design-nature-now）。

20. 请参见"20 世纪景观设计的生态价值：历史和诠释学"，《景观杂志》[Catherine Howett, "Ecological Values in Twentieth-Century Landscape Design: A History and Hermeneutics," *Landscape Journal*, special issue, 17（1998）: 80–98]；《资源保留协议循环：人文环境中的创造性过程》[Lawrence Halprin, *The RSVP Cycle: Creative Process in the Human Environment*（New York: George Braziller, 1969）]；《Robert Smithson 选集》[Jack Flam, ed., *Robert Smithson: The Collected Writings*（Berkeley: University of California Press, 1996）]；"外观、性能：唐士维公园的景观"，《唐士维公园案例集》[Julia Czerniak, "Appearance, Performance: Landscape at Downsview," in *CASE Downsview Park*, ed. Julia Czerniak（Cambridge, MA: Harvard University Graduate School of Design, 2001）]；《相同景观》（Galí-Izard, *The Same Landscapes*）；《"行星花园"及其他作品》[Gilles Clément, *"The Planetary Garden" and Other Writings*, trans. Sandra Morris（Philadelphia: Penn Press, 2015）]；《建成的生态：批判性反思设计的生态》[argaret Grose, *Constructed Ecologies: Critical Reflections on Ecology with Design*（New York: Routledge, 2017）]

21. "作为城市主义的景观"，《景观城市主义读本》[harles Waldheim, "Landscape as Urbanism," in *The Landscape Urbanism Reader*, ed. Charles Waldheim（New York: Princeton Architectural Press, 2006）]"大地激流"，《景观城市

主义读本》（James Corner, "Terra Fluxus," in Waldheim, *The Landscape Urbanism Reader*）。

22. 《要挽救一切，请在此点击：技术解决主义的愚蠢》[vgeny Morozov, *To Save Everything, Click Here: The Folly of Technological Solutionism* (New York: PublicAffairs, 2013)]

23. 这种偶然性也同样存在于科学和工程学领域，只不过这些学科的话语描述将之掩盖了。但是，非解决主义的设计方案所采用的话语则会凸显和强调偶然性。关于科学和工程学中解决方案的偶然性，请参见《设计是人的本性》（Henry Petroski's *To Engineer is Human*, 1985）。

24. 《创意风暴》[Kyna Leski, *The Storm of Creativity* (Cambridge, MA: MIT Press, 2015)]

25. 以加州萨克拉门托－圣华金河三角洲为例，当地农场主和居民、边缘的城市和政治家以及环保活动分子均在水资源使用和三角洲基础设施的未来规划上追求着各不相同的目标。与此同时，三角洲正在经历着快速且不可逆的生态转型，这源自当地和全球的人类活动影响。在这样的背景下，没有单个的解决方案能令所有方面满意。请参见……"萨克拉门托－圣华金河三角洲面临的挑战：复杂、混乱或只不过是过于敏感"，《旧金山河口和分水岭科学》[S. N. Luoma et al., "Challenges Facing the Sacramento–San Joaquin Delta: Complex, Chaotic, or Simply Cantankerous?," *San Francisco Estuary and Watershed Science* 13, no. 3 (2015)]；"规划一般理论的困境"，《政策科学》[Horst Rittel and Melvin Webber, "Dilemmas in a General Theory of Planning," *Policy Sciences* 4, no. 2 (1973): 155–169]；"土方工程、棘手难题和推测型设计场景（南加州大学'必需品景观'会议论文）"[Brett Milligan and Rob Holmes, "Earthworks, Wicked Problems, and Speculative Design Scenarios" (paper presented at the conference "Landscape as Necessity," University of Southern California, September 22, 2016)]。

26. 《暗物质和特洛伊木马：战略性设计词汇》[Dan Hill, *Dark Matter and Trojan Horses: A Strategic Design Vocabulary* (Moscow: Strelka, 2012)]。

27. 对于景观设计中设计和规划之间的矛盾，有一项可行的解决方案常常被理查德·韦勒和卡尔·斯泰尼茨等提及。一般来说，试图将设计和规划再捻接在一起，假称二者之间并不存在分歧，或者将项目某一层面上的工作交给设计师（比如现场工作）而将更宏观层面的工作交给规划师，可以缓解这个矛盾。然而，如果能将设计和规划视为相联系、相补充但又方法迥然不同的两种活动，而且由此俟机将设计方法运用到原先规划的工作当中去，尤其当设计方法能够发挥其独特作用时候，则会更好。请参见"工具性艺术"，《景观城市主义读本》（Richard Weller, "An Art of Instrumentality," in Waldheim, *The Landscape Urbanism Reader*）；和"景观规划：主要理念简史"，《景观设计杂志》[Carl Steinitz, "Landscape Planning: A Brief History of Influential Ideas," *Journal of Landscape Architecture* 3, no. 1 (2008): 68–74]。

28. 沿海韧性结构网站 [Structures of Coastal Resilience (website), "Location: Norfolk, VA," http://structuresofcoastalresilience.org/locations/norfolk-va/]。

29. "表示法与景观：景观媒介中的绘图与制造"，《文字与图像》[James Corner, "Representation and Landscape: Drawing and Making in the Landscape Medium," *Word & Image* 8, no. 3 (1992): 243–275]；"清晰运营和新景观"，《恢复景观：当代景观设计文集》[James Corner, "Eidetic Operations and New Landscapes," in *Recovering Landscape: Essays in Contemporary Landscape Architecture*, ed. James Corner (New York: Princeton Architectural Press, 1999)]；"测量局：推测、批判与发明"，《制图》[James Corner, "The Agency of Mapping: Speculation, Critique, and Invention," in *Mappings*, ed. Denis Cosgrove (London: Reaktion Books, 1999)]。

30. "用于景观设计研究的合成绘图法（景观设计教育者委员会会议论文）"[Rob Holmes, "Synthetic Cartography as Landscape Architectural Research" (paper presented at conference of the Council of Educators in Landscape Architecture, Salt Lake City, UT,

March 23–26, 2016)]。

31. 《在水上：栅栏湾》[Guy Nordenson, Catherine Seavitt, and Adam Yarinksy, *On the Water: Palisade Bay* (New York: Museum of Modern Art, 2010)]。

32. 我之所以详述这一段渊源，一部分原因是为了强调设计工作的规模和范围在处理大规模景观变化时是非常关键的。单个的设计项目是永远不足以应对纷繁复杂的情况，难以处理河流入海口附近大都市区域这类情况的海量细节。而且，多个设计团队加入某个系列项目的世系，有可能产生框架重构的关键机会，可以推动整个系列从解决主义思路转向能关注到多个行动者愿景的意识。

33. 2012 年 9 月由挖泥船研究协会（ Dredge Research Collaborative, DRC ）主办的"纽约挖泥船节"活动上，曾与 SCAPE 景观设计在其纽约—新泽西港项目有大量合作的斯蒂文斯（ Stevens ）技术学院海洋学家菲利浦·奥顿（ Philip Orton ）预见性地指出，为什么要做探索性工作以及为什么在缺少明显投资路径的情况下开展设计工作的主要原因之一，就是为了在条件情况变化时，作好思路上和形象上的准备。具体到这一案例，一场飓风显示出应当重新构思沿海基础设施的紧迫性。《在水上：栅栏湾》（ *On the Water: Palisade Bay* ）书中思路所形成的后"桑迪"时代步道，明确地体现出推测性设计方法的价值。

34. 这份说明是基于凯瑟琳·迪伊（ Catherine Dee ）在"设计教育中的形式、统一和简约审美"，《景观杂志》["Form, Utility, and

the Aesthetics of Thrift in Design Education," *Landscape Journal* 29, no. 1（ 2010 ）: 21–35] 中对轨线形式的描述。

35. 值得注意的例子包括卡伦·麦克洛斯基（ Karen M' Closkey ）和基思·范德斯（ Keith VanDerSys, PEG 景观和建筑办公室 ）、亚历山大·罗宾逊（ Alexander Robinson，景观形态学实验室 ）、布拉德利·坎特雷尔（ Bradley Cantrell ）和贾斯汀·霍尔兹曼（ Justine Holzman, 原 REAL 员工 ）、艾伦·伯杰（ P-REX ）与菲利普·贝莱斯基（ Phillip Belesky, 皇家墨尔本理工学院 ），以及凯瑟琳·希维·努登松团队为栅栏湾和之后沿海韧性结构所作的泄水台测试等多项工作。

36. 同伯克霍尔德（ Burkholder ）和戴维斯（ Davis ）一样，我也是挖泥船研究协会（ DRC ）的成员。

37. 这几段内容主要依靠伯克霍尔德和戴维斯在 2018 年 6 月的私人沟通中向笔者给出的描述。

38. 这项工作的目标并不是为给出预言或者实现全面的控制；相反，目标是实现知识进步，挑选可选项目。参见……"从解空间到交界面"，《编码：景观设计中的参数与计算设计》[Alexander Robinson and Brian Davis, "From Solution Space to Interface," in *Codify: Parametric and Computational Design in Landscape Architecture*, ed. Bradley Cantrell and Adam Mekies（ London: Routledge, 2018 ）]；"变动不定的领域"（ 阿卡迪亚 2015：计算生态学：设计在人类世会议论文 ）[Philip Belesky et al., "A

Field in Flux"（ paper presented at the conference "ACADIA 2015: Computational Ecologies: Design in the Anthropocene," Cincinnati, OH, October 19–25, 2015 ）]；"景观信息建模"（ Rob Holmes, "Landscape Information Modeling," 2014, http://m.ammoth.us/blog/2014/05 /landscape-information-modeling/ ）。

第 20 章

1. 《我们的居所》[*The House We Live In*, "Series 2, Program 1: Loren Eiseley（ edited ）," Ian L. McHarg Collection, folder 109. Ⅱ.B.2.23, Architectural Archives of the University of Pennsylvania]。

2. "景观设计：新征途在望！"，景观设计基金会峰会（ Dirk Sijmons, "Landscape Architecture: New Adventures Ahead!," Landscape Architecture Foundation Summit, www.lafoundation.org/resources/2016/07/declaration-dirk-sijmons ）。

3. 同上。

4. "欢迎进入人类世：环境社团门户网站访谈 Paul Crutzen"（ Christian Schwägerl, "Welcome to the Anthropocene: Interview with Paul Crutzen. Environmental Society Portal," 2013, www.environmentandsociety.org/exhibitions/anthropocene/huge-variety-possibilities-interview-nobel-laureate-paul-crutzen-his-life ）。

5. "生化人宣言：20世纪80年代的科学、技术和社会主义女权"，《澳大利亚女性主义研究》[Donna Haraway, "A Manifesto for Cyborgs: Science, Technology, and Socialist Feminism in the 1980s," *Australian Feminist Studies* 2, no. 4 (March 1987): 1–42]。

6. 《景观与能源：设计转型》[Dirk Sijmons, *Landscape and Energy: Designing Transition* (Rotterdam: nai010 Publishers, 2014)]。

7. 同上，第218–247页。

8. "大规模荷兰项目：储蓄海水造风能"，《大众科学》(David Scott, "Gigantic Dutch Project: Sea Storage for Wind Energy," *Popular Science* (April 1983): 85–87, https://books.google.com/books?id=qq6GBPoHQpAC&pg=PA85&lpg=PA85&dq=Lievense+Popular+Science&source=bl&ots=x3n7CPnX_X&sig=UaapM6i--ADEVA_PSP_k9wsmzpw&hl=en&sa=X&ved=2ahUKEwi_j574qePeAhXhTN8KHSk1BzMQ6AEwCHoECAYQAQ#v=onepage&q=Lievense%20Popular%20Science&f=false)。

9. 《景观与能源》(Sijmons, Landscape and Energy, 229)。

10. 同上，第310页。

11. 同上，第312页。

12. 能源奥德赛 –2050 (IABR, 2050—An Energetic Odyssey, https://vimeo.com/199825983)。鹿特丹国际建筑双年展（IABR）及其多家艺术工作室是作为文化平台而创立的，通过同政府和其他利益相关方合作的长期研究，推动产生世界性变化；请参见鹿特丹国际建筑双年展使命宣言（ IABR Mission Statement, https://iabr.nl/en/over/thema-303)。

13. 请参见《自然的经济：生态学思想史》[Donald Worster, *Nature's Economy: A History of Ecological Ideas* (Cambridge: Cambridge University Press, 1994)]。

14. 《设计结合自然》[Ian L. McHarg, *Design with Nature* (Garden City, NY: Doubleday / Natural History Press, 1969)]。

第21章

感谢德布拉·马歇尔（Debra Marshall）令我关注到金眼地衣（the golden-eye lichen, *Teloschistes chrysophthalmus*）；感谢安娜·弗勒德（Anna Flood）和阿莉莎·切尔布（Alyssa Cerbu）给予周到及时的研究协助；感谢弗里茨·斯坦纳的领导力、反馈与耐心。这篇作品属于一个更大的项目，即"荒地综合性景观设计"（ Wilderness Integrated Landscape Design, W.I.L.D.）。这一项目极大得益于我同自己在瑞尔森大学生态设计实验室的学生，和我的同事、我的"智囊团"安·戴尔（Ann Dale）、尼克·卢卡（Nik Luka）、露丝·理查森（Ruth Richardson）、卡特琳·克拉森斯（Katrine Claassens）、M. 埃伦·戴明（M. Elen Deming）、皮埃尔·贝朗热（Pierre Bélanger）和杰里米·古思（Jeremy Guth）的多次对话。这项工作由加拿大社会科学与人文研究委员会部分资助。

1. "祷文"，《寂静与答案之间》[Jeanne Lohmann, "Invocation," in *Between Silence and Answer* (Philadelphia: Pendle Hill Publications, 1994)]。

2. 地衣类在分类学上归属于真菌，但它们"不仅仅是其各部分的总和"，因为它们并非单个的有机体，而是存在于两种生物体之间的共生关系。因此，地衣是一种新型生命形态，具有不同于其各个组成生命体的特征。地衣学家凯万·伯格（Kevan Berg）将地衣描述为"两个及以上的非植物生命体的合作关系，其中之一是从雨和土壤得到水和营养物质的真菌，另一个则是藻类（有时是蓝藻细菌）的集落，它通过光合作用产生养分。在共同努力下，藻和真菌创造出了一个非常微小的自维持生态系统。真菌是占据主导地位的合作者，也是这个关系的构建者，并构成了地衣的外部结构，以遮蔽和保护藻类细胞，为它们提供水和养分。作为交换，真菌也受到（或者收获）来自其藻类合作者的稳定糖分和其他碳水化合物供应。""地衣的神秘世界"，《论自然杂志》(Kevan Berg, "The Secret World of Lichen," *ON Nature Magazine* August 6, 2009, http://onnaturemagazine.com/the-secret-worldof-lichen.html)。

3. 《自然之后：人类世的政治》[Jedidiah Purdy, *After Nature: A Politics for the Anthropocene* (Cambridge, MA: Harvard University Press, 2015), 208]。

4. 人类活动被广泛理解为造成全球生物多样性加速流失的原因。栖息地碎片化、退化、破坏等累积效应是由人类驱动的农业、资源抽取和城市化等土地流转过程所导致的。这些人为过程的共同作用，正是当今全新世（Holocene）时代的特征，而许多人主张今天更应当被称为人类世（Anthropocene）时代。人类世同样也被认为是第六大生物灭绝时代。一手调研请参见"地球的第六次大灭绝是否已经到来？"，《自然》[A. D. Barnosky et al., "Has the Earth's Sixth Mass Extinction Already Arrived?," *Nature* 471, no. 7336（2011）: 51–57, doi: 10.1038/nature09678]；"现代人类行动导致加速物种消失：迈入第六次大灭绝"，《科学进步》[Gerardo Ceballos et al., "Accelerated Modern Human-Induced Species Losses: Entering the Sixth Mass Extinction," *Science Advances* 1, no. 5（2015）: e1400253 doi: 10.1126/sciadv.1400253]；"人类世生物圈"，《人类世评述》[Mark Williams et al., "The Anthropocene Biosphere," *Anthropocene Review* 2, no. 3（2015）: 196–219, doi: 10.1177/2053019615591020）。二手调研也请参见《第六次大灭绝：非自然的历史》[Elizabeth Kolbert, *The Sixth Extinction: An Unnatural History*（New York: Henry Holt, 2014）]；《生命的未来》[Edward O. Wilson, *The Future of Life*（New York: Vintage Books, 2003）]；"国家调研揭露生物多样性危机：科学家认为我们正处在地球史上最为迅猛的大规模物种灭绝当中"（American Museum of Natural History, "National Survey Reveals Biodiversity Crisis: Scientific Experts Believe We Are in Midst of Fastest Mass Extinction in Earth's History," press release, April 20, 1998, www.mysterium.com/amnh.html）。

5. 地球上已被识认的物种数量很难准确量化，因为进化枝和生物分类数据是动态的，持续处在世界各地科学家们同时增删调整、重新分类（可能重复）的工作之下。因此，目前已认定的物种数量大概在150万～190万种之间。不过，地球上物种数量的总额，从保守估计的875万～10000万种，直到最高估计可达1万亿种。有关的各种观点，请详见"全球物种丰富性评估尚未汇总"，《生态学与进化趋势》（M. Julian Caley, Rebecca Fisher, and Kerrie Mengersen, "Global Species Richness Estimates Have Not Converged," *Trends in Ecology and Evolution* 29, no. 4（2014）: 187–188, doi.org/10.1016/j.tree.2014.02.002）；"我们是否即将了解地球上有多少物种"，《科学美国人》（Geoffrey Giller, "Are We Any Closer to Knowing How Many Species There Are on Earth," *Scientific American*, April 8, 2014, www.scientificamerican.com/article/are-we-any-closer-to-knowing-howmany-species-there-are-on-earth/）；"地球和海洋中有多少物种"，《公共科学图书馆·生物学》（Camilo Mora et al., "How Many Species Are There on Earth and in the Ocean," *PLOS Biology* 9, no. 8（2011）, e1001127. doi: 10.1371/journal.pbio.1001127）；国家科学基金会，"研究者发现地球可能有一万亿个物种"（National Science Foundation, "Researchers Find That Earth May Be Home to 1 Trillion Species," May 2, 2016, www.nsf.gov/news/news_summ.jsp?cntn_id=138446）；"我们能否赶在物种灭绝前认识它们"，《科学》（Mark Costello, Robert May, and Nigel Stork, "Can We Name Earth's Species Before They Go Extinct?," *Science* 339, no. 6118（2013）: 413–416, doi:10.1126/science.1230318）；"地球物种数量指向870万种"，《自然》（Lee Sweetlove, "Number of Species on Earth Tagged at 8.7 Million," *Nature*, August 24, 2011, doi:10.1038/news.2011.498）。

6. 目前，国际自然保护联盟的"濒危物种红色名录"（Red List of Threatened Species）上已有超过91520种，其中有超过25820种已是严重濒危，即有灭绝危险的，两栖类占41%，针叶树占34%，造礁珊瑚占33%，哺乳类占25%以及鸟类占13%。特别要注意，从1998年的18种增多到2018年的547种，所收录严重濒危的两栖类动物数量已增长30倍，同一时期内濒危鸟类数量也翻了一倍……国际自然保护联盟，"濒危物种红色名录"（International Union for the Conservation of Nature（IUCN），"Red List of Threatened Species. Version 2018-1," www.iucnredlist.org）。

7. 景观设计的最初和历史性基础就是风景园林和建筑在19世纪末、20世纪初的副产物，这也就解释了这一行业早期以人类为中心的设计用意。

8. 有几家值得注意的公司，它们目前明确且具体地涉及新型生态系统和新兴的"新自然"；请参见 Field Operation 建筑事务所、Stoss、SCAPE、DLAND 工作室和疏浚研究合作及其他团队的工作。

9. 北美荒地运动及其相关对话范式的历史与起源是记述备至的，例如……《荒野与美国思想》[Roderick Nash, *Wilderness and the American Mind* (New Haven, CT: Yale University Press, 1967)]；《自然的经济：生态学思想史》[Donald J. Worster, *Nature's Economy: A History of Ecological Ideas* (Cambridge: Cambridge University Press, 1985)]；《新的大荒野争论》[J. Baird Callicott and Michael Nelson, eds., *The Great New Wilderness Debate* (Athens: University of Georgia Press, 1988)]。北美的荒地管理方法来源于相异文化和自然领域中的分层二元论范式，这一点卡罗琳·麦茜特（Carolyn Merchant）在《自然之死：女性、生态学与科学革命》[*The Death of Nature: Women, Ecology and the Scientific Revolution* (New York: Harper Collins, 1980)]当中曾详加描述，并在《重新发明伊甸园：西方文化中自然的命运》[*Reinventing Eden: The Fate of Nature in Western Culture* (New York: Routledge, 2003)]中进一步展开。这种流行一时的"荒野无人"论进一步被克罗农（Cronon）在其编纂的《非凡的土地：再思考人类在自然中的位置》[W. Cronon, ed., in *Uncommon Ground: Rethinking the Human Place in Nature* (New York: W. W. Norton, 1995)]一书中被批驳，近来这一概念又被珀迪在《自然之后》（*After Nature*）中重新构建起来。景观设计师 Richard Weller 探索了这种二元论对景观的影响，及其内嵌于景观内的作用，详见

"世界公园"，《洛杉矶＋荒地综合性景观设计》["World Park," *LA＋WILD* 1, no. 1 (2014): 10–19]。这种重新思考人类在自然当中的位置的视角对麦克哈格来说并不陌生，他自己怨苦的观察（例如，人类是嚣张跋扈的"地球恶霸"等）就在公共广播公司 1969 年的一部影片"繁衍与征服地球"（"Multiply and Subdue the Earth."请见 www.youtube.com/watch?v=5nBFkARCP0I）中被记录了下来。

10. 荒地运动的历史及其二元对立的无人荒野论，实际上都是深深植根于人类世田园主义和崇高自然［亨利·戴维·梭罗（Henry David Thoreau）和约翰·缪尔的那些理想］的理想中的。这些理想产生出了这种观念，即大自然天赋地就是平衡的、稳定的，因此也是可管理的。这种管理思路强调最具标志性的景观和最令人喜爱的物种、那些被称为天赐之物的巨型生物，这种管理方法就成为保护生物学的关注点。与之相关的科学研究，是在大范围土地的保护（与连接）的基础上开展的。荒野景观，如果被定位为顶级捕食动物的栖居地，那就必然会聚集多种体型较小、受人赡养的物种。有关研究请参见期刊《保护生物学》（*Conservation Biology*），阅读迈克尔·苏莱(Michael Soulé)、里德·诺斯（Reed Noss）、丹尼尔·辛伯洛夫（Daniel Simberloff）及其他人的作品。实践作品，请参见大型景观保护中心网站（Center for Large Landscape Conservation (website), www.largeland scapes.org) 和被本书收录的黄石育空地区保护计划

网站 [the Yellowstone to Yukon Conservation Initiative (website), www.y2y.net (featured also in this volume)]。尽管生态学家对自然（即生态系统）的理解中决定论色彩已经稍减，而意识到自然是复杂多元、具有不确定性的，但根深蒂固的管理方式仍在巩固、促进保护主义路径很大程度上盘踞在实践领域。请详见"生物多样性保护规划的系统路径"，《环境监测与评估》[Nina-Marie Lister, "A Systems Approach to Biodiversity Conservation Planning," *Environmental Monitoring and Assessment* 49, nos. 2/3 (1998): 123–155]中的概要。关于景观设计的复杂系统路径，请参见《预警生态学》[Chris Reed and Nina-Marie Lister, eds., *Projective Ecologies* (New York: Actar, 2014)]。

11. 国际自然保护联盟有六大保护领域；请参见国际自然保护联盟网站，"保护领域"（IUCN website, "Protected Areas," www.iucn.org/theme/protected-areas/about/protected-area-categories）。2014 年，全世界认证的保护区域有 50% 归属于第 3～5 类：国家公园、自然遗迹或特色保护地、栖息地／物种管理区；而且可再生资源区的数量也不断增多。请参见《2014 年星球保护报告》[D. Juffe-Bignoli et al., *Protected Planet Report* 2014 (Cambridge: United Nations Environment Program World Conservation Monitoring Centre(UNEP-WCMC), 2014)]。

12. 《私人保护领域的未来》，由《2014

年星球保护报告》引述 [S. Stolton, K. H. Redford, and N. Dudley, *The Future of Privately Protected Areas* (Gland, Switzerland: IUCN, 2014), cited in Juffe-Bignoli et al., *Protected Planet Report* 2014]。

13. 例如，请参见"公园、政治和历史：非洲的保护困境"，《保护与社会》[Mahesh Rangarajan, "Parks, Politics and History: Conservation Dilemmas in Africa," *Conservation and Society* 1, no. 1 (2003): 77–98]。

14. 在保护方面有许多记述详备的成功合作案例；其中值得注意的有：实行栖息地和生态旅游项目联合管理的中非山间猩猩跨境保护（请参见国际大猩猩保护项目，2018，www.igcp.org）；非洲绿色长城倡议；和黄石育空保护计划。后两者均收录入本书。

15. 国际自然保护联盟—世界保护区委员会其他基于区域的有效保护措施工作组，《2016–2017 年案例研究》(IUCN–WCPA Task Force on Other Effective Area-Based Conservation Measures, Case Studies 2016–2017, www.iucn.org/sites/dev/files/content/documents/collation_of_casestudies_submitted_to_task_force_on_oecms_-_september_2017.pdf)。

16. 当地与社区保护区域 [Indigenous and Community Conserved Areas (ICCA) (website), ICCA Registry, www.iccaregistry.org]。

17. 生物多样性大会，"2011-2020 年生物多样性战略规划：爱知生物多样性目标"(Convention on Biological Diversity, "Strategic Plan for Biodiversity 2011-2020: Aichi Biodiversity Targets," 2010, www.cbd.int/sp/targets/)。

18. 国际自然保护联盟—世界保护区委员会，"识别与上报其他基于区域的有效保护措施指南（草案）"[IUCN-WCPA, "(Draft) Guidelines for Recognising and Reporting Other Effective Areabased Conservation Measures," Version 1 (Gland, Switzerland: IUCN, 2018), www.iucn.org/sites/dev/files/content/documents/guidelines_for_recognising_and_reporting_oecms_-_january 2018.pdf]。

19. 例如，请参见联合国防治沙漠化公约，"绿色长城：撒哈拉和萨赫勒的希望"(United Nations Convention to Combat Desertification, "The Great Green Wall: Hope for the Sahara and the Sahel," 2016, www.unccd.int/sites/default/files/documents/26042016_GGW_ENG.pdf)。

20. "黄石到育空：横跨庞大国际景观的跨境保护"，《环境科学与政策》[Charles Chester, "Yellowstone to Yukon: Transborder Conservation Across a Vast International Landscape," *Environmental Science and Policy* 49 (May 2015): 75–84]；和黄石育空地区保护计划网站 [Yellowstone to Yukon Conservation Initiative (website), https://y2y.net/]。

21. "生态系统保护"一词实属不当，因为人类行为才是可管理的，而生态系统作为一种具有适应性的复杂系统是远超人类管理能力范围之外的。关于这方面的详细讨论，请参见《生态系统路径：复杂性、不确定性以及管理可持续性》[D. Waltner-Toews, J. J. Kay, and N.-M. Lister, eds., *The Ecosystem Approach: Complexity, Uncertainty, and Managing for Sustainability* (New York: Columbia University Press, 2008)]。也请参考第 7、8 条注释。

22. "景观令人窒息的拥抱和生态别致的调节作用"，《景观杂志》[Aaron Ellison, "The Suffocating Embrace of Landscape and the Picturesque Conditioning of Ecology," *Landscape Journal* 32, no. 1 (2013): 79–94]。

23. 国际自然保护联盟成立于 1948 年，是世界上第一个基于科学研究和自然保护合作的全球环境保护联盟。1964 年，仅比麦克哈格的《设计结合自然》的出版早数年，国际自然保护联盟启动了其标志性的"红色名录"项目，这也成为世界上最早对全球濒危生物多样性作出记录和评级的机制和科研资源，由此引导并反映出了野生景观及其保护的当代思考。请参见国际自然保护联盟，"国际自然保护联盟简史"(IUCN, "A Brief History of the IUCN," www.iucn.org/about/iucn-brief-history)。

24. 全球生物多样性公约和联合国环境署要求签约国改善陆地和内陆水域的生物多样性至少 17%、沿海和海域的生物多样性至少 10%，尤其是在生物多样性和生态系统服务具有重要性的区域。全球生物多样性公约进一步规定，这些陆地和水域都必须通过"保护区域均受到有效且公正管理、具有生态代表性和紧密联系的各个系统，及其他基于地域的有效保护措施"加以保护，并"融入进更广大的陆地和海洋景观当中"。生物多样性大会，"2011-2020年生物多样性战略规划：爱知生物多样性目标"[Convention on Biological Diversity, "Strategic Plan for Biodiversity 2011–2020 and the Aichi Targets"（Montreal: Secretariat of the Convention on Biological Diversity, 2010）]。

25.《一半地球：我们星球的生命之争》[Edward O. Wilson, *Half Nature: Our Planet's Fight for Life*（New York: W. W. Norton, 2016）]。也请参见一半地球项目网站[Half-Earth Project（website），www.half-earthproject.org]。

26. 保护区域的平均统计数据可能看来令人振奋，但未能体现出几个有碍持续发展的重要困难：值得注意的是，全球最具影响力的国家之一（也是全球领土第三大国）美国并不是生物多样性公约的缔约国。与之类似，加拿大虽然是第一个缔约国（也是全球领土第二大国），但它（在六个领土大国中）最为落后，不可能兑现国际自然保护联盟2020年的17%保护承诺。请参见生物多样性大会（Convention on Biodiversity（website），www.cbd.int）。

27. 同上。

28.《世界尽头地图集》（Richard J. Weller, with Claire Hoch and Chieh Huang, *Atlas for the End of the World*, http://atlas-for-the-end-of-the-world.com）。

29. 例如，请参见《令欧洲更加野性》（*Making Europe a Wilder Place*, https://rewildingeurope.com）；和George Monbiot在《野性：在再野生化前沿寻找魅力》[*Feral: Searching for Enchantment on the Frontiers of Rewilding*（London: Allen Lane, 2013）]中的一份详尽说明。

30. 景观基础设施一般是指人工设计的植被设施，比如屋顶绿化、墙体绿植、生态湿地和公园草地等；但它也指相对于土木建筑（或灰色）基础设施——诸如道路、桥梁、管道、下水道等人类定居点特征的设施——的绿色或蓝色的生物基础设施。景观基础设施有时可指森林和湿地，以强调这些景观特征的资产价值。例如，请参见生态设计实验室（The Ecological Design Lab: https://ecological design lab.ca/projects/?research=green-blue-infrastructure）。

31. 城市边缘地带可能在保护生物多样性方面有着格外重要的作用，特别是从人口稠密的城市核心地带向外扩张的快速城市化区域，可能很少保留有绿色空间或各个绿色空间互不连接。例如，请参见"灵活土地使用与未明确的治理：从威胁到城市边缘景观规划的潜力"，《土地使用政策》（M. Hedblom, E. Andersson, and S. Borgström, "Flexible Land-Use and Undefined Governance: From Threats to Potentials in Peri-Urban Landscape Planning," *Land Use Policy* 63（2017）: 523–527）中对于城市边缘区域的灵活性与便利性价值；和"竞争下的城市边缘便利性景观：加拿大中部不断变化的滨水'乡村理想'"，《景观研究》（Nik Luka, "Contested Peri-Urban Amenity Landscapes: Changing Waterfront 'Countryside Ideals' in Central Canada," *Landscape Research* 42, no. 3（2017）: 256-276, doi:10.1080/01426397.2016.12673 3532）。

32.《自然解决方案：受保护区域助力应对气候变化》，由《2014年星球保护报告》引述[N. Dudley et al., *Natural Solutions: Protected Areas Helping People Cope with Climate Change*（Gland, Switzerland: IUCN-WCPA and Washington, DC, and New York: Nature Conservancy, United Nations Development Programme, Wildlife Conservation Society, World Bank, and WWF, 2010）, cited in Juffe-Bignoli et al., *Protected Planet Report 2014*]。

33. 生物多样性大会，"2011-2020年生物多样性战略规划：爱知生物多样性目标"[Convention on Biological Diversity, "Strategic Plan for Biodiversity 2011–2020 and the Aichi Targets"（Montreal: Secretariat of the Convention on Biological Diversity, 2010）]。也请参考第26条注释。

34.《自然之后》（Purdy, *After Nature*, 208）。

35. 当然，是受启发于《景观语言》[Anne Whiston Spirn, *The Language of Landscape*（New Haven, CT: Yale University Press, 1998）]的。

第 22 章

1. "规划中的自然因素",《治愈地球》[Ian L. McHarg, "Natural Factors in Planning," in *To Heal the Earth*, ed. Ian L. McHarg and Frederick R. Steiner（Washington, DC: Island Press, 1998）, 74–75]。

2.《生命的探索》[Ian L. McHarg, *A Quest for Life*（New York: John Wiley, 1996）, 248]。

3. 同上，第 3 页。

4. "世界生态学视角下的建筑学",《治愈地球》（Ian L. McHarg, "Architecture in an Ecological View of the World," in McHarg and Steiner, To Heal the Earth, 185）。

5. 同上，第 194 页。

6. 同上，第 77 页。

7. 例如，请参见"人类世中地球系统的轨道",《国家科学院论文集》（Will Steffen et al., "Trajectories of the Earth System in the Anthropocene," in *Proceedings of the National Academy of Sciences*（Washington, DC: National Academies Press, August 2018）, www.pnas.org/cgi/doi/10.1073/; "全球变暖之年从模型变为威胁",《纽约时报》（Somini Sengupta, "The Year Global Warming Turned Model into Menace," *New York Times*, August 10, 2018, 1）。这两部作品均提及威胁到食物、水和能源供应乃至整个经济体的各个系统的"串联系统故障"即将发生。

8.《圆河》[Aldo Leopold, *Round River*（New York: Oxford University Press, 1953）, 165]。

9. 可能像弗里德里希·哈耶克（Friedrich Hayek）、米尔顿·弗里德曼（Milton Friedman）等人组建朝圣山（Mont Pèlerin）学社以推进二战后新自由主义事业一样——不过更加周密妥当、立足于生态学、行动更为迅速，也更加兼容并包。请参见《朝圣山开始的道路》（Philip Mirowski and Dieter Plehwe, eds., *The Road from Mont Pèlerin*（Cambridge, MA: Harvard University Press, 2009））; 和《伟大的说服力》[Angus Burgin, *The Great Persuasion*（Cambridge, MA: Harvard University Press, 2012）]。

10.《制定规划》[Frederick R. Steiner, *Making Plans*（Austin: University of Texas Press, 2018）, 5]。

11.《民主与公共空间》[John R. Parkinson, *Democracy and Public Space*（New York: Oxford University Press, 2011）]。

12. "改造塔尔萨，从一个公园开始",《纽约时报》（Patricia Leigh Brown, "Transforming Tulsa, Starting with a Park," *New York Times*, August 10, 2018）。

13.《在边缘设计》（David W. Orr, *Design on the Edge*（Cambridge, MA: MIT Press, 2006））。

14. "让种族恐怖的受害人们发声",《纽约时报》（Campbell Robertson, "Giving Voice to the Victims of Racial Terror," *New York Times*, April 25, 2018）。

15.《地球裂缝》[James Reston Jr., *A Rift in the Earth*（New York: Arcade, 2017）]。

16.《伟大事业》[Thomas Berry, *The Great Work*（New York: Bell Tower, 1999）]; 《治愈地球》[John Todd, *Healing Earth*（New York: Atlantic Books, 2019）]。

17.《守纪律的头脑》[Jeff Schmidt, *Disciplined Minds*（Lanham, MD: Rowman and Littlefield, 2000）, 265–280]。

18.《设计可持续性》[Stuart Walker, *Designing Sustainability*（New York: Routledge, 2014）, 39]。

19. "元设计范式变化",《可持续设计手册》[John Wood, "Meta-Designing Paradigm Change," in *The Handbook of Design for Sustainability*, ed. Stuart Walker and Jacques Giard（London: Bloomsbury, 2013）, 429–445]。

第 23 章

1. "淡水溪：废物景观的形成与消除", "眼不见，心不烦：废物的政治与文化"特刊,《RCC 视角：环境与社会的转型》[Martin V. Melosi, "Fresh Kills: The Making and Unmaking of a Wastescape," in "Out of Sight, Out of Mind: The Politics and Culture of Waste," ed. Christof Mauch, special issue, *RCC Perspectives: Transformations in Environment and Society* 1（2016）: 61]。关于美国城市废物基础设施的通史作品，也请参见《洁净之城：自殖民时代至今的美国城市基础设施》[Martin V. Melosi, *The Sanitary City: Urban Infrastructure in America from Colonial Times to the Present*（Baltimore, MD: The

Johns Hopkins University Press, 2000）]。

2.《淡水溪垃圾填埋场：递交市长 Impellitteri 与评估委员会的报告》[Robert Moses et al., *Fresh Kills Land-Fill: Report to Mayor Impellitteri and the Board of Estimate* (City of New York, November 1951), 13]。虽然摩西视之为"无用"，但是淡水溪不仅仅支持了一个广大的潮间盐沼系统，还保护了多处可上溯到古印第安、古风和林地时代的前殖民时期文明遗迹。在 17、18 世纪，荷兰与英国的殖民者农场占据了这一地区，这片盐沼就为他们的牲畜提供了宝贵的干盐草。19 世纪这里出现了早期的工厂大生产，包括著名的美国 Linoleum 公司，以及几个使用盐沼内湿黏土进行建造的砖窑都在此地。附近还有过多处移民聚居点，包括得名自附近多种工厂工种的特拉维斯（Travis，原名为 Linoleumville）和罗斯维尔（Rossville）等。也请参见"1A 阶段考古研究记录：淡水溪公园、里士满郡、纽约"[Allee King Rosen & Fleming, Inc., "Phase 1A Archaeological Documentary Study: Fresh Kills Park, Richmond County, New York" (report prepared for the New York City Department of City Planning and the New York City Department of Parks and Recreation, March 2008)]。

3. 从 20 世纪 20 年代到 50 年代，伴随着城市人口增长和战后消费主义，垃圾废物激增。市政府的废物处理政策就转向除海洋倾倒——倾倒进纽约港及其他支流水域在 1899 年联邦河流与港口法中被禁止——外的卫生填埋和垃圾焚化，到 1934 年时美国最高法院规定，市政府必须停止向海洋倾倒垃圾。纽约市就希望采用垃圾焚化作为处理废物的最佳办法，但 1970 年清洁空气法也要求市政府关闭不符合新的废气排放指导标准的垃圾焚化炉。请参见《土地的油脂》[Benjamin Miller, *Fat of the Land* (New York, NY: Four Walls Eight Windows Press, 2000)]。

4. 淡水溪垃圾填埋场在 911 恐怖袭击后不久重新启用，以收纳和分类处理倒塌的世贸双子大厦的废弃物。

5. "作为价值观的过程"，《设计结合自然》[Ian L. McHarg, "Processes as Values," in *Design with Nature* (Garden City, NY: Doubleday / Natural History Press, 1969), 103–115]。

6. "向前一步"，《设计结合自然》(McHarg, "A Step Forward," in Design with Nature, 31–41)。

7. "自然主义者们"，《设计结合自然》(McHarg, "The Naturalists," in Design with Nature, 117–125)。

8. 请参见莫莉·格林（Molly Greene）于 2012 年 7 月对特拉维斯居民马克·阿尔沃森（Mark Alvorson）的采访，被引用于研究论文"海边的山：废物景观、生命景观与淡水溪的重塑"["A Mountain by the Sea: Waste-scapes, Lifescapes, and the Reinvention of Fresh Kills" (New Haven, CT: Yale School of Forestry and Environmental Studies, 2012)]。

9. Field Operation 建筑事务所是与建筑师斯坦·艾伦（Stan Allen）合作于 2001 年成立的；这家事务所目前由詹姆斯·科纳领导，更名为 James Corner Field Operation 建筑事务所。

10. "工程韧性对生态韧性"，《生态韧性的根基》[C. S. Holling, "Engineering Resilience versus Ecological Resilience," in *Foundations of Ecological Resilience*, ed. Lance Gunderson, Craig Allen, and C. S. Holling (Washington, DC: Island Press, 2009)]。请注意，麦克哈格的著作将他自己定位为稳态生态极相理论（steady-state ecological climax theory）的坚定捍卫者。

11. "生命景观"，《实践》[Field Operations, "Lifescape," in *PRAXIS* 4 (2002): 20]。

12. 淡水溪公园 2007 年自然资源实地调研被收录在 2009 年 3 月的《淡水溪公园综合环境影响报告》；请参见 www.nycgovparks.org/sub_your_park/fresh_kills_park/pdf/FGEIS/Vol1/10_Natural_Resources.pdf。在凯利·奥唐奈（Kelly O'Donnell）的指导下，纽约城市大学麦考利荣誉学院组织和开展了 2015 年淡水溪公园生物限时寻找活动；请参见纽约城市大学麦考利荣誉学院网站 [CUNY, Macaulay Honors College (website), https://macaulay.cuny.edu/eportfolios/bioblitz/welcome/]。

13.《美洲快帆船，1845–1920：一部通史，和建造者及其船只的清单》[Glenn A. Knoblock, *The American Clipper Ship, 1845–1920: A Comprehensive History, with a Listing of Builders and Their Ships*（Jefferson, NC: McFarland & Company, 2014），52–32]。

14. "费城附近发现的植物种群"，《费城自然科学院论文集》[Aubrey H. Smith, "On Colonies of Plants Observed Near Philadelphia," in *Proceedings of the Academy of Natural Sciences of Philadelphia* 19（1867），15–24]；"纽约及其附近的压舱地植物"，《托里植物学俱乐部简报》[Addison Brown, "Ballast Plants in New York City and its Vicinity," in *Bulletin of the Torrey Botanical Club* 6, no. 59（1879）: 353–360]。

15. "压舱地植物"（Brown, "Ballast Plants," 354）。

16. "生命景观"（Field Operations, "Lifescape," 20）。

17. 《纽约里士满郡植物志》[Charles Arthur Hollick and Nathaniel Lord Britton, *The Flora of Richmond County, New York*（Staten Island, NY: Torrey Botanical Club, 1879）]。要注意里士满郡在 1898 年作为里士满区被纳入大纽约市；这个岛虽然自 16 世纪荷兰人定居于此后就被轮换着称为里士满郡和斯塔滕岛，但斯塔滕直到 1975 年才成为这个岛的正式命名。

18. 霍利克（Hollick）作为卫生局成员，可能在 1881–1891 年间与乔治·E. 韦林（George E. Waring）共同工作，为斯塔滕岛安装下水道系统。韦林是农业科学家和卫生工程师，到 1894 年将会被任命为纽约市街道清洁局（Department of Street Cleaning）局长，这个部门是今天环境卫生局（Department of Sanitation）的前身。

19. 特别请参见"斯塔滕岛本地植物说明"，《香榧》（Arthur Hollick, "Local Flora Notes—Staten Island" in *Torreya* 22, no. 1（1922）: 1–3）。在这篇由托里植物学俱乐部发表的文章中，霍利克（Hollick）提到他在阿灵顿（Arlington）沿 Kill van Kull 水道的斯塔滕岛北岸一带自 1908 年开展到 1921 年的实地调研，这一带区域是一个饱受人为干扰的碎石滩。

20. 《里士满郡植物志》，及 1880、1880–1882、1883–1884、1885、1886–1889、1890 及 1891–1895 各年补录 Hollick and Britton, *The Flora of Richmond County*, addenda of 1880, 1880–1882, 1883–1884, 1885, 1886–1889, 1890, and 1891–1895）。

21. "自然主义者们"，《设计结合自然》（McHarg, "The Naturalists," in *Design with Nature*, 117–125）。

22. 《植物、人与生命》[Edgar Anderson, *Plants, Man, and Life*（Boston, MA: Little, Brown and Company, 1952），149]。

23. 同上，第 150 页。

24. "共和国的财富"，《Ralph Waldo Emerson 全集·杂记》[Ralph Waldo Emerson, "The Fortune of the Republic," in *The Complete Works of Ralph Waldo Emerson: Miscellanies*, vol. 11（Boston, MA: Houghton, Mifflin Company, 1904），512]。

25. 在特拉维斯附近，淡水溪公园和开创性的绿带本地植物中心（Greenbelt Native Plant Center）之间、由纽约市公园与休闲部（Department of Parks and Recreation）本地植物园的 Edward Toth 领导的合作项目正在进行，这一工作作为公园的实验性植物平添了丰富色彩。请参见"环境与社区健康：互惠关系"，《恢复性公地：通过城市景观创造健康与福祉》（Jeffery Sugarman, "Environmental and Community Health: A Reciprocal Relationship," in *Restorative Commons: Creating Health and Well-Being Through Urban Landscapes*, ed. Lindsay Campbell and Anne Wiesen（Newtown Square, PA: USDA Forest Service, Northern Research Station, 2009），148）。

第 24 章

1. 《未来由此开始》[R. Hyde and M. Pestana, exhibit curators, *The Future Starts Here*（London: Victoria and Albert Museum, 2018）]。

2. "人类世"，《全球变化通信》[P. J. Crutzen and E. F. Stoermer, "The 'Anthropocene,'" *Global Change Newsletter* 41（2000）: 17–18）；《环境安全》（S. Dalby, *Environmental Security*（Minneapolis: University of Minnesota Press, 2001）]；《黑暗生态学：未来共生的逻辑》[M. Morton, *Dark Ecology: For a Logic of Future Coexistence*（New York: Columbia University Press, 2016）]；"人类世：概念与历史的视角"，《皇家学会哲学动态》[W.

Steffen et al., "The Anthropocene: Conceptual and Historical Perspectives," *Philosophical Transactions of the Royal Society A* 369, no. 1938（2011）：842–867]。

3. "全球一致的气候变化征兆影响整个自然系统"，《自然》[C. Parmesan and G. Yohe, "A Globally Coherent Fingerprint of Climate Change Impacts Across Natural Systems," *Nature* 421（2003）：37–42]；《达尔文进入城镇：城市森林怎样驱动进化》[M. Schilthuizen, *Darwin Comes to Town: How the Urban Jungle Drives Evolution*（New York: Picador, 2018）]。

4. 《设计结合自然》（Ian L. McHarg, *Design with Nature*（Garden City, NY: Doubleday / Natural History Press, 1969））。

5. 《人工科学》[H. A. Simon, *Sciences of the Artificial*, 3rd ed.（Cambridge, MA: MIT Press, 1996）, 111]。

6. "启发式编程：结构不明的问题"，《运筹学研究进展》[A. Newell, "Heuristic Programming: Ill-Structured Problems," in *Progress in Operations Research*, vol. 3, ed. J. Aronofsky（New York: Wiley, 1969）, 360–414]；"启发性决策程序、开放约束以及定义不明问题的结构"，《人的判断力与最优性》[W. Reitman, "Heuristic Decision Procedures, Open Constraints, and the Structure of Ill-Defined Problems," in *Human Judgments and Optimality*, ed. M. Shelly and G. Bryan（New York: Wiley, 1964）, 282–315]；"设计教育体系的设计准则"，《建筑学教育期刊》[H. W. J. Rittel, "Some Principles for the Design of an Educational System for Design," *Journal of Architectural Education* 25, nos. 1–2（1971）：16–27]。

7. 《设计师获取知识的方式》[N. Cross, *Designerly Ways of Knowing*（Basel, Switzerland: Birkhäuser, 2007）]。

8. "诱导到争论：设计思维的框架"，《景观杂志》[A. W. Shearer, "Abduction to Argument: A Framework of Design Thinking," *Landscape Journal* 34, no. 2（2015）：127–138]。

9. "若干个本质有争议性的概念"，《亚里士多德学社论文集》[W. B. Gallie, "Essentially Contested Concepts," *Proceedings of the Aristotelian Society* 56（1956）：167–198]。

10. "规划一般理论的困境"，《政策科学》[H. W. J. Rittel and M. M. Webber, "Dilemmas in a General Theory of Planning," *Policy Sciences* 4, no. 2（1973）：155–169]；"应对社会经济体制内的棘手问题：意识、接纳与适应"，《景观与城市规划》[W.-N. Xiang, 2013, "Working with Wicked Problems in Socio-Ecological Systems: Awareness, Acceptance, and Adaptation," *Landscape and Urban Planning* 110（2013）：1–4]。

11. "全国规模生态安全模式的基础研究"，《生态学报》[Kongjian Yu et al., "Primary Study of National Scale Ecological Security Pattern," *Acta Ecologic Sinica* 29, no. 10（2009）：5163–5175]；"改造美好地球：中国国土生态安全格局规划"，《生态设计与规划读本》[K.-J. Yu, "Reinvent the Good Earth: National Ecological Security Pattern Plan, China," in *The Ecological Design and Planning Reader*, ed. F. O. Ndubisi（Washington, DC: Island Press, 2014）, 466–469]。

12. 《批判性安全研究：概念与案例》[K. Krause and M. C. Williams, eds., *Critical Security Studies: Concepts and Cases*（Minneapolis: University of Minnesota Press, 1997）]。

13. "安全概念"，《国际研究评论》[D. Baldwin, "The Concept of Security," *Review of International Studies* 23, no. 2（1997）：5–26]。

14. 《安全：新的分析框架》[B. Buzan, O. Waever, and J. de Wilde, *Security: A New Framework for Analysis*（Boulder, CO: Lynne Rienner, 1998）]。

15. "核武器竞赛与社会陷阱理论"，《和平研究期刊》[R. Costanza, "Review Essay: The Nuclear Arms Race and the Theory of Social Traps," *Journal of Peace Studies* 21, no. 1（1984）：79–86]；《政治现实主义与政治理想主义》[J. H. Herz, *Political Realism and Political Idealism*（Chicago: University of Chicago Press, 1951）]。

16. 《环境安全》[S. Dalby, *Environmental Security*（Minneapolis: University of Minnesota Press, 2002）]；"环境与安全"，《外交政策》[N. Matthews, "Environment and Security,"

Foreign Policy 74 （1989）: 23–41]; "重新定义安全"，《国际安全》[R. H. Ullman, "Redefining Security," *International Security* 8, no. 1 （1983）: 129–153]。

17. "环境与安全：明确联系"，《原子科学家简报》[P. H. Gleick, "Environment and Security: The Clear Connections," *Bulletin of the Atomic Scientists* 47, no. 3 （1991）: 16–21]。

18. "环境安全：矛盾与重新定义的问题"，《环境变化与安全项目报告》[G. D. Dabelko and D. D. Dabelko, "Environmental Security: Issues of Conflict and Redefinition," *Environmental Change and Security Project Report* 1 （1995）: 3–13]。

19. 《国家安全战略》[U.S. President George H. W. Bush, *National Security Strategy* （Washington, DC: The White House, 1991）, 55]。

20. 《国家安全战略：交战与扩军》[U.S. President William J. Clinton, *A National Security Strategy of Engagement and Enlargement* （Washington, DC: The White House, 1994）]。

21. "环境与国家安全"，在国防大学的讲话 [S. Wasserman Goodman, "The Environment and National Security" （remarks to National Defense University, Washington, DC, August 8, 1996）]。

22. 1985 年粮食安全法 [*Food Security Act of 1985*, Pub. L. No. 99-198, 99 Stat. 1504 （2002）]。

23. 第 12127 号行政令 [Exec. Order No. 12127, 44 Fed. Reg. 19367, 3 CFR, 1979 （March 31, 1979）]; 第 12148 号行政令 [Exec. Order No. 12148, 44 Fed. Reg. 43229, 3 CFR, 1979 （July 20, 1979）; 国土安全法（Homeland Security Act（HSA）of 2002, Pub. L. No. 107–296, 116 Stat. 2135（2002））。

24. "环境与安全：懵懂不清的思考"，《原子科学家简报》[D. Deudney, "Environment and Security: Muddled Thinking," *Bulletin of the Atomic Scientists* 47, no. 3 （1991）: 22–28]。

25. 《安全：新的分析框架》[B. Buzan, O. Waevern, and J. de Wilde, *Security: A New Framework for Analysis* （Boulder, CO: Lynne Rienner, 1998）]。

26. 设计博士学位论文《景观规划的安全模式及一个来自中国南部的案例》[Kongjian Yu, *Security Patterns in Landscape Planning with a Case in South China*, Doctor of Design thesis （Cambridge, MA: Harvard University, 1995）]。

27. 《城市、区域和环境规划中的阈值方法：理论与实践》[J. Kozlowski, *Threshold Approach in Urban, Regional, and Environmental Planning: Theory and Practice* （St. Lucia, Australia: University of Queensland Press, 1986）]; 《迈向促进可持续发展的规划：极限环境阈值方法指南》[J. Kozlowski and G. Hill, *Towards Planning for Sustainable Development: A Guide for the Ultimate Environmental Threshold （UET） Method* （Brookfield, VT: Ashgate, 1993）]。

28. 《景观规划的安全模式》（Yu, *Security Patterns in Landscape Planning*, 31）。

29. "景观生态规划中的安全模式与表面建模"，《景观与城市规划》[Kongjian Yu, "Security Patterns and Surface Modeling in Landscape Ecological Planning," *Landscape and Urban Planning* 36 （1996）: 1–17]。

30. 《景观和区域生态学》[R. T. T. Forman, *Land Mosaics: The Ecology of Landscapes and Regions* （New York: Cambridge University Press, 1995）]; 《城市生态学：城市的科学》[R. T. T. Forman, *Urban Ecology: The Science of Cities* （New York: Cambridge University Press, 2014）]。

31. "思考如国王，行动如农民：景观设计师的权力和一些个人体验"，《思考当代景观》[Kongjian Yu, "Think Like a King, Act Like a Peasant: The Power of a Landscape Architect and Some Personal Experience," *Thinking the Contemporary Landscape*, ed. C. Girot and D. Imhof （New York: Princeton Architectural Press, 2017）, 164–184]。

32. "仅次于核战争：全球气候治理的存在性威胁的科学与形成"，《国际研究季刊》[B. B. Allan, "Second Only to Nuclear War: Science and the Making of Existential Threat in Global Climate Governance," *International Studies Quarterly* 61, no. 4 （2017）: 809–820]; 《气候

变化、政策和安全：国家与人类影响》[D. Wallace and D. Silander, eds., *Climate Change, Policy and Security: State and Human Impacts* (London: Routledge, 2018)]。

33. 例证包括：“基于投资与最低成本路径模型的安全模式分析：东莞水乡的案例研究”，《可持续性》[Q. Lin et al., "Ecological Security Pattern Analysis Based on InVEST and Least-Cost Path Model: A Case Study of Dongguan Water Village," *Sustainability* 8, no. 2 (2016): 172, doi:10.2290/su8021172]；“中国的生态安全研究进展”，《生态学报》[D. Liu and Q. Chang, "Ecological Security Research Progress in China," *Acta Ecologica Sinica* 35 (2014): 111-121]；“生态安全模式及其对中国东北黑土地农业区城市扩张的约束”，《地学信息国际杂志》[S. Liu et al., "The Ecological Security Pattern and Its Constraint on Urban Expansion of a Black Soil Farming Area in Northeast China," *International Journal of Geo-Information* 6, no. 263 (2017), doi:10.3390/ijgi6090263]；“近数十年来不同政策影响下的北京景观生态安全发展”，《全面环境科学》[S. Wang et al., "The Evolution of Landscape Ecological Security in Beijing Under the Influence of Different Policies in Recent Decades," *Science of the Total Environment* 646 (2019): 49-57]；“经过指标筛选、用于生态安全评估的 DPSIR 模型：中国滇池的案例研究”，《公共科学图书馆·综合》[Z. Wang et al., "A DPSIR Model for Ecological Security Assessment Through Indicator Screening: A Case Study at Dianchi Lake in China," *PLoS One* 10, no. 6 (2015): e0131732]。

34. 《安全政治》[M. Dillon, *Politics of Security* (New York: Routledge, 1996), 122]。

35. 《罗德岛海岸的踪迹：西方思想自古至 18 世纪的自然与文化》[C. J. Glacken, *Traces on the Rhodian Shore: Nature and Culture in Western Thought from Ancient Times to the Eighteenth Century* (Berkeley: University of California Press, 1967)]。

第 25 章

1. 《设计结合自然》[Ian L. McHarg, Design with Nature (Garden City, NY: Doubleday / Natural History Press, 1969), 24]。

2. “南半球”（Anne Garland Mahler, "Global South," www.oxfordbibliographies.com/view/document/obo-9780190221911/obo-9780190221911-0055.xml）。

3. 地理学家戴维·哈维被引用于“稀缺性的主题”，《稀缺性：资源耗竭时代的建筑学》[Jon Goodbun, Jeremy Till, and Deljana Iossifova, eds., "Themes of Scarcity," in *Scarcity: Architecture in an Age of Depleting Resources* (New York: John Wiley, 2012), 9]。

4. 《稀缺性的叙事：理解“全球资源攫取”》[I. Scoones et al., *Narratives of Scarcity: Understanding the "Global Resource Grab"* (Brighton, U.K.: Institute for Poverty, Land and Agrarian Studies, 2014)]。

5. 在政治经济学方面颇有影响的英国学者托马斯·罗伯特·马尔萨斯（ Thomas Robert Malthus ），在他的作品中就涉及有“绝对稀缺性”的起源，他声称自然资源是有限的，且受制于人类社会不断增长的需要。马尔萨斯在 1798 年所著的《人口原则论》（ *Essay on the Principle of Population* ）就提出，社会财富和物资的增长与充实，会带来人口增多而非更高的生活标准，这一概念就被称为“马尔萨斯陷阱”。

6. 相对稀缺性被认为具有两种形态，即资源稀缺性和政治稀缺性。首先，社会（通过技术革新）的转换潜能可以通过回收再利用、提炼低品质资源或技术创新，取代或代替有限的资源。这一概念可以追溯到古典经济学家，比如大卫·李嘉图等人，他在 19 世纪初就曾观察到农业生产与土地品质、资金水平和农场主的才智与技能有关。相比之下，政治稀缺性源于卡尔·马克思的著作，他认为稀缺性是为了迎合某些特定的利益而被观察和产生出来的。因此，政治稀缺性与殖民地化、全球化、资本主义化和掌控资源可得性及其分配的精英权力紧密相关。

7. 绿色长城的合作国家是：阿尔及利亚、布基纳法索、乍得、吉布提、埃及、冈比亚、毛里塔尼亚、尼日尔、尼日利亚、塞内加尔和苏丹。

8. “加强‘绿色长城’作为萨赫勒气候变化与荒漠化适应手段的有效

性"，《可持续性》[David O'Connor and James Ford, "Increasing the Effectiveness of the 'Great Green Wall' as an Adaptation to the Effects of Climate Change and Desertification in the Sahel," *Sustainability* 6, no. 10（2014）: 7143–7154]。

9. "干燥、炎热而残酷：气候变化与沙漠化"，《非洲可持续发展期刊》[Wieteke Aster Holthuijzen, "Dry, Hot and Brutal: Climate Change and Desertification," *Journal of Sustainable Development in Africa* 13, no. 7（2011）: 245–268]。

10. "大绿洲：一道树墙能阻止撒哈拉沙漠扩张吗？"，《纽约客》（Burkhard Bilger, "The Great Oasis: Can a Wall of Trees Stop the Sahara from Spreading?," *New Yorker*, December 19 and 26, 2011）。

11. "沙漠化、韧性与非洲萨赫勒的再绿化——观察阶段的情况吗"，《地球科学动态》[Hannelore Kusserow, "Desertification, Resilience, and Re-Greening in the African Sahel—A Matter of the Observation Period?" *Earth Science Dynamics* 8（2017）: 1141–1170]。

12. 《发展中国家土壤流失的政治经济学》[Piers Blaikie, *The Political Economy of Soil Erosion in Developing Countries*（London: Routledge, 2016）]。

13. 《联合国防治沙漠化公约》（*United Nations Convention to Combat Desertification*）当中，沙漠化被定义为"干旱、半干旱和干燥的次湿地区域内，由于多种原因，包括气候变化和人类活动而产生的土地退化（www.csf-desertification.eu/combating-desertification/item/desertification-and-land-degradationtrend-indicators）。"

14. "加强'绿色长城'的有效性"（O'Connor and Ford, "Increasing the Effectiveness of the 'Great Green Wall'"）。

15. "大绿洲"（Bilger, "The Great Oasis"）。

16. 联合国粮农组织，"撒哈拉和萨赫勒的绿色长城计划"（Food and Agriculture Organisation of the United Nations, "Great Green Wall for the Sahara and the Sahel Initiative," www.fao.org/docrep/016/ap603e/ap603e.pdf）。

17. "在萨赫勒从事园艺"（Lea Billen and Deborah Goffner, "Gardening the Sahel," September 30, 2016, https://goodanthropocenes.net/2016/09/30/gardening-the-sahel/）。

18. "萨赫勒的环境变化：重构对比鲜明的证据与解读"，《调节环境变化》[Kjeld Rasmussen et al., "Environmental Change in the Sahel: Reconstructing Contrasting Evidence and Interpretations," *Regulating Environmental Change*（February 2015）: 1–8]。

19. 联合国粮农组织，绿色成长知识平台，"建设非洲的绿色长城：恢复退化旱地，建立更强、更具韧性的社区"（Food and Agriculture Organisation of the United Nations, Green Growth Knowledge Platform, "Building Africa's Great Green Wall: Restoring Degraded Drylands for Stronger and More Resilient Communities," www.greengrowthknowledge.org/resource/building-africa%E2%80%99s-great-green-wall-restoring-degraded-drylands-stronger-and-more-resilient/）。

20. "沙漠化、韧性与非洲萨赫勒的再绿化"（Kusserow, "Desertification, Resilience, and Re-Greening in the African Sahel," 1163）。

21. "萨赫勒的环境变化"（Rasmussen et al., "Environmental Change in the Sahel," 6）。

22. "非洲绿色长城项目：科学家能给出什么建议？"[R. Bellefontaine et al., "The African Great Green Wall Project: What Advice Can Scientists Provide?," ed. I. Amsallem and S.Jauffret（Montpellier: French Scientific Commitee on Desertification, 2011）]。

23. "'绿色长城'未能阻止荒漠化，但它已演变为某种可能阻止荒漠化的产物"（Jim Morrison, "The 'Great Green Wall' Didn't Stop Desertification, but It Evolved into Something That Might," Smithsonian.com, August 23, 2016, www.smithsonianmag.com/science-nature/great-green-wall-stop-desertification-not-so-much-180960171/）。

24. "萨赫勒的环境变化"（Rasmussen et al., "Environmental Change in the Sahel"）。

25. "稀缺性的叙事"（Scoones et al., "Narratives of Scarcity"）。

26. "加强'绿色长城'的有效性"（O'Connor and Ford, "Increasing the Effectiveness of the 'Great Green Wall,'" 6）。

27. 《重建中国城市形态：现代性、稀缺性与空间，1949–2005年》[Duanfang Lu, *Remaking Chinese Urban Form: Modernity, Scarcity and Space, 1949–2005* (London: Routledge, 2006)]。

28. 同上；《在一百万人身后排队：稀缺性如何决定中国下一个十年的上升到路》[Damien Ma and William Adams, *In Line Behind a Billion People: How Scarcity Will Define China's Ascent in the Next Decade* (Upper Saddle River, NJ: FT Press, 2014)]。

29. 《重建中国城市形态》（Lu, *Remaking Chinese Urban Form*, 10）。

30. 《中国的环境挑战》[Judith Shapiro, *China's Environmental Challenges* (New York: John Wiley, 2016)]。

31. 非常有必要注意到，毛泽东对于环境的态度并不是全然来自于社会主义的意识形态。朱迪思·夏皮罗（Judith Shapiro）认为，在某种程度上，他的观念体现出"一种根源于传统儒家文化的哲学和行为倾向的极端形态"（同上，第8页）。2001年，夏皮罗发表了《与天奋斗：革命年代中国的政治与环境》[*Mao's War Against Nature: Politics and the Environment in Revolutionary China* (Cambridge: Cambridge University Press)]。

32. "偏斜的话语体系：构建中国南水北调项目的政治"，《水资源方案》[Britt Crow-Miller, "Discourses of Deflection: The Politics of Framing China's South-North Water Transfer Project," *Water Alternatives* 8, no. 2 (2015): 180]。

33. 《经济学人》，"中国已建成世界上最大的调水工程"（*The Economist*, "China Has Built the World's Largest Water-Diversion Project," April 5, 2018, www.economist.com/china/2018/04/05/china-has-built-the-worlds-largest-water-diversion-project）。

34. "偏斜的话语体系"（Crow-Miller, "Discourses of Deflection," 180）。

35. 《中国的环境管理与生态文明》（Jiahua Pan, *China's Environmental Governing and Ecological Civilization* (Heidelberg: Springer-Verlag, 2016)）。

36. 1982年，叶谦吉的博士学位论文《生态农业——我国农业的一次绿色革命》由重庆出版社出版，题目为《生态农业：农业的未来》。

37. 叶谦吉被引用于"如何在人类世建设'美丽中国'，生态文明的政治话语和学术讨论"，《中国政治科学期刊》[Maurizio Marinelli in "How to Build a 'Beautiful China' in the Anthropocene. The Political Discourse and the Intellectual Debate on Ecological Civilization," Journal of Chinese Political Science (February 22, 2018): 9]。

38. "项目主导政策：各个尺度下水的城市主义"，《东部水的城市主义》[Kongjian Yu, "Projects Leading Policy: Water Urbanism Across Scales," in *Water Urbanism East*, ed. Kelly Shannon and Bruno De Meulder (Zurich: Park Books, 2013)]。

39. "中国北京城市扩张规划的消极路径"，《环境规划与管理杂志》[Kongjian Yu, Sisi Wand, and Dihua Li, "The Negative Approach to Urban Growth Planning of Beijing, China," *Journal of Environmental Planning and Management* 54, no. 9 (2012): 1209–1236]。

40. "如何在人类世建设'美丽中国'"（Marinelli, "How to Build a 'Beautiful China' in the Anthropocene," 15）。

41. 美国景观设计师协会，微山湖湿地公园提案[America Society of Landscape Architects (ASLA), Weishan Wetland Park submission (2015), www.asla.org/2015awards/96363.html]。

42. "山东微山湖湿地公园"，《景观建筑前沿》[Lian Tao, "Weishan Lake National Park, Shandong," *Landscape Architecture Frontier* 4, no. 3 (2016)]。

43. 《中国的环境管理与生态文明》（Pan, *China's Environmental Governing and Ecological Civilization*）。

44. 联合国环境署，"绿水青山就是金山银山：中国生态文明的战略与行动"（United Nations Environment Programme, "Green Is Gold: The Strategy and Actions of China's Ecological Civilization," May

26, 2016, https://reliefweb.int/report/china/green-gold-strategy-and-actions-chinasecological-civilization）。

45. 《适应气候变化的政治经济学》[Marcus Taylor, *The Political Ecology of Climate Change Adaptation*（New York: Routledge, 2014）]。

第 26 章

本篇题目引自麦克哈格于 1970 年 4 月 22 日首个地球日的公开开幕讲话。"数千人集会参加地球日活动"，《宾夕法尼亚日报》（Jonathan B. Talmadge, "Thousands Gather for Earth Day Activities," *Daily Pennsylvanian*, April 23, 1970）。

1. 麦克哈格先是在爱丁堡艺术学院开设这些课程，并在之后数年中在此讲学。十门课程中有七门课保留有带注释的讲稿与课程安排；请参见宾夕法尼亚大学建筑档案馆伊恩·麦克哈格藏品（Ian McHarg Collection, The Architectural Archives, University of Pennsylvania（call #: 109.I.B.1.18））。

2. "论理解土地运作的方式"，《宾夕法尼亚报》[Marshall Ledger, "On Getting the Lay of the Land," *Pennsylvania Gazette* 85, no. 4（February 1987）, 35]。

3. 同上，第 34 页。

4. 关于麦克哈格对其青少年时代和教育经历的自述，请参见《设计结合自然》[Ian L. McHarg, *Design with Nature*（Garden City, NY: Doubleday / Natural History Press, 1969）]；和《生命的探索》[Ian L. McHarg, *A Quest for Life*（New York: John Wiley, 1996）]。在他的正式出生登记上，他是以他的父亲命名为约翰·伦诺斯（John Lennox）。他的家人应当是很早就使用了这个名字的盖尔语变体 Ian。作者得自苏格兰总登记处的出生登记条目摘录（Extract of an entry from the Register of Births in Scotland, obtained by author from the General Register Office of Scotland, August 2018）。

5. 《生命的探索》（麦克哈格, *Quest for Life*, 63–64）。

6. 同上，第 77 页。

7. "费城疗法：用青霉素而非外科手术清洁贫民窟"，《建筑学论坛》["The Philadelphia Cure: Clearing Slums with Penicillin, not Surgery," *Architectural Forum* 96, no. 4（April 1952）: 112–119]。

8. "（费城）建筑影响在减弱"，《费城调查者报》[Thomas Hine, "[Philadelphia] Influence in Architecture on the Decline," *Philadelphia Inquirer*, September 7, 1980, M1-2]。

9. 丹尼斯·斯科特·布朗（Denise Scott Brown）同作者的谈话（Denise Scott Brown, conversation with the author, December 2, 2018）。关于斯科特·布朗对其经历的自述，请参见"知天命之年的城市设计：个人观点"，《城市设计》[Denise Scott Brown, "Urban Design at Fifty: A Personal View," in *Urban Design*, ed. A. Krieger and W. Saunders（Minneapolis: University of Minnesota Press, 2009）, 61–87]。

10. 莫里斯和斯蒂德曼均参加了麦克哈格在爱丁堡艺术学院开设的课程。《生命的探索》（McHarg, *Quest for Life*, 112）。英国学生杰拉尔德·M. 科普（Gerald M. Cope）也受麦克哈格课程宣传的吸引而来，他后来于 1957 年毕业于宾夕法尼亚大学。"论理解土地运作的方式"（Marshall Ledger, "On Getting the Lay of the Land," 36）。

11. "走向新景观：现代庭院住房与 Ian 麦克哈格的城市主义"，《规划史期刊》[Kathleen John-Alder, "Toward a New Landscape: Modern Courtyard Housing and Ian 麦克哈格's Urbanism," *Journal of Planning History* 13, no. 3（August 2014）: 187–206]。

12. "卡尔·林：为和平、社会正义、公地与社区服务的景观设计师"，丽莎·鲁本斯（Lisa Rubens）在 2003、2004 年的采访[Karl Linn, "Karl Linn: Landscape Architect in Service of Peace, Social Justice, Commons, and Community," interview by Lisa Rubens in 2003 and 2004（Berkeley, CA: Oral History Center, Bancroft Library, University of California, Berkeley, 2005）, 79]。

13. 描述麦克哈格在环保主义背景下的成长，请参见"伊恩·麦克哈格、景观设计与环境主义：相互贯彻的思想与方法"，《环境主义与景观设计》[Anne Whiston Spirn, "Ian McHarg, Landscape Architecture, and Environmentalism: Ideas and Methods in Context," in *Environmentalism and Landscape Architecture*, ed. M. Conan

（Washington, DC: Dumbarton Oaks, 2000），97–114]。

14. "景观设计生态学方法"，《景观建筑》[Ian L. McHarg, "An Ecological Method for Landscape Architecture," *Landscape Architecture* 57, no. 2（January 1967）: 105–107]。

15. 宾夕法尼亚大学建筑档案馆伊恩和卡罗尔·麦克哈格藏品，伊恩·麦克哈格的 1969 年记事簿[McHarg's datebook for 1969, Ian and Carol Mc Harg Collection, The Architectural Archives, University of Pennsylvania（call #: 365. Ⅱ .2）]。

16. 麦克哈格在《设计结合自然》25 周年版的序言中，提到了一门名为"城市生态学"（Ecology of the City）的指导课程，称之为《设计结合自然》所采用的重要二手文献。《设计结合自然》[Ian L. McHarg, *Design with Nature*（New York: John Wiley, 1992），iii–vi]。

17. 《每日广播电视》（*Radio-Television Daily*, New York, January 17, 1961）。

18. "艺术家、教师尤金·费尔德曼讣告，享年 54 岁"，《费城调查者报》[Edgar Williams, "Eugene Feldman, 54; Artist and Teacher"（obituary），*Philadelphia Inquirer*, September 27, 1975]。

19. 作者想要感谢美国纽约自然历史博物馆资深研究服务图书馆员梅·赖特迈尔（Mai Reitmeyer）为本书封面图片确认其来源和历史。

20. 自然历史出版社编辑苏珊·麦克米伦（Susan McMillan）被引用于《纽约时报》（*New York Times*, March 28, 1970）。

21. "人威胁到大自然母亲（《设计结合自然》书评）"，《亚特兰大宪报》[Charles Duncan, "Man Threatens Mother Nature"（book review of *Design with Nature*），*Atlanta Constitution*, August 17, 1969]。

22. "三万人齐聚费尔芒特公园纪念地球日"，《费城调查者报》（Beth Gillin et al., "30,000 Mark Earth Day at Fairmount Park Rally," *Philadelphia Inquirer*, April 23, 1970）。

23. "地球周集会号召人类停止破坏环境"，《宾夕法尼亚日报》（Maurice Obstfeld, "Earth Week Gathering Calls for Human Race to End Destruction of Environment," *Daily Pennsylvanian*, April 22, 1970）。

24. "这位城市规划师住在农场"，《费城调查者报》（Maralyn Lois Polak, "This City Planner Lives on a Farm," *Philadelphia Inquirer*, March 23, 1980）。

25. 《生命的探索》（McHarg, *Quest for Life*, 112）。

项目相关方

12.1 绿色长城
（Great Green Wall）

合作者包括：萨赫勒干旱控制国际常设委员会（Permanent Inter-State Committee for Drought Control in the Sahel, CILSS）；欧盟（简称 EU）；联合国粮食及农业组织（简称 FAO）；全球环境基金（简称 GEF）；联合国防治荒漠化公约（简称 UNCCD）；国际自然保护联盟（简称 IUCN-PACO）；撒哈拉和萨赫勒观测所（简称 OSS）和世界银行集团（简称 WBG）。

12.2 黄石育空
（Yellowstone to Yukon）

黄石育空地区保护计划这一非营利机构由加拿大和美国共同创立，致力于保证该地区的长期生态健康。

12.3 生态安全
（Ecological Secutiry）

Kongjian Yu 俞孔坚，北京大学景观设计研究生院；Dihua Li 李迪华，北京大学；Zhifang Wang 王志芳，北京大学；Liyan Xu 许立言，北京大学；Xili Han 韩西丽，北京大学；Hailong Liu 刘海龙，清华大学；Lei Zhang 张蕾，天津大学；Xuesong Xi 奚雪松，中国农业大学；Sisi Wang 王思思，北京建筑大学；Hailong Li 李海龙，中国城市科学研究会；Bo Li 李博，中南大学；和 Bo Luan 栾博，北京大学。

12.4 马尔派
（Malpai）

马尔派边境组织是一家由土地所有者组成的非营利机构，其任务是管理将近 404685 公顷相对完整的景观的生态系统。请参见 www.malpaiborderlandsgroup.org/。

12.5 桑伯贾·莱斯塔里
（Samboja Lestari）

威利·斯米茨博士和婆罗洲红毛猩猩生存 [the Borneo Orangutan Survival（BOS）Foundation] 基金会。BOS 基金会这一非营利机构的任务是与当地社区、印度尼西亚林业部还有国际伙伴组织合作，共同保护婆罗洲红毛猩猩及其栖息地。BOS 基金会在印度尼西亚其他地区也开展工作。

12.6 怀希基岛
（Waiheke）

基金会项目 - 奥克兰市议会区规划，豪拉基湾岛地区：由奥克兰议会海上和乡村规划团队为奥克兰市议会筹备；负责景观设计工作的有巴里·凯（Barry Kaye）、尼尔·拉斯穆森（Neil Rasmussen）、马修·费里（Matthew Feary）、简·詹宁斯（Jane Jennings）以及 DJScott 有限合伙公司；勘测员和规划师来自 A. B. 马修斯（A. B. Matthews）与合伙人。

项目 1 教堂湾（Church Bay）和项目 2 西怀希基岛灌木景观区（Bush Landscape Lot, Western Wailheke Island）：由来自 DJScott 有限合伙公司的景观设计师以及工程师和规划师贝卡、卡特、霍林斯以及费尔纳（Beca、Carter、Hollings & Ferner）为尼克和安妮特·约翰斯通（Nick & Annette Johnstone）筹备。

项目 3 公园点和项目 4 索道湾：由来自 DJScott 有限合伙公司的景观设计师、来自 A. B. 马修斯与合伙人的勘测员和规划师，还有来自 TSE 集团有限公司的工程师为沃尔特和克丽·蒂奇纳（Walter & Kerry Titchener）筹备。

项目 5 怀赫科：由来自 DJScott 有限合伙公司的景观设计师和资源规划师，还有来自 TSE 集团有限公司的工程师为怀希基岛沿海地产有限公司筹备。

DJScott 有限合伙公司的景观设计和资源规划团队成员包括丹尼斯·斯科特（Dennis Scott）、洛根·安德森（Logan Anderson）、梅甘·穆尔斯（Megan Moors）、格伦·梅（Glen May）、格兰特·尼波恩（Grant Kneebone）和斯科特·卡梅伦（Scott Cameron）。其他杰出的项目参与者有：负责生态方面工作的查尔斯·米歇尔有限合伙公司（Charles Mitchell Associates Ltd.）；负责考古方面工作的 Architage 有限公司和罗德·克拉夫合伙公司（Rod Clough Associates）；负责岩土工程的巴比奇咨询有限公司（Babbage

Consultant Ltd.），以及负责交通工程的交通设计集团有限公司。执行项目计划的主要承包商有：承包了土木建筑工作的怀希基承包商有限公司（Waiheke Contractors Ltd.），以及承包了绿色输入、乡村设计还有重新植被工作的阿瓦鲁阿苗圃（Awarua Nurseries）。

13.1 大 U 形
（The Big U）
比亚克·英厄尔斯集团（Bjarke Ingels Group, BIG）；壹：建筑与都市设计规划公司（One Architecture & Urbanism, ONE）；Starr Whitehouse 景观建筑与规划；詹姆斯·利马规划与发展（James Lima Planning and Development, JLP+D）；Level 基础设施咨询公司，BuroHappold 工程咨询公司，Arcadis 设计与咨询公司，绿盾生态（Green Shield Ecology）和 AE 咨询。

13.2 新城市地面
（A New Urban Ground）
DLAND 工作室 / 建筑研究办公室。

13.3 高地手指
（Fingers of High Ground）
"沿海韧性结构"倡议的构想者兼组织人是普林斯顿大学的建筑学教授盖伊·诺登森（Guy Nordenson）。宾夕法尼亚大学的团队由阿努拉达·马图尔（Anuradha Mathur）和迪利普·达·库尼亚（Dilip da Cunha）领导，团队成员包括凯特琳·斯奎尔-罗珀（Caitlin Squier-Roper）、杰米·科明斯基（Jamee Kominsky），格雷厄姆·莱尔德·普伦蒂斯（Graham Laird Prentice）和马修·J. 威纳（Matthew J.

Wiener），此外迈克尔·坦塔拉（Michael Tantala）和朱莉娅·查普曼（Julia Chapman）也提供了帮助。请参见 http://structuresofcoastalresilience.org。

13.4 沙动力
（Zandmotor）
沙动力这一项目由基础设施和环境部监管，在欧洲区域发展基金的支持下得以实施。请参见 www.dezandmotor.nl/en/。

13.5 能源奥德赛 -2050
（2050—An Engergy Odyssey）
能源奥德赛 -2050 是 2016 鹿特丹国际建筑双年展（简称 IABR）"下一个经济模式"的委托作品。这一概念来自马尔滕·哈耶尔（Maarten Hajer）和迪尔克·赛蒙斯（Dirk Sijmons），由 Tungstenpro、H+N+S 设计事务所，Ecofys 公司与荷兰经济事务部，壳牌，鹿特丹港与范·奥德（Van Oord）合作实施。

14.1 健康港口的未来
（Healthy Port Future）
这一项目在五大湖保护基金慷慨的资金支持下得以实施。康奈尔大学，宾夕法尼亚大学，纽约州立大学布法罗分校和明尼苏达大学的圣安东尼瀑布实验室也提供了辅助性的支持。这一项目在初始阶段曾与明尼苏达的挖泥船节五大湖活动合作，并由挖泥船研究协会组织。挖泥船研究协会的成员有：奥本大学（Auburn University）的罗布·霍姆斯、罗得岛设计学院（RhodeIsland School of Design）的蒂姆·马利（Tim Maly）、加利福尼亚大学戴维斯分校

（University of California at Davis）的布雷特·米利根（Brett Milligan）、SCAPE 景观设计（SCAPE Landscape Architecture）的吉纳·沃思（Gena Wirth）、康奈尔大学（Cornell University）的布赖恩·戴维斯、宾夕法尼亚大学的肖恩·伯克霍尔德（Sean Burkholder）和多伦多大学的贾丝廷·霍尔兹曼（Justine Holzman）。项目团队的成员有：宾夕法尼亚大学的肖恩·伯克霍尔德、康奈尔大学的布赖恩·戴维斯和特里萨·鲁斯威克（Theresa Ruswick）、明尼苏达大学的金伯利·希尔（Kimberly Hill）和杰弗里·马尔（Jeffrey Marr）、密歇根航空（Michigan Aerospace）的马修·J. 刘易斯（Matthew J. Lewis），Anchor QEA 公司的的沃尔特·迪尼科拉（Walter Dinicola）、内森·霍利迪（Nathan Holiday）和马修·亨德森（Matthew Henderson）、USGS 五大湖科学中心（USGS Great Lakes Science Center）的杰夫·谢弗（Jeff Schaeffer）、五大湖委员会的戴维·奈特（David Knight），以及哈佛大学设计研究生院的马修·莫菲特（Matthew Moffitt）。

14.2 给河流空间
（Room for the River）
这一项目由基础设施和水管理部 / 公共工程和水管理总司监管，由十九家不同的实体合作开展。请参见 www.roomfortheriver.com/。

14.3 洛杉矶
（Los Angeles）
OLIN 公司：劳里·奥林、理查德·罗克（Richard Roark）、杰茜卡·亨森（Jessica Henson）、安德鲁·多布辛

斯基（Andrew Dobshinsky）、内特·伍滕（Nate Wooten）、迈克尔·米勒（Michael Miller）、乔安娜·卡拉曼（Joanna Karaman）、AJ·苏斯（AJ Sus）、戴安娜·吉（Diana Jih）、戴维·安布鲁斯特（David Armbruster）、丹妮尔·托罗尼（Danielle Toronyi）。盖里建筑事务所（Gehry Partners）：弗兰克·盖里（Frank Gehry）、竹森天正（Tensho Takemori）、米根·劳埃德（Meaghan Lloyd）。Geosyntec咨询：马克·汉纳（Mark Hanna）、艾尔·普雷斯顿（Al Preston）。外展服务：River LA。客户：洛杉矶县公共工程。

14.4 微山
（Wei Shan）

客户/所有者：山东微山湖湿地投资有限公司。摄影：AECOM。AECOM团队：Qindong Liang, Lian Tao, Yan Hu, Heng Ju, Yi Lee, Jin Zhou, Enrique Mateo, Xiaodan Daisy Liu, JiRong Gu, Li Zoe Zhang, YinYan Wang, Yan Lucy Jin, Kun Wu, Qijie Huang, Jing Wang, Ming Jiang, Danhua Zhang, Junjun Xu, Shouling Chen, Gufeng Zhao, Benjamin Fisher, FanYe Wang, Shuiming Rao, Changxia Li, 唐纳德·约翰逊（Donald Johnson）、阿格尼丝·索赫（Agnes Soh）。承包商：上海浦东机械设备成套（集团）有限公司。湿地咨询：山东省环境保护科学研究设计院。雕塑咨询：UAP。

14.5 费城绿色计划
（GreenPlan Philadelphia）

管理集团/客户集团：费尔芒特公园委员会；管理总长办公室；商业部；可持续性市长办公室；费城规划委员会；费城水务局；费城娱乐部；分区代码委员会。咨询：WRT公司；城市公园卓越中心，公共土地信托；Evergreen资本顾问公司；SK设计工程公司；Nitsch工程；AIA的詹姆斯·S.罗素（James S. Russell）；宾夕法尼亚园艺协会；西宾夕法尼亚保护协会。资方：费城市；宾夕法尼亚保护和自然资源部；威廉·佩恩基金会（William Penn Foundation）；美国国家森林局；艾索伦旗下的PECO公司。

15.1 埃姆歇
（Emscher）

德国国际建筑展（简称IBA）始于1901年。有关埃姆歇景观公园的构想由IBA在1989至1999年间提出。请参见www.open-iba.de/en/。埃姆歇景观公园现由一家地区性的乡镇和县的协会——鲁尔地区协会（简称RVR）管理。

15.2 斯泰普尔顿
（Stapleton）

斯特普尔顿再开发规划：库珀·罗伯茨（Cooper Robertson）负责总体规划；奇维塔斯（Civitas）公司负责开放空间和公园规划；温克（Wenk）合伙公司负责风暴降水规划；须芒草公司负责生态规划。实行：Calthorpe合伙公司负责社区规划；EDAW负责街道和第一阶段公园设计；奇维塔斯公司负责街道和第二阶段公园设计；Dig工作室负责街道和第二阶段公园设计。

15.3 淡水溪
（Freshkills）

项目牵头、景观建筑和城市设计：詹姆斯·科纳建筑事务所。咨询团队：AKRF；应用生态服务公司；奥雅纳（Arup）；Biohabitats公司；BKSK建筑师；Brandston合伙公司；Jacobs（原CH2M Hill）；丹尼尔·法兰克福（Daniel Frankfurt）；Faithful + Gould；Geosyntec；HAKS；汉密尔顿、拉比诺维&阿尔舒勒（Hamilton, Rabinovize & Alschuler）；兰根（Langan）；L'Observatoire国际（L'Observatoire International）；菲利普·哈比特与合伙人（Philip Habit and Associates）；Project Projects；罗杰斯勘测（Rogers Surveying）；塞奇&库姆建筑事务所（Sage & Coombe Architects）；理查德·林奇（Richard Lynch，生态学家），Sanna & Loccisano建筑事务所（Sanna & Loccisano Architects，催料员）。

15.4 伊丽莎白女王奥运公园
（Q. E. Olympic Park）

项目牵头，总体规划和景观建筑：哈格里夫斯联合公司（Hargreaves Associates）。首席咨询，总体规划和景观建筑：LDA设计。生态学家：彼得·谢泼德（Peter Shepherd）博士。草地园艺：奈杰尔·邓尼特（Nigel Dunnet）博士和詹姆斯·希契莫（James Hitchmough）博士。南部公园花园植物设计：萨拉·普赖斯（Sarah Price）景观。北部公园工程：Atkins。南部公园工程：奥雅纳。可持续性评估：国家房屋建筑委员会。景观维护和管理规划：ETM合伙公司。灯光设计：Sutton Vane合伙公司。灌溉设计：Waterwise方案。土壤科学家：蒂姆·奥黑尔合伙公司（Tim O'Hare Associates Ltd.）。

16.1 巴塞罗那
（Barcelona）

巴塞罗那大都会区的土地镶嵌（Mosaico territorial para la region metropolitana de Barcelona）：巴塞罗那城市区域规划是由哈佛大学的理查德·福曼教授和他的巴塞罗纳团队西托·阿拉孔（Sito Alarcon）、马克·蒙特略（Marc Montlleo）、泽维尔·梅厄（Xavier Mayor），以及伊娃·塞拉（Eva Serra）一同为市长霍安·克洛斯（Joan Clos）和总建筑师约瑟普·阿塞比洛（Josep Acebillo）打造的。2000年11月和2001年4月召开预备会议后，这一规划在从2001年6月到2002年9月的十五个月内得以完成。在经由翻译后，这一完成的规划由理查德·T. T. 福曼以《巴塞罗那大都会区的土地镶嵌》（*Mosaico Territorial Para la Region Metropolitana de Barcelona*，巴塞罗那：Gustavo Gili，2004年）为题出版。而2010年的"巴塞罗那大都会地区城市领土规划"则由领土政治和工作部的加泰罗尼亚政府（Generalitat de Catalunya）打造。

16.2 麦德林（多个项目）
（Medellin）

BIO 2030：麦德林总体规划，阿布拉谷。一个我们可以共同实现的梦想。麦德林市长办公室，阿布拉谷和Urbam EAFIT，请参见 www.eafit.edu.co/centros/urbam/articulos-publicaciones/SiteAssets/Paginas/bio-2030-publicacion/urbameafit2011%20bio2030.pdf。

移动地面/麦德林：汉诺威莱布尼茨大学景观设计研究所项目团队：克里斯蒂安·韦特曼（Christian Werthmann）、约瑟夫·克莱格霍恩（Joseph Claghorn）、尼古拉斯·博纳尔（Nicholas Bonard）、弗洛里安·德彭布罗克（Florian Depenbrock）、马里亚姆·费尔哈特（Mariam Farhat）、城市与环境研究中心（Urbam）/麦德林大学 EAFIT（行政学院，金融与技术学院）：亚历杭德罗·埃切韦里（Alejandro Echeverri）、弗朗切斯科·马里亚·奥尔西尼（Francesco María Orsini）、胡安·塞巴斯蒂安·布斯塔曼特·费尔南德斯（Juan Sebastian Bustamante Fernández）、安娜·埃尔薇拉·贝莱斯·比利亚（Ana Elvira Vélez Villa）、伊莎贝尔·巴松布里奥（Isabel Basombrío）、黛安娜·玛塞拉·林孔·布伊特拉戈（Diana Marcela Rincón Buitrago）、胡安·巴勃罗·奥斯皮纳（Juan Pablo Ospina）、安娜·马尼亚（Anna Manea）、达尼埃拉·杜克（Daniela Duque）、安赫拉·杜克（Ángela Duque）、西蒙·阿瓦德（Simón Abad）、利娜·罗哈斯（Lina Rojas）、玛雅·沃德-卡雷特（Maya Ward-Karet）、圣地亚哥·奥尔韦亚·塞瓦略斯（Santiago Orbea Cevallos）；哈佛大学设计研究生院：艾斯琳·奥卡罗尔（Aisling O'Carroll）、康纳·奥谢（Conor O'Shea）。
订约当局：麦德林市市政规划局。
合作伙伴：CIPAV 基金会、苏马帕兹基金会（Fundacion Sumapaz）、阿尼瓦尔·加维里亚·科雷亚（Aníbal Gaviria Correa）、豪尔赫·佩雷斯·哈拉米略（Jorge Pérez Jaramillo）、胡安·曼努埃尔·帕蒂尼奥·M.（Juan Manuel Patiño M.）、保拉·安德烈亚·洛佩斯·P.（Paola Andrea López P.）、塞尔希奥·马里奥·哈拉米略·V.（Sergio Mario Jaramillo V.）、戴维·埃米利奥·雷斯特雷波·C.（David Emilio Restrepo C.）、马里奥·弗洛雷斯（Mario Flores）、约翰·库亚塔斯（John Cuartas）、玛丽亚·罗伊亚·N.（Mardra Roía N.）。
参与项目专家：伊娃·哈克（Eva Hacker，土壤生物工程）；马尔科·甘博亚（Marco Gamboa，地质学）；米歇尔·赫尔梅林（Michel Hermelin，地质学）；伊万·伦登（Iván Rendon，社会学）；塔蒂亚娜·苏卢阿加（Tatiana Zuluaga，城市规划学）。持续时间，2011 年至今。

麦德林河公园（*Medellin River Parks*）：建筑设计：蒙萨尔韦·塞瓦斯蒂安（Sebastián Monsalve）、胡安·戴维·奥约斯（Juan David Hoyos）；设计团队：奥斯曼·马林（Osman Marín）、路易斯·亚历杭德罗·希门尼斯（Luis Alejandro Jiménez）、安德烈斯·圣地亚哥·法哈多（Andrés Santiago Fajardo）、塞瓦斯蒂安·冈萨雷斯（Sebastián González）、胡安·迭戈·马丁内斯（Juan Diego Martínez）、玛丽亚·克拉拉·特鲁希略（Maria Clara Trujillo）、亚历杭德罗·巴尔加斯（Alejandro Vargas）、卡罗琳娜·苏卢阿加（Carolina Zuluaga）、丹尼尔·苏卢阿加（Daniel Zuluaga）、萨拉·帕里斯（Sara París）、丹尼尔·贝尔特兰（Daniel Beltrán）、丹尼尔·费利佩·苏卢阿加（Daniel Felipe Zuluaga）、戴维·卡斯塔涅达（David Castañeda）、亚历杭德罗·洛佩斯（Alejandro López）、

戴维·梅萨（David Mesa）、安德烈斯·贝拉斯克斯（Andrés Velásquez）、胡安·卡米洛·索利斯（Juan Camilo Solís）、梅利莎·奥尔特加（Melissa Ortega）、D. 戴维·埃尔南德斯·德尔瓦莱（D. David Hernández del Valle）；景观设计：尼古拉斯·赫尔梅林（Nicolás Hermelín）；摄影：亚历杭德罗·阿朗戈·埃斯科瓦尔（Alejandro Arango Escobar）、塞瓦斯蒂安·冈萨雷斯·博利瓦尔（Sebastián González Bolívar）；工程团队：Consorcio EDL；建造工人团队：吉诺瓦特西班牙工程服务公司，OHL 建筑集团（Guinovart Obras y Servicios Hispania S.A. Grupo OHL Construcción）；建造监督团队：综合财团 - 跨设计（El Consorcio integral—Interdiseños）；设计审计团队：巴特曼工程公司（Bateman Ingeniería S.A.）；麦德林市政厅：阿尼瓦尔·加维里亚·（Aníbal Gaviria）；麦德林规划行政管理部主任：豪尔赫·阿尔韦托·佩雷斯·哈拉米略（Jorge Alberto Pérez Jaramillo）；麦德林河公园管理：安东尼奥·巴尔加斯·德尔瓦莱（Antonio Vargas del Valle）。

16.3　威拉米特
（Willamette）

《威拉米特河流域规划图册》（*WRB Planning Atlas*）节录的贡献者：戴夫·赫尔斯（Dave Hulse）、斯坦·格雷戈里（Stan Gregory）、霍安·贝克（Joan Baker）、艾伦·布兰斯科姆（Allan Branscomb）、克里斯·恩赖特（Chris Enright）、戴维·迪特黑尔姆（David Diethelm）、狄克逊·兰德斯（Dixon Landers）、琳达·阿施克纳西（Linda Ashkenas）、道格·奥特（Doug Oetter）、葆拉·迈尼尔（Paula Minear）、兰迪·怀尔德曼（Randy Wildman）、凯莉·怀尔德曼（Kelly Wildman）、约翰·克里斯蒂（John Christy）、青木美子（Mieko Aoki）、沃伦·科恩（Warren Cohen）。这一项目获得了美国环境保护署、俄勒冈州立大学和俄勒冈大学的资助。

16.4　前海
（Qianhai）

前海水城赛后设计和规划阶段。客户：深圳市前海深港现代服务业合作区管理局。团队：詹姆斯·科纳建筑事务所；筑博设计集团有限公司；标赫国际（香港）有限公司；清华城市规划设计研究院；珠江水利研究所。

桂湾河水廊道公园设计。客户：深圳市前海开发投资控股有限公司。

团队：詹姆斯·科纳建筑事务所；上海景观设计研究院。

16.5　憧憬犹他
（Envision Utah）

初步规划由 Calthorpe 合伙公司的城市设计师、规划师、建筑师牵头，其他来自 Fregonese Calthorpe 合伙公司的人员和 QGET（全称质量增长效率工具）技术委员会也参与其中。更多有关发展的资讯请参见 www.envisionutah.org/ 和 https://yourutahyourfuture.org。

索引

1. 索引页码为英文版原书页码，已作为边码附于文中两侧。
2. 页码中的斜体表示图片或表格中的词语。

编辑和作者简介

编辑

比利 · 弗莱明
（Billy Fleming）

阿肯色大学景观建筑学士、奥斯汀市得克萨斯大学社区和区域规划硕士、宾夕法尼亚大学城市和区域规划博士。现任宾夕法尼亚大学斯图尔特 · 韦茨曼设计学院伊恩 · 麦克哈格中心主任，获威尔克斯家族（Wilks Family）基金支持。与他人合著了《为不可分割组织制定的不可分割指南》（Indivisible Guide for Indivisible），该组织是一个具有进步性的基层动员非政府组织。还与他人共同创立了数据避难所（Data Refuge），一个保存重要环境数据的国际联盟。奥巴马总统执政期间，曾在白宫国内政策委员会负责城市政策制定工作。作品曾在《卫报》（The Guardian）、《休斯敦纪事报》（the Houston Chronicle）、《景观期刊》（Landscape Journal）、《美国规划协会期刊》（the Journal of the American Planning Association）和《景观建筑期刊》（the Journal of Landscape Architecture）上发表。所著的《逐渐沉没的城市：美国沿海地区适应性变化的本质和背后的政治》将由宾夕法尼亚大学出版社出版。

卡伦 · 麦克洛斯基
（Karen M' Closkey）

宾夕法尼亚大学景观建筑学副教授，PEG 景观与建筑工作室（PEG office of landscape + architecture）联合创始人，该工作室总部设在费城，是一家屡获殊荣的设计与研究机构。不久前，麦克洛斯基领导宾夕法尼亚大学斯图尔特 · 韦茨曼设计学院团队（作为旧金山公司 Bionic 领导的大型团队的一部分）参与了"通过设计增强适应能力：旧金山湾区的挑战"计划。出版著作包括获得景观研究基金会颁发的 J. B. 杰克逊图书奖的《揭秘：哈格里夫斯合伙公司设计的景观》（Unearthed: the Landscapes of Hargreaves Associates）以及与基思 · 范德斯（Keith VanDerSys）合著的《动态模式：构想数字时代的景观》（Dynamic Patterns: Visualizing Landscapes in a Digital Age）。目前还担任 LA + SIMULATION 杂志的联合编辑，该杂志主要探讨技术如何影响当今各学科结合自然进行设计的方式。曾获 2012-2013 年度美国学院罗马景观建筑奖（American Acadmey in Rome Prize in Landscape Architecture）。

弗雷德里克 · 斯坦纳
（Frederick Steiner）

辛辛那提大学设计学士和社区规划硕士、宾夕法尼亚大学城市和区域规划硕士和博士、宾夕法尼亚大学区域规划硕士。现任宾夕法尼亚大学斯图尔特 · 韦茨曼设计学院院长、教授，伊恩 · 麦克哈格城市主义和生态学中心联合执行主任，获佩利（Paley）基金支持。曾任奥斯汀市得克萨斯大学建筑学院院长和亨利 · M · 罗克韦尔建筑系主任。曾在亚利桑那州立大学、华盛顿州立大学、丹佛市科罗拉多大学和清华大学任教。还担任美国学院罗马研究员，美国景观建筑师学会和景观建筑教育家委员会成员。共撰写、编辑或与他人联合编辑了 19 本著作，其中包括《制定计划：如何与景观、设计和城市环境互动》（Making Plans: How to Engage with Landscape, Design, and the Urban Environment）。

理查德 · 韦勒
（Richard Weller）

获马丁与玛姬 · 梅耶尔森（Martin and Margy Meyerson）基金支持的宾夕法尼亚大学城市主义系主任、景观建筑系教授兼系主任、麦克哈格城市主义和生态学中心联合执行主任。曾任 Room 4.1.3 设计公司董事、澳大利亚城市设计研究中心主任。目前还担任悉尼新南威尔士大学和佩斯西澳大利亚大学的兼职教授。曾获一系列设计奖项，已出版四本书并发表大量论文。2012 年，获得澳大利亚国家教学奖，2017 年和 2018 年，被誉为北美最受尊敬的老师之一。目前还担任景观建筑杂志 LA + 的创意总监和国际景观建筑师联合会顾问团成员。近期研究重点为全球范围内生物多样性与城市增长之间的冲突点。

作者

艾伦·M. 伯杰
（Alan M. Berger）

内布拉斯加林肯大学农业和园艺学学士，宾夕法尼亚大学硕士。获诺曼·B. 与缪丽尔·利文撒尔（Norman B. and Muriel Leventhal）基金支持，现担任麻省理工学院高级城市主义教授、P-REX 实验室创始主任、麻省理工学院诺曼·B. 与缪丽尔·利文撒尔高级城市主义中心联合主任。主要研究城市化与自然资源流失和垃圾增长之间的联系。著作包括《废弃景观：美国都市的荒地》《美国西部再开发》和《漫无边际的郊区》（与 Joel Kotkin 和 Celina Balderas Guzman 共同编辑）。目前还担任罗马美国学院研究员、奥斯陆建筑学院荣誉客座教授。

伊格纳西奥·F. 本斯特 – 奥萨
（Ignacio F. Bunster-Ossa）

洛布（Loeb）奖学金获得者，曾在哈佛大学从事环境研究。景观建筑师，过去 40 年来一直在各个地区和建筑工地从事城市环境建设。目前负责 AECOM 在美洲的景观建筑实践，重点专注在交通和防洪领域整合绿色基础设施。曾为巴拿马的巴拿马城大都会地区规划开放空间系统，设计了宾州伯利恒的钢铁之塔（SteelStacks）艺术和文化园区项目并获得了美国城市土地学会全球卓越奖和鲁迪·布鲁纳（Rudy Bruner）城市卓越金牌奖。著有《绿色基础设施：通过景观设计》[Green Infrastructure: A Landscape Approach，与戴维·劳斯（David Rouse）合著]和《重新认识伊恩·麦克哈格：城市生态的未来》（Reconsidering Ian McHarg: The Future of Urban Ecology）。

托马斯·坎帕内拉
（Thomas Campanella）

康奈尔大学风景园林硕士、麻省理工学院博士。现任康奈尔大学城市和区域研究项目主任、纽约市公园管理局聘用的驻地历史学家。曾获古根海姆、富布莱特和罗马奖奖学金。曾为《纽约时报》、《华尔街日报》、《石板书》（Slate）、《连线》（Wired）和《大西洋月刊》（The Atlantic's CityLab）下属的 CityLab 撰稿。著有《布鲁克林：曾经与未来的城市》（Brooklyn: The Once and Future City）、《天空之城：美国的空中肖像》（Cities from the Sky:An Aerial Portrait of America）、《水泥龙：中国的城市革命及其对世界的意义》（The Concrete Dragon: China's Urban Revolution and What It Means for the World）和获得 Spiro Kostof 奖的《阴影共和国：新英格兰和美国榆树》（Republic of Shade: New England and the American Elm）。

詹姆斯·科纳
（James Corner）

詹姆斯·科纳景观设计事务所创始人，在纽约、旧金山、费城、伦敦和深圳设有分部。项目作品包括备受赞誉的纽约高线空中花园、香港尖沙咀海滨和深圳前海新城。曾获众多建筑设计奖，包括国家设计奖（the National Design Award）和美国艺术与文学学院建筑奖（the American Academy of Arts and Letters Award in Architecture）。纽约现代艺术博物馆、库珀 - 休伊特国家设计博物馆（the Cooper-Hewitt Design Museum）、伦敦皇家艺术学院（the Royal Academy of Art in London）和威尼斯双年展（the Venice Biennale）都曾展出他的作品。著有《高线》（The High Line）、《景观想象力》（The Landscape Imagination）和《美国各地景观改革》（Taking Measures Across the American Landscape）。被《时代》（Time）杂志评选为十大最具影响力设计师之一，被《快公司》（Fast Company）杂志评为五十大创新者之一。现任宾夕法尼亚大学斯图尔特·韦茨曼设计学院名誉教授，自 1990 年以来一直在该学院任教，2000 年至 2013 年，担任学院教授和主任。

厄尔·C. 埃利斯
（Erle C. Ellis）

康奈尔大学生物学学士、植物生物学博士。现任巴尔的摩郡马里兰大学地理与环境系统教授，主管人为景观生态学实验室。主要研究人类景观的生态学，为人类世生物圈的可持续管理提供科学依据，并研究人类社会导致地球生态发生的长期变化。国际地层学委员会人类世间工作组成员，全球土地计划研究员，突破研究所资深研究员。著有《人类世简介》（Anthropocene: A Very Short Introduction）。

布莱恩·M. 埃文斯
（Brian M. Evans）

格拉斯哥艺术学院城市化和景观学教授。作为景观建筑和城市设计公司吉莱斯皮的合伙人，他的团队改变了格拉斯哥、爱丁堡和莫斯科等城市的公共空间，多次在国际比赛获胜，赢得多个奖项。已发表八十多篇论文，出版二十本书，其中包括《明日的建筑遗产：乡村建筑的景观环境》（Tomorrow's Architectural Heritage: The Landscape Settings of Buildings in the Countryside）和《意识的觉醒：环保意识如何改变观念和现

387

实》（*Growing Awareness: How Green Consciousness Can Change Perceptions and Places*）。他还是为联合国人居署所著的《用以城市为中心、以人为本的综合方式塑造新城市议程》（*Towards a City-Focused, People Centered and Integrated Approach to the New Urban Agenda for Un-Habitat*）的主要作者。与他人共同创立了英国城市主义学会，在其主管的格拉斯哥艺术学院格拉斯哥城市实验室设立了联合国欧洲经济委员会宪章卓越中心。2019 年，被任命为格拉斯哥城市规划专家。

乌尔苏拉·K. 海泽
（Ursula K. Heise）

美国加州大学洛杉矶分校英语系文学研究主任、环境与可持续性研究所主任，获马西娅·H. 霍华德（Marcia H. Howard）基金支持，还是 2011 年古根海姆奖学金获得者。重点研究领域包括美洲、西欧和日本的环境文学、艺术和文化；文学和科学；科幻小说；叙事理论。著有《时间裂缝：时间、叙事和后现代主义》（*Chronoschisms: Time, Narrative, and Postmodernism*）、《理解当地，理解地球：对全球的环境想象》（*Sense of Place and Sense of Planet: The Environmental Imagination of the Global*）、《顺应自然：物种与现代文化的灭绝》（*Nach der Natur: Das Artensterben und die modern Kultur*）及获得英国文学与科学学会 2017 年图书奖的《想象灭绝：濒临灭绝物种的文化意义》（*Imagining Extinction: The Culture Meanings of Endangered Species*）。与他人共同创立了加州大学洛杉矶分校环境叙事策略实验室（LENS）。

罗布·霍姆斯
（Rob Holmes）

圣约学院（Covenant College）哲学学士、弗吉尼亚理工大学景观建筑硕士，现任奥本大学景观建筑学助理教授，教授设计工作室和景观建筑学历史和理论。其具有创新性的研究专注基础设施设计、城市化和景观变化。与他人共同创办独立非营利组织—挖泥船研究协会，旨在通过出版书刊、举办挖泥船节系列活动和进行设计研究，从而改善对沉积物的设计和管理。赴奥本大学任教之前，曾在弗吉尼亚州从事景观建筑设计工作，并曾在佛罗里达州、弗吉尼亚州、路易斯安那州和俄亥俄州任教。

卡特勒恩·约翰 – 阿尔德
（Kathleen John-Alder）

奥柏林大学（Oberlin）文学学士、罗格斯大学（Rutgers）环境规划和景观建筑学士、宾夕法尼亚大学植物学硕士、耶鲁大学环境设计硕士，罗格斯大学景观建筑学院副教授。其论文已发表在《景观杂志》（*Landscape Journal*）、JoLA 杂志、《规划历史杂志》（*the Journal of Planning History*），《站点 / 线路》（*Site/Lines*）和《清单》（*Manifest*）中。作为一名景观园林师和学者，他的设计作品探索环境感知、表征和设计之间的相互作用，获得了范·艾伦（Van Alan）研究所、国家公园管理局和美国景观建筑师学会颁发的专业奖项。

尼娜 – 玛丽·E. 利斯特
（Nina-Marie E. Lister）

是多伦多瑞尔森大学（Ryerson University in Toronto）研究生项目主任、城市与区域规划副教授，在该校创立并主管生态设计实验室。曾任哈佛大学设计研究生院景观建筑学客座副教授。目前担任 plandform.com 的创始负责人，关注城市化地区、景观生态学和城市规划中自然和文化的融合。她还是《预警生态学》和《生态系统方法：复杂性、不确定性和可持续性管理》（*The Ecosystem Approach: Complexity, Uncertainty, and Managing for Sustainability*）的联合编辑，出版了多部著作。2016 年，她与皮埃尔·贝朗热（Pierre Bélanger）合作参与威尼斯建筑双年展，负责加拿大展览 EXTRACTION。为表彰她在生态设计领域展现的领导力，美国景观建筑师协会授予其荣誉会员身份。

阿努拉达·马图尔
（Anuradha Mathur）

建筑师和景观建筑师，宾夕法尼亚大学斯图尔特·韦茨曼设计学院景观建筑系教授。与迪利普·达·库尼亚合著了《密西西比比洪水：设计不断变化的景观》（*Mississippi Floods: Designing a Shifting Landscape*）、《穿越德干高原：班加罗尔地形形成史》（*Deccan Traverses: The Making of Bangalore's Terrain*）和《浸入其中：处在河口的孟买》（*Soak: Mumbai in an Estuary*）。二人还共同编辑了《水域地形中的设计》。2013-2014 年，她与迪利普·达·库尼亚（Dilip da Cunha）共同领导宾夕法尼亚大学设计团队参与沿海韧性结构设计项目，这是在弗吉尼亚潮水区诺福克进行的研究项目，得到了洛克菲勒基金会支持。2017 年，皮尤研究基金为她和迪利普·达·库尼亚提供资助，支持其所进行的设想建筑环境设计新的可能性，挑战土地和水、城市和农村、正式和非正式环境界限的设计。二人目前正在筹备名为"雨洋"的展览。

劳雷尔·麦克谢里
（Laurel McSherry）

弗吉尼亚理工大学华盛顿-亚历山大建筑中心景观园林学研究生项目主任、副教授，罗格斯大学和哈佛大学设计研究生院校友。曾获罗马美国学院颁发的1999年罗马景观建筑奖。曾任俄亥俄州立大学风景园林系主任、亚利桑那州立大学建筑与环境设计学院教职员工。作为公认的景观建筑领域视觉思想领袖，其设计作品斩获了众多奖项，并被广泛出版。2017-2018年度，获得格拉斯哥艺术学院富布赖特-苏格兰客座教授荣誉。

凯瑟琳·希维·努登松
（Catherine Seavitt Nordenson）

纽约城市学院景观建筑学副教授，建筑师和景观建筑师，毕业于库珀联盟学院和普林斯顿大学，罗马美国学院研究员，曾获富布赖特奖学金，资助其在巴西的研究。主要研究城市环境对气候变化的适应，以及公共空间和政策设计中政治力量、环境行动主义和公共卫生之间的互动。著有《沿海韧性结构》（*Structures of Coastal Resilience*）、《沉积物：罗伯托·布勒·马克思和独裁统治下的公共景观》（*Depositions: Roberto Burle Marx and Public Landscapes Under Dictatorship*）、《防水纽约》（*Waterproofing New York*）和《在水面上：木栅湾》（*On the Water: Palisade Bay*）。研究成果已发表在《艺术论坛》（*Artforum*）、《埃弗里评论》（*Avery Review*）、《哈佛设计杂志》（*Harvard Design Magazine*）、《JoLA》杂志、《LA+》《景观建筑杂志》（*Landscape Architecture Magazine*）和《Topos》等杂志上。

劳里·奥林
（Laurie Olin）

是当今景观建筑实践领域最著名的景观建筑师之一。在他的指导下，OLIN公司的许多标志性项目从愿景变为现实，包括华盛顿特区的华盛顿纪念碑广场、纽约市的科比公园和洛杉矶的盖蒂中心。近期作品包括为费城巴恩斯基金会提供的获奖设计，以及加利福尼亚库比蒂诺的苹果公园。目前担任宾夕法尼亚大学景观建筑学名誉教授，曾任哈佛大学景观建筑系主任。还是美国艺术与文学学院院士、美国景观建筑师学会会员，获得2012年国家艺术奖章和国家建筑博物馆的奖文森特·斯库利奖（Vincent Scully Prize）。

戴维·W.奥尔
（David W. Orr）

威斯敏斯特学院学士、密歇根州立大学硕士、宾夕法尼亚大学博士，现任奥伯林学院名誉教授、环境研究与政治学教授杰出教授，获保罗·西尔斯基金支持。著有八本书，包括《危险岁月：气候变化和长期的紧急状态》（*Dangerous Years: Climate Change and the Long Emergency*）和《最后关头：面对气候崩溃》（*Down to the Wire: Confronting Climate Collapse*），发表了220余篇论文，参与撰写了多部书籍章节，出版了多期专业刊物。曾担任多个基金会和组织的董事会成员或顾问，包括落基山研究院、生态开拓者组织（Bioneers）和阿尔多·莱奥波德基金会。目前还是科罗拉多州可持续发展联盟、儿童与自然网络以及世界观察研究所的信托人。

安德鲁·列夫金
（Andrew Revkin）

美国国家地理学会环境与科学新闻战略顾问及研究与探索执行委员会成员。所撰写的新闻报道获得诸多奖项，多数是在为《纽约时报》撰稿期间获得。目前正在努力为关注创新环境的新闻报道和传播争取更多资金和项目支持。曾获科学新闻领域的最高奖项，因不断取得新闻成就而获得哥伦比亚大学约翰·钱塞勒（John Chancellor）奖，还曾获得古根海姆奖学金。2010年至2016年，曾任佩斯大学教授环境博客写作和电影制作，曾是国际地层学委员会人类世工作组成员。著有三本关于气候变化的书，以及《燃烧的季节：奇科·门德斯谋杀案与亚马孙雨林之争》（*The Burning Season: The Murder of Chico Mendes and the Fight for the Amazon Rain Forest*）。

艾伦·W.希勒
（Allan W. Shearer）

普林斯顿大学文学艺术史学士，哈佛大学景观建筑硕士、文学硕士、博士。现任奥斯汀市得克萨斯大学建筑学院副教授、研究和技术副院长。主要研究与建筑环境有关问题，所从事研究拓展了概念框架并改进了基于情景的研究和实践的方法。重点关注可能导致国家、环境或人类安全问题的重大不确定因素。目前正在参与北约关于未来城市环境中军事行动的研究。与他人合著了《土地利用情景：发展造成的环境后果》（*Land Use Scenarios: The Environmental Consequences of Development*）

和《盖娅的复仇：气候变化与人类的损失》（*Gaia's Revenge: Climate Change and Humanity's Loss*）两书及多篇论文。

安妮·惠斯顿·斯本
（Anne Whiston Spirn）

麻省理工学院景观建筑和规划教授，获塞西尔和艾达·格林（Cecil and Ida Green）基金会支持。美国规划协会将其所著的《花岗岩公园：城市自然与人类设计》（*The Granite Garden: Urban Nature and Human Design*）一书列入 20 世纪最重要的 100 本书。该书掀起了生态城市主义运动。其他著作还包括《景观的语言》（*the Language of Landscape*）、《敢看》（*Daring to Look*）和《眼睛就是一扇门》（*The Eye Is a Door*）。自 1987 年以来，其一直负责西费城景观项目。这是一项旨在通过战略设计、规划和教育计划恢复自然和重建社区的行动研究计划（www.wplp.net）。因其"对自然与人类和谐共生的贡献"而获得日本 2001 年国际宇宙奖，还曾获得国际图书馆协会联合会颁发的 Geoffrey Jellicoe 奖和 2018 年"设计之心"国家设计奖。1986 年，接替伊恩·麦克哈格担任宾夕法尼亚大学景观建筑和区域规划系主任。

乔纳·萨斯坎德
（Jonah Susskind）

麻省理工学院城市研究和规划学院讲师，主要研究沿海地区韧性、场地环境规划和郊区土地用途调整。目前还担任诺曼·B.·利文撒尔（Norman B. Leventhal）高级城市主义中心助理研究员。所从事研究涵盖景观建筑和城市设计领域，包括大都市气候治理、后工业转型和区域野地管理。毕业于哈佛大学设计研究生院，获景观建筑学位，其毕业论文《从伍德沃德出发：规划美国铁锈地带的新增长》获得了彭尼·怀特（Penny White）奖和美国景观设计师协会荣誉证书。曾在《哈佛设计杂志》上发表文章，目前还是《树木都市主义：从分子到陆地》（*Wood Urbanism: From the Molecular toe the Territorial*）一书的供稿人之一。

达娜·汤姆林
（Dana Tomlin）

弗吉尼亚大学景观建筑学士、哈佛大学景观建筑硕士、耶鲁大学博士，现任宾夕法尼亚大学斯图尔特·韦茨曼设计学院景观建筑和区域规划教授、耶鲁大学林业和环境研究学院兼职教授。此前曾在俄亥俄州立大学自然资源学院和哈佛大学设计研究生院任教。主要研究地理信息系统。与他人共同创立了宾夕法尼亚大学制图建模实验室，撰写了《地理信息系统和制图建模》（*GIS and Cartographic Modeling*），创建了"Map Algebra"，并且是地理信息系统名人堂成员。是曾与伊恩·麦克哈格在地理空间信息技术方面合作最为紧密的人之一。

吉利恩·瓦利斯
（Jillian Walliss）

墨尔本大学景观理论和设计工作室高级讲师。主要研究技术、文化和当代设计实践之间的关系，研究成果广泛发表在多个学术杂志，包括《景观建筑杂志》（*Journal of Landscape Architecture*）、《空间与文化》（*Space and Culture*）、《环境与历史》（*Environment and History*）、《LA+》《博物馆与社会》（*Museum and Society*）、《建筑理论评论》（*Architecture Theory Review*）以及《澳大利亚研究杂志》（*Journal of Australian Studies*）。与海克·拉曼（Heike Rahmann）合著了《数字技术与景观建筑：重新理解设计与制作》（*Digital Technologies and Landscape Architecture: Re-Conceptualizing Design and Making*）。最近正在研究以明确利用气候现象为特征的新一代城市开放空间。2018 年，与他人联合编辑了一期重点关注亚洲世纪的《澳大利亚景观园林》（*Landscape Architecture Australia*）特刊。

威廉·惠特克
（William Whitaker）

宾夕法尼亚大学斯图尔特·韦茨曼设计学院建筑档案馆馆长，曾在宾夕法尼亚大学和新墨西哥大学学习建筑设计。一直从事建筑档案馆资源的整理和翻译工作，其编写的知名著作包括路易斯·I. 康和劳伦斯·哈尔普林的绘图集，以及罗伯特·文丘里与丹尼斯·斯科特·布朗合作的作品。不久前，与纽约现代艺术博物馆、费城艺术博物馆及同事合作组织了"50 岁的复杂和矛盾"活动，纪念罗伯特·文丘里开创性著作《建筑中的复杂性和矛盾性》出版 50 周年。与乔治·马库斯（George Marcus）合著了《路易斯·I. 康设计的房子》（*The Houses of Louis I. Kahn*），本人曾获得 2014 年费城图书馆文学奖。

林肯土地政策研究院简介

林肯土地政策研究院致力于通过提升土地利用、征税和土地管理效率改善人类生活质量。作为非营利性私营基金会，林肯研究院主要从事创新性土地使用方式的研究并提出对策建议，以应对经济、社会和环境挑战。研究院通过教育、培训、出版书籍和举办活动，将理论与实践相结合，为全球范围内的公共政策制定提供决策依据。

著作权合同登记图字：01-2023-1692

审图号：GS 京（2024）1051 号

图书在版编目（CIP）数据

设计结合自然：刻不容缓 /（美）弗雷德里克·斯坦纳（Frederick Steiner）等编著；北大 – 林肯中心译 . -- 北京：中国建筑工业出版社，2024.5

书名原文：Design with Nature Now

ISBN 978-7-112-29733-7

Ⅰ.①设… Ⅱ.①弗… ②北… Ⅲ.①城市规划—建筑设计 Ⅳ.① TU984

中国国家版本馆 CIP 数据核字（2024）第 071816 号

责任编辑：刘文昕　吴　尘
书籍设计：李永晶
责任校对：党　蕾
校对整理：董　楠

本书由北京大学—林肯研究院城市发展与土地政策研究中心授权我社出版发行

设计结合自然——刻不容缓

Design with Nature Now

[美] 弗雷德里克·斯坦纳（Frederick Steiner）
　　　理查德·韦勒（Richard Weller）
　　　卡伦·麦克洛斯基（Karen M'Closkey）
　　　比利·弗莱明（Billy Fleming）　　　　　　　编著
北京大学—林肯研究院城市发展与土地政策研究中心　译
吴悠然　校

　　　　　*
中国建筑工业出版社出版、发行（北京海淀三里河路 9 号）
各地新华书店、建筑书店经销
北京海视强森文化传媒有限公司制版
北京富诚彩色印刷有限公司印刷
　　　　　*
开本：889 毫米 ×1194 毫米　1/20　印张：19⅗　字数：529 千字
2024 年 8 月第一版　2024 年 8 月第一次印刷
定价：**198.00 元**
ISBN 978-7-112-29733-7
　　（40986）